全国高等教育自学考试指定教材

农学专业

植物生理学

Zhiwu Shenglixue

（附：植物生理学自学考试大纲）

全国高等教育自学考试指导委员会 组编

主 编 孟繁静

副主编 邓仲篪

高等教育出版社·北京

HIGHER EDUCATION PRESS BEIJING

图书在版编目(CIP)数据

植物生理学/孟繁静主编. --北京:高等教育出版社,2014.1
ISBN 978-7-04-030703-0

Ⅰ. ①植… Ⅱ. ①孟… Ⅲ. ①植物生理学-高等教育-自学考试-教材 Ⅳ. ①Q945

中国版本图书馆 CIP 数据核字(2014)第 017207 号

策划编辑 雷旭波　　责任编辑 雷旭波

出　　版	高等教育出版社	咨询电话	400-810-0598
社　　址	北京市西城区德外大街 4 号	网　　址	http://www.hep.edu.cn
邮政编码	100120		http://www.hep.com.cn
印　　刷	北京市鑫霸印务有限公司		
开　　本	880mm×1230mm　1/32	版　　次	2017 年 8 月第 1 版
印　　张	10.625	印　　次	2017 年 8 月第 1 次印刷
字　　数	275 千字	定　　价	13.80 元

本书如有质量问题,请与教材供应部门联系。
官方淘宝店 网址:http://shop136348527.taobao.com

组编前言

当您开始阅读本书时，人类已经迈入了21世纪。

这是一个变幻难测的世纪，这是一个催人奋进的时代。科学技术飞速发展，知识更替日新月异。希望、困惑、机遇、挑战，随时随地都有可能出现在每一个社会成员的生活之中。抓住机遇，寻求发展，迎接挑战，适应变化的制胜法宝就是学习——依靠自己学习、终生学习。

作为我国高等教育组成部分的自学考试，其职责就是在高等教育这个水平上倡导自学、鼓励自学、帮助自学、推动自学，为每一个自学者铺就成才之路。组织编写供读者学习的教材就是履行这个职责的重要环节。毫无疑问，这种教材应当适合自学，应当有利于学习者掌握、了解新知识、新信息，有利于学习者增强创新意识、培养实践能力、形成自学能力，也有利于学习者学以致用、解决实际工作中所遇到的问题。具有如此特点的书，我们虽然沿用了"教材"这个概念，但它与那种仅供教师讲、学生听，教师不讲、学生不懂，以"教"为中心的教科书相比，已经在内容安排、形式体例、行文风格等方面都大不相同了。希望读者对此有所了解，以便从一开始就树立起依靠自己学习的坚定信念，不断探索适合自己的学习方法，充分利用已有的知识基础和实际工作经验，最大限度地发挥自己的潜能，达到学习的目标。

欢迎读者提出意见和建议。

祝每一位读者自学成功。

全国高等教育自学考试指导委员会

1999年8月

目　　录

植物生理学自学考试大纲

绪　论

一、植物生理学的内容和任务

不论哪种农业经营，包括农、林、牧、副、渔在内，都要以绿色植物的生产作为依据。地球上一切生物的食料、人类生活所需要的燃料以及许多工业原料都来自植物的生产。植物生产乃是各种各样植物生命活动的结果。植物生理学正是研究这些植物生命活动规律的科学，因而它是农业基础科学中的一个重要部分。

植物的生命活动与其所生存的环境有着非常密切的关系。各种植物的生活只有在一定的环境条件下才能实现，植物只有在与外界不断地进行物质交换时才能维持生存，它需要从外界摄取营养来建立它的躯体和繁殖它的后代。植物生理学就是要揭示植物的营养、生长和发育在有机整体内的相互关系以及其与环境相互作用的基本规律。

农业生产即是作物在栽培条件下的生命活动的结果，它的丰富经验必然是这方面知识的无尽源泉。这门科学的发展有赖于农业生产经验的总结，而随着这门科学知识的增长，我们可以更好地用来指导生产实践。因此，植物生理学的任务必须与当前农业生产密切地联系在一起。

农业是国民经济的基础。我国农业生产有两个突出的特点：一是有着精耕细作的栽培技术，一是有着最大效率利用种植面积的多种多样的优良耕作制度。这两方面结合就使得我国的农业生产向着充分利用一切自然条件、提高复种指数、不断增加单位面积产量的方向发展。

绿色植物的最重要特点是它的自养性，就是说绿色植物可无需任何现成的有机物，完全依靠无机物（二氧化碳和水）作为养料。例如绿色植物就可以利用叶绿体中的色素选择吸收太阳的辐射能并将其转换为化学能，与此同时将二氧化碳和水合成为有机物，这就是光合作用。光合作用是地球上一切生物的有机物和化学能的根本源泉。

植物和其它生物一样，还有一个特征是能进行自身复制，即进行繁殖以产生与该物种相同的后代，因此还具备传递遗传信息的机制。现已查明，核酸起着携带和传递信息的作用。核酸与蛋白质代谢也正是本课程的重点内容之一。

另一方面，植物对陆地、水域和大气的化学成分产生深刻的影响。占大气体积21%的氧气就是植物光合作用中释放出来的；植物的残留躯体参与了土壤的形成过程；豆科植物通过固氮微生物的活动大大丰富了生物圈中流动和累积的总氮量；植物根部吸收矿质元素对岩石和水源中某些无机元素也起了聚集作用。

在国民经济中，植物更是不可缺少的生活和生产的物质资源。在农林业生产中，人们获得的产品如粮、棉、麻、油料、糖类、茶、果蔬、药材、牧草以及各种木材等都是绿色植物光合作用的产品；植物合成的次生代谢产物如植物碱、橡胶和鞣质等都是工业原料或药物的有效成分；植物还为畜牧业和水产业提供了有机物质基础；水土保持和环境净化也与植物生长有密切关系。

农业生产在很大程度上受着自然条件的支配，这就带来农业生产的不稳定性。自然条件是可以改造的，如兴修水利、改良土壤和植树造林等。从植物生理学的角度看，还要从改造植物本性方面进行研究，研究作物对环境多方面的适应性并增强其抗逆性，这就为扩大良种创立新种创造条件，并在不良气候和土壤条件下保证农业生产仍有可靠的收成。所以，当认识了植物的生理变化本质，就可以合理地利用光、气、水和土等资源，发展农林业生产，更好地开发植物资源，保护和改造自然环境；就有可能摆脱人类有史以来靠天吃饭，被动地依赖植物生产的局面，这对农业科学技术的发展和社会主义的建设也是很有意义的。

二、植物生理学与其它学科的关系及其在农业科学中的地位

植物生理学是从植物学分化出来的，因此在探讨各种植物的生理机能时，必须与植物学中的解剖形态联系起来，求得内容与形式的统一。此外，还要从植物在分类学上的地位和亲缘关系以及它们在生态学上的特征，深入地了解它们在生理上的差异以及这些差异的历

史根源。

现代科学的发展，一方面把不同部门分化出来，使得各部门研讨的范围愈益专深，但随着科学的发展又需要许多部门十分密切的合作，以共同解决边缘性问题。从植物生理学与邻近的学科间发展出一些新的边缘科学，如普通生态学、生物化学、生物物理学等。有不少植物生理学中的基本问题，如光合作用研究的幅度已经超越了本门科学所能照顾的范围，必须由生理学、化学、物理学等共同协作才能求得解决。这些研究也就越来越多地引用了物理化学中新发明的方法如示踪原子、差示离心法、电子显微镜、分光光度计等等。

作物生产是在大面积多样化的土壤与变幻多端的气候条件下，经过长期的经营才能有所收获的。在研究作物生产的生理变化时，必须顾及到气象、土壤等变化的规律。农业措施的执行要看天、看地、看庄稼，这正说明气象学、土壤学与植物生理学的密切关系。此外，微生物的活动也是作物生产的环境条件的重要因素。许多微生物本身是低等植物，时常寄生或共生在高等植物的躯体上。作物定居的土壤也有无数的腐生或自养微生物的存在。这些微生物对高等植物的营养与生长会起有利与不利的影响。农作物的营养与产量随土壤的肥沃程度与施肥的质与量而有很大变动，因此，农业化学研究的问题有时是与作物的营养生理分不开的。

栽培学与耕作学所讨论的操作规程与技术措施，往往是为了控制与改善外界条件，满足作物本身的生长发育需要，从而达到丰产的目的。合理灌溉、施肥、深耕、密植、修剪等等，都要符合植物的生理规律，因而植物生理学常被认为是农业合理化的基础。

栽培的作物和饲养的家禽与垦殖的土壤一样，乃是自然界的素材经过人类加工的产物。优良的品种是长期的培育、选择以及采用人工杂交的方法得来的。只有在人们的经常照顾下摸清了它们的生长特性，这些品种才能恰如人意地进行生长发育，使得某些有经济价值的部位特别发达。一旦脱离了人们的照管，它就不会有很高的经济产量，甚至很难生存下去。育种学的目的是为了供应生产上的需要来选育更新的优良品种，一些特性（如抗旱性）的生理鉴定常用来作为选种的指标。

此外，植物病理学是研究植物不正常的病态生理的一门科学。显而易见，它需要知道植物的正常生理，才能分析病虫害侵袭所引起的生理变化，以及辨明抗病品种的生理原因。由此可见，植物的生理过程包含着许多种复杂程度不同的物理与化学变化，并且要在一定的外界条件下才能实现。植物生理学的发展需要物理、化学与生物科学的基本知识，并且要与一些农业基础科学紧密联系。

植物生命活动的结果就是农产品的收获。凡是与植物生产有关的农业科学技术都要以植物生理的规律作为依据，而农业中的先进生产经验又是植物生理知识的源泉。

植物生命活动是一种高级物质运动形式的表现，并且它与外界环境紧密联系着，因此在学习这门课程时，不能用孤立、静止和片面的观点去认识和分析问题，坚持辩证唯物主义的观点是很重要的。同时，植物生理学是一门实验科学，重视在生产实践中的调查研究和在实验室中人为控制条件下进行的探索验证。当对个别生理过程进行分析后，还需要进一步加以综合；此外，也还要以发展的观点来认识生命现象的各个方面，才能获得较完善的知识。

三、植物生理学的学习方法

要学好植物生理学，必须注意以下两点。

1. 分析法与综合法的结合　植物生命活动是一种高级的物质运动形式。为了揭示植物复杂的生命活动规律和机理，常常将构成生命活动的各个生理过程分别进行研究。在教学中为了便于叙述，也常按各个生理过程分章讲授。但实际上，在植物体内的各个生理过程决不是孤立的、互不相干的，而是相互联系、相互依赖和相互制约的。植物的正常生命活动只有在各个生理过程相互协调时，才能顺利进行。植物生命活动的基础，实质上就是植物有机体与环境条件之间的新陈代谢。植物和环境是辩证的统一整体。学习时，一定不能忽视植物各种生理过程的综合性、植物体各部分的整体性以及植物与环境的统一性。

2. 实验方法与进化观点相结合　植物生理学是一门实验科学。认识生理现象的重要方法是通过实验。因此，学习植物生理学除了掌握现有的书本知识外，还必需掌握一定的实验方法、技巧和进行思维的训练。由于实验通常是在某一特定条件下，来研究某种植物一生或一生中的某一时期内的生理活动，故所得结果往往有一定局限性。因此，在分析实验结果时，还必须具有进化的观点。这是因为生物只有和一定的环境条件相协调时，才能正常进行生命活动、繁殖后代，所以只有那些能够巧妙地适应地球上环境变迁的生物，才能延存到今天。在这样漫长的岁月里，生物和环境之间的相互作用，以各种形式铭刻在今天生物的特性中，也就是说，现存生物的各种特性，是生物和环境的相互作用的结果。因此只有把实验方法和进化观点结合起来研究植物生理学，才能取得完整圆满的结论。

第一章　植物细胞的结构与功能

所有生物体都是由细胞组成的。细胞是生物体的结构单位，又是进行生命活动的功能单位。单细胞生物（如细菌）的全部生命活动就是在单个细胞内进行的。高等绿色植物则是由亿万个不同类型的细胞所组成。各个细胞、各种组织乃至不同器官之间相互配合，共同完成生命活动，而最基本、最重要的生理生化变化都发生在细胞之中。因此，研究植物生命现象的本质和规律，首先就要了解细胞。

第一节　细胞的发生、进化与分类

细胞是怎样产生的，这是科学家们长期探索的问题。根据原始宇宙和生命起源的研究得知，生命来自非生命的演化。

大约距今 50 亿年前，宇宙间产生了太阳系。当初宇宙中的元素都是以 H 形式存在的，在各种自然能源（紫外线、电离辐射能以及机械能如陨石的冲击波等）的影响下，经聚变反应，形成周期表中序数较高的、特别是那些组成生活物质的重要元素，如 C、N、O、S、P（称致生元素）、卤素和某些金属（特别是 Fe）元素。约在 45 亿年前，形成了地球，致生元素覆盖地面，形成了各种原始分子，如 CH_3、NH_3、H_2S、HCHO 等致生分子。这些分子可能是在干热的基质上，经脱水和热聚合而形成各种生物大分子。与此同时（距今约 40 亿年前），原始海洋形成了，地壳亦逐渐发生分化，地球表面出现了雏形的生命系统——蛋白质团聚体。由于它们发生于水中，其内部的分子能进行有序的运动，且具有空间结构和表面屏障，开始发生着新陈代谢和自我复制的变化，这是地球上物质发展到一定阶段的必然产物。大约距今 30 亿年前，地面上形成了原始细胞，这种原始细胞是一切细胞的共同始祖，从此开始了生命。科学家们把上述的物质转变称为从化学演化进入生物演化的过程。

随后（距今约 20 亿年前），逐渐发生了最早的光合生物和固氮生物。由于有了光合成反应，生物可利用光能同时产生游离氧气，使宇宙间有了氧化的大气，此后，需氧生物便陆续发生。在生物发展到最高阶段，演化出多细胞的高等动物、植物和人类。可见，细胞标志着生命的开始，又从单细胞生物演化出多细胞的复杂生物。

根据生物进化的进程和细胞结构的特点，可将细胞分为两大类别，即原核细胞和真核细胞。原核细胞发生在早期，其结构简单，种类不多，细菌和蓝藻属于这一类。真核细胞的结构复杂，从原生动物到人类，从低等植物到高等植物都属于此类。从表 1-1 中可见两类细胞的主要不同点。

表 1-1　原核细胞与真核细胞的比较

	原核细胞	真核细胞
在进化上的地位	较原始，距今 30 亿年前发生	较进化，约 10 亿年前出现
细胞大小	1～10μm	10～100μm
细胞壁	有或无荚膜（又称被囊）	植物有，动物无
细胞核	无核膜及核仁；一个细胞内有一条 DNA，不与 RNA 和蛋白质联在一起，称拟核	有核膜及核仁；一个细胞内有几条染色体，DNA、RNA 和蛋白质联结在一起
细胞器	无	有线粒体、叶绿体（动物无）、溶酶体等
内膜系统	简单；有间体；无内质网、高尔基体等结构	复杂；有核膜、内质网膜、高尔基体等膜结构；内质网膜分平滑型和粗糙型两类，核蛋白体分布在粗糙型内质网外缘
微梁系统	无	有微管和微丝
光合作用与呼吸作用	在质膜上进行	有特定的细胞器，如光合作用在叶绿体上进行，呼吸作用在线粒体上进行
细胞分裂	二分体或出芽；无有丝分裂	无丝分裂和有丝分裂

第二节　植物细胞的结构特点与化学组成

来源于不同类型植物或同一植物的不同部位的细胞，在大小、形状以及结构上有差异，但它们的基本构造相同。一个成熟的植物模式细胞可分为两大部分，即外围的细胞壁和内部的原生质体。原生质体包括细胞质、细胞核和液泡。与动物细胞相比，植物细胞的突出特征就是植物细胞有细胞壁、质体和大液泡。

由于植物细胞内部高度分化而形成精致有序的结构，每个部分担负着不同的生理功能，它们既有严密分工，又有协调合作，共同完成生命过程。

一、细胞壁与胞间连丝

细胞壁是动植物区别的最显著特征之一。模式植物细胞的超微结构如图 1-1 所示。

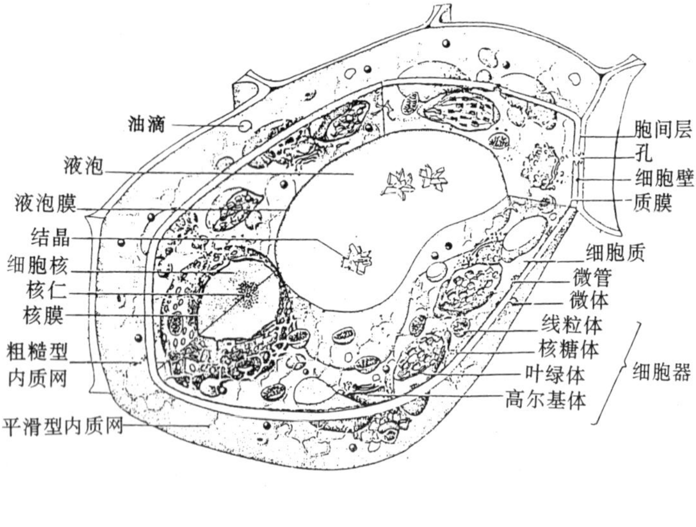

图 1-1　植物细胞超微结构模式图

(一)细胞壁的组成

细胞壁由骨架与填充物两部分组成。由纤维素链状分子相互交搭构成网状的骨架，在其中充以果胶质、半纤维素、糖蛋白、酶类以及次生物质等。从结构来看，细胞壁包括中胶层(又称胞间层)、初生壁和次生壁。

1. 中胶层　中胶层是粘合相邻细胞的结构，主要是由果胶多聚物组成，包括果胶酸、果胶酯酸和原果胶。果胶酸的主要成分是多缩半乳糖醛酸。在中胶层中的果胶酸常以果胶酸的钙盐和镁盐的混合物存在，构成细胞间的粘合物(图 1-2)。果胶酯酸是水溶性的，它往往有不同程度的甲酯化，在酸性条件和饱和糖液中呈凝胶状，是制成食用果酱的重要组分。原果胶的分子结构还不甚了解。有报道认为原果胶是果胶分子与阿拉伯聚糖结合而成，构成不溶于水的初生壁的组成成分。

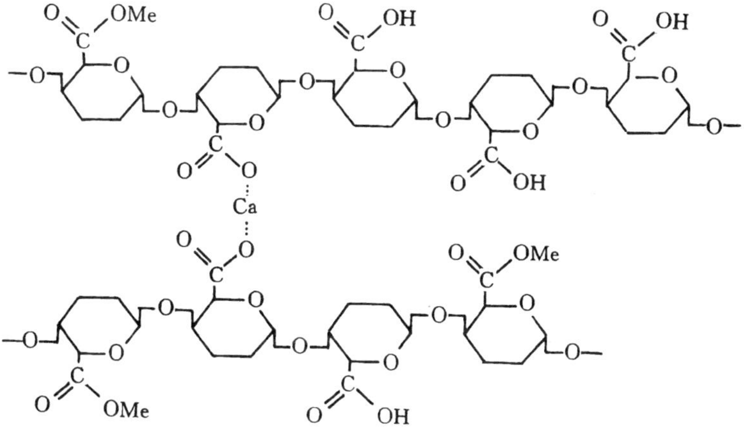

图 1-2　果胶质与钙桥(Me 为甲基)

植物的整个躯体正是借中胶层将相邻细胞粘接在一起，构成植物体的一个连续骨架，连同细胞间隙，总称为质外体(包括生活原生质以外的中胶层、细胞壁和细胞间隙)。

2. 初生壁与次牛壁　初生壁和次生壁的主要化学成分有纤维素、半纤维素和木质素等，还有少量果胶质。纤维素是一种多糖聚合物，由 D-葡糖残基以 β-1，4 糖苷键相连为长链状大分子，每个纤维素分子大约有 300～2 500 个葡糖残基组成，纤维素分子几乎并列成行，彼此之间以氢键连结。大多数纤维素分子排列呈立体晶格状，称分子团，又称微团。一个微团约含有 100 个纤维素分子，再由 20 个微团组成一条微纤丝，大约 500 条微纤丝又组成大纤丝(图 1-3)。半纤维素是由多缩己糖或多缩戊糖(如木糖、阿拉伯糖)组成的，它们都是以 β-1，4 糖苷键相连。

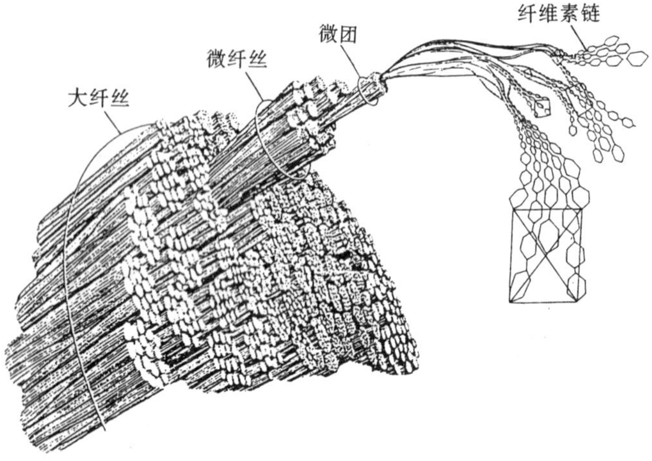

图 1-3　纤维素分子链形成微团、微纤丝和大纤丝的示意图

在幼嫩细胞的细胞壁中还有少量蛋白质。已有实验证明，在初生壁中存在一种富含羟脯氨酸的不溶性糖蛋白称为伸展蛋白，它作为胞壁的结构组分在细胞抗病性和防御中起作用；还有人认为伸展蛋白可能是将多糖从细胞质运输到细胞壁的载体或参与细胞生长的调节控制。有关伸展蛋白的研究尚在深入开展中。

(二)细胞壁的形成

新细胞壁的形成开始于细胞分裂的晚后期或早末期。细胞分裂时，在两组染色体之间，即母细胞的赤道板面处，有许多大小不一的小囊泡不规则地汇聚在一起，这些小囊泡乃是由高尔基体局部断离而成，其中富含组成细胞壁的各种糖类，它们借与细胞赤道面垂直方向存在的微管的运动，逐渐整齐地排列成行，构成成膜体。成膜体再进一步完整化而形成细胞板，这是雏形的中胶层结构(图 1-4)。细胞板陆续填充以果胶质和少量纤维素分子而形成中胶层，在其两侧再不断地有纤维素和半纤维素等物质沉积，形成了质地柔软的初生壁，此时的两个子细胞已经形成并在形状和大小上基本定型。此后，大多数细胞的初生壁内侧又定向地交叉分层淀积着纤维素分子，它们经纬分明，使细胞壁进一步加固，这是增强植物体支持能力的重要基础。有研究证明，纤维素分子定向分层沉积与微管的活动有关，并发

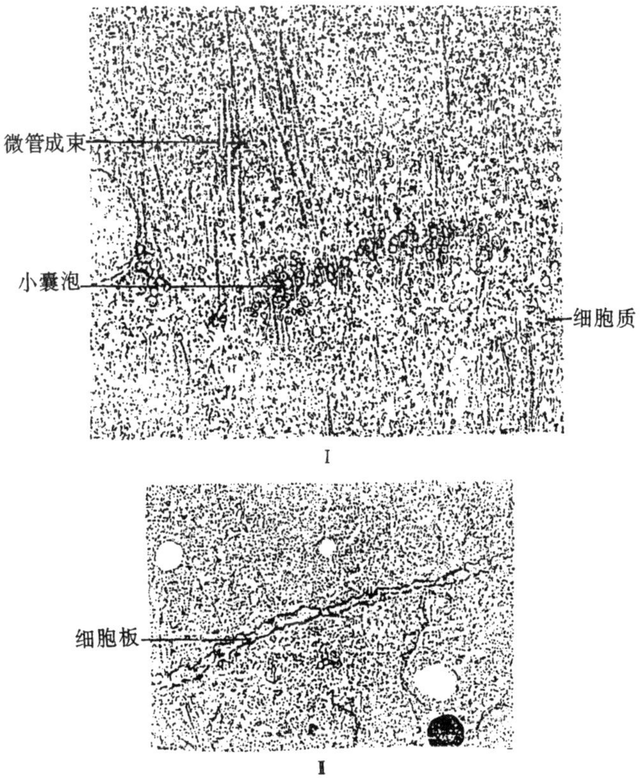

图 1-4　细胞板的形成过程

Ⅰ 小泡聚集　Ⅱ 小泡融合为细胞板

现秋水仙素可抑制微管的形成和纤维素的定向排列。至于微管在细胞壁形成中的作用机制尚在研究之中。

可见,细胞壁的形成是在细胞分裂和分化过程中、细胞内部的动态变化中完成的,这个过程也体现了细胞内部各部位间的相互配合,是共同完成生命现象的一个例证,因为在新细胞壁形成时,除了有高尔基体和微管参与外,还有一种内源激素——生长素和多种酶类的作用,而所有活动又得靠线粒体提供能量。

由于成束的纤维素分子相互交搭、成层地沉积为不规则的网状结构,其中的空隙又填充着其它物质,所以结构相当坚固,维持着细胞相当稳定的形状和大小。细胞壁具有一定的弹性,能维持细胞的渗透性质,调节水分的出入。同时,纤维素分子不溶于水,但与水的亲和力很大,经常处于亲水的凝胶状态,所以生活细胞的细胞壁经常为水(或环境中的水溶液)所浸润,对水和溶于水的物质出入细胞创造了条件。近来有研究证明,细胞壁内还存在有多种水解酶、伸展蛋白以及核酸物质,说明细胞壁不仅对内起保护作用,可能还积极地参与生命活动的某些方面。

(三)胞间连丝

当细胞板尚未完全形成时,有局部的原生质丝存留在未完全合并的小囊泡之间,随后便成为两个子细胞间的管状联络孔道,称胞间连丝(图1-5)。

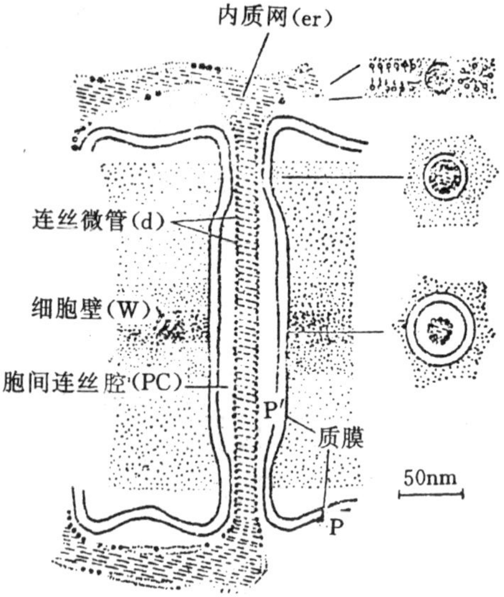

图 1-5　胞间连丝的细微结构示意图

胞间连丝具有很重要的生理作用。生活原生质可通过胞间连丝发生胞间运动,使各部位的可溶性物质(如电解质和小分子有机物)、生物大分子物质甚至细胞核、细胞质都可相互交换，互通有无；也可通过胞间连丝发生体内信息（包括电刺激或发育信息）的传递。早在19世纪，有科学家将南瓜毛细胞置于高浓度的蔗糖溶液中使之发生质壁分离，由于原生质体的急剧脱水而分离成两团原生质，2～3d后，具有细胞核的一团原生质体的外围形成了新细胞壁，而无细胞核的另一团则无壁形成；进而还观察到，能形成新壁的原生质体部分与另一相邻的细胞间靠胞间连丝互相沟通，而不能形成壁的另一部分则是孤离的，说明胞间连丝还有传递发育信号的作用。

二、细胞器及其生理功能

（一）细胞核

细胞核是细胞内最大的细胞器，也是真核细胞特有的细胞器。原核细胞只有无核膜的裸露DNA，故称拟核。

细胞核可处于分裂期和分裂间期两个不同时期，处于非分裂期的细胞核称间期核。从结构上看，间期核包括核被膜、染色质、核质和核仁四部分。核的主要化学成分有碱性蛋白质（组蛋白或鱼精蛋白）、酸性蛋白质（非组蛋白蛋白质）、酶、脱氧核糖核酸（DNA）、核糖核酸（RNA）、脂类和其它磷酸化合物以及无机元素（K、Ca和Mg）等。真核细胞的核是遗传信息贮存、复制和表达的主要场所。从分子水平看，核又是生物合成DNA与RNA分子的部位。染色质直接合成mRNA（信使核糖核酸），核仁主要合成rRNA（核蛋白体核糖核酸）及tRNA（转移核糖核酸），再由这些RNA分子转录成各种蛋白质。研究指出，核液中可能含有酶类，它们与糖酵解、三羧酸循环和磷酸化（见光合作用和呼吸作用）有联系。据推测，以上各个合成过程所需的能量，可能由核本身提供。

（二）液泡系

凡在细胞内由单层膜所包围的小泡、囊泡或液泡（除线粒体和质体外），都属于液泡系。

液泡的种类很多，有些是动、植物细胞所共有的，如微体、溶酶体、高尔基小泡；有的如收缩泡则是原生动物的液泡，而中央液泡是植物成熟细胞所特有的。

1. 液泡　成熟植物细胞中的中央液泡可占细胞体积的90%左

右，在分生组织细胞中的液泡很小且分散。

液泡大多来源于内质网膜膨胀断离而成，其外围为一层单层膜所包被，称液泡膜。液泡膜具有特殊的通透性，可调控液泡内部与细胞质间的物质出入。

液泡内有泡液。泡液是以水为溶剂，其中溶有有机物、无机物、色素和某些酶类等，是具有一定浓度的液体。液泡对调节细胞的紧张程度、细胞伸展生长以及抗逆性等方面都起重要作用。

有些细胞的代谢物如草酸，若含量过多会对细胞有毒害作用，常常以形成草酸钙结晶集中存留在液泡内而解毒。

2. 溶酶体　溶酶体首先发现于动物细胞。溶酶体的形状多样，大小约 0.25～0.8μm 之间，由单层膜所包被，其中含有各种水解酶，它是具有溶解和消化功能的颗粒状小体。以后在植物细胞中也发现有类似溶酶体的细胞器，如在植物细胞中的圆球体和糊粉粒都属于这一类。植物细胞内的大小不一、其中有各种水解酶活力的囊泡统称为溶酶体或溶酶体类似体。

虽然溶酶体内有多种能降解大分子的酶类，但它并不是破坏性的结构，它具有很重要的生理功能：①可以把溶酶体看作是细胞内的消化系统，它来源于内质网和高尔基器，溶酶体从这些部位分离脱落，其中的大分子物质（甚至包括细胞质组分）的降解物，为细胞进行重组提供原材料；②有些衰老或无作用的细胞，可借溶酶体经过自溶作用将它们消化掉，为个体生长发育提供原料。已证明，如前所述的液泡亦有溶酶体的功能。

3. 微体　微体也是细胞质内的由单层膜包被的圆形小体。微体的直径约为 0.5μm 或更小些，随细胞的类型而异。有两种微体研究得较清楚，一是过氧物酶体，另一是乙醛酸循环小体，二者均来源于内质网出芽脱落而成。

过氧物酶体存在于植物叶肉细胞中，常常与叶绿体和线粒体聚在一起，共同完成光呼吸过程。

乙醛酸循环小体仅出现于萌发期间的油料种子中，无脂类的种子，如豌豆就没有这种微体。当油料种子萌发时，脂类转变成糖类的过程主要是在乙醛酸循环小体中完成的。

从以上两种微体的生理功能来看，它们分别参与物质的转化过程，但又必须与细胞内的其它细胞器配合共同完成，这是细胞内高度分化、相互配合完成生命现象的另一例证。

（三）微梁系统

微梁系统是普遍存在于动、植物细胞中的重要细胞器。原核细胞没有这类细胞器。

微梁系统包括微管和微丝。微管和微丝都是细胞内最灵活易变的细胞器，它们在细胞内起着支架的作用。

1. 微管　微管外形笔直、坚硬，其横切面呈圆管状，直径约为 22～25nm，全长约数微米。微管的皮层由 13 个原纤丝聚合而成。微管是由微管蛋白组成的。微管蛋白的分子量为 120 000。微管蛋白是由两种不同亚基组成的二聚体，这两种亚基分别称为α-微管蛋白和β-微管蛋白，前者的分子量为 56 000，后者为 53 000，二者以 1∶1 的比例组成二聚体（图 1-6）。

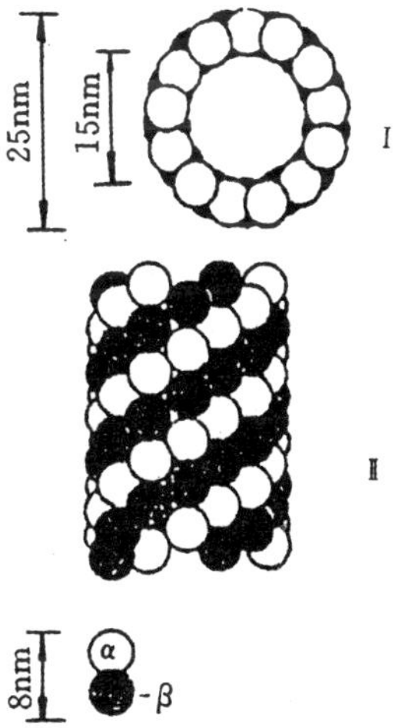

图 1-6　微管的分子结构示意图

Ⅰ 横切面　Ⅱ 纵切面

在细胞内有两种微管，一种是比较稳定的，常存在于动物和低等植物中，它们主要与细胞的运动有关；另一种普遍存在于高等植物的细胞质中，是能流动的微管，紧紧贴近质膜。

在生活细胞中，往往由于某些条件的改变，时而发生微管蛋白聚合成微管，或是微管解聚为微管蛋白，比如，当 Ca^{2+} 浓度低、Mg^{2+} 浓度较高时促进聚合反应，温度降低甚至达到零度时则容易发生解聚。

细胞内的很多变化均有微管的参与。微管作为细胞质的内在骨架，构成比较稳定的形状和大小；细胞进行分裂时，高尔基囊泡满载多糖类聚于赤道面形成赤道板，与此同时，微管形成纺锤丝连接染色体，促其向两极方向移动，此外，细胞内物质的运输也可借微管的运动来完成。

2.微丝　微丝普遍存在于动、植物细胞中。微丝较微管细而长，可达数微米，直径约 5～7nm，常呈纤丝状。

微丝是由一种收缩蛋白(称肌动蛋白)组成的。肌动蛋白有两种存在形式，一是可溶性的球状单体称 G-肌动蛋白，分子量为 42 000，许多肌动蛋白可聚合成长纤维状的 F-肌动蛋白。它们的聚合和解聚随细胞内的生理状态和内在条件的变化而发生。比如，当离子强度较低或几乎无离子存在时，常以球状单体形式存在；当有中性盐存在且离子强度增大时，则聚合为 F-肌动蛋白。

在细胞内微丝相聚成束，与微管一起担任细胞骨架的作用；已证明细胞质的环流与微丝运动有关。曾有科学家发现转板藻细胞内的叶绿体表面附着有微丝，它们能感应光强度的变化而发生运动，使叶绿体在较弱光下，面朝向光以利捕获光能，而在过强光下，叶绿体则侧面向光，以免受强光的伤害。

(四)胞质溶胶

胞质溶胶是指质膜以内的各种内膜结构以及细胞器以外的衬质部分。用 100 000g 以上超速离心以除去细胞内的颗粒，上清液部分即是胞质溶胶。至今，还不能肯定它的具体结构，但它具有一定的粘度和弹性，又不易与水相混，这些性质暗示着胞质溶胶是有结构的。

胞质溶胶是以水为介质，其中溶解或分散着小分子(无机离子)物质、中分子(糖类、脂类和核苷酸等)物质和大分子(蛋白质、酶类、脂蛋白和 RNA 等)物质。这种由多种物质组成的基质，在细胞进行生命活动的过程中起着重要作用，胞质溶胶是细胞内进行生理生化反应的理想介质环境，如维持细胞器实体的完整性；保证细胞器间发生的物质交换和穿梭；发生糖酵解、脂肪酸合成等过程的场地。它还作为一个缓冲系统，可随生理状态而相应地予以调整。

第三节　生物膜、质膜和内膜系统

生活细胞与外界环境之间以及细胞内各部分之间都经常进行物质交换，使植物的生长发育正常地进行着。细胞质的外表层称质膜，细胞内的各种细胞器也都被膜所包围，以维持细胞器间互不干扰、但彼此又有联系。在质膜以内那些功能上为连续统一体的膜结构称内膜系统，如内质网、核膜和高尔基体膜等。往往将细胞表面及内在膜屏障统称为生物膜，又由于生物体的很多重要生理活动是在膜上进行的，如物质转移、感受刺激和信息传递、电子传递等，所以又称生物膜为生命之膜。生物膜是具有高度严密组织的分子装置，无论哪个部位的膜结构都有共同的特征，只是不同部位的膜在组成和功能上各有特点。

一、生物膜的化学组成与结构特征

（一）生物膜的化学组成

1. 一般成分　所有生物膜几乎都是由蛋白质（包括酶类）和脂类两大类物质所组成，此外，还有少量糖（以糖蛋白和糖脂形式存在）、微量核酸和水。

一般来说，水占膜重的15%～20%左右，蛋白质、脂类和糖等的比例，随膜的种类不同而有很大差异。膜中所含蛋白质种类愈多，膜的功能亦愈复杂多样。例如，线粒体内膜含有30～40种蛋白质，负责电子传递和磷酸化等复杂变化。

2. 膜脂　生物膜中的脂类有磷脂、胆固醇和其它脂类，其中以磷脂为主要成分。最近发现在高等植物膜中还普遍存在有29个碳组成的β-谷甾醇，这类分子呈六角形，代谢有惰性，一般认为这与维持膜内部结构稳定有序有关。

磷脂为双型分子，这是指每个磷脂分子有极性和非极性两部分。在生物膜中的20%～30%磷脂是与蛋白质紧密结合存在的，称为界面脂。

由于磷脂分子具偶极特性，便决定了在膜的结构上有特殊的分子排列。磷脂分子的疏水端借“范德华”引力，使烃键相互作用，彼此紧密排列成双层分子层（图1-7），这是构成膜结构的基本骨架，它维持着膜结构的相对稳定。

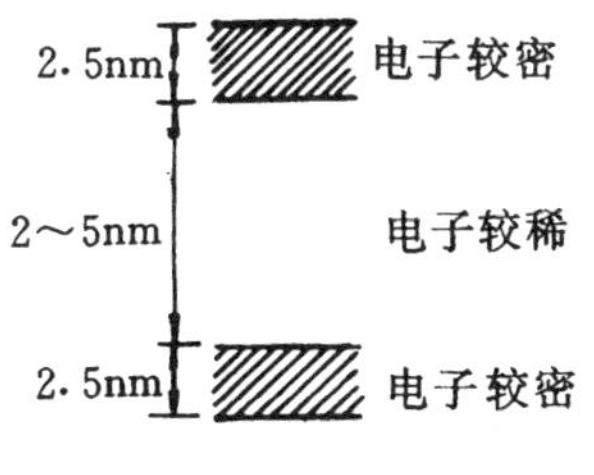

图1-7　电子显微镜下观察到的膜的三层结构

生物膜中含有大量的不饱和脂肪酸。由于不饱和脂肪酸的烃链具有约 30°的屈折度，两个或两个以上的双键可以形成更多的屈折，从而明显地缩短了分子的长度，不饱和脂肪酸这种构象上的特点，赋予膜以流动的性质；饱和脂肪酸则由于分子呈直线构象而且较长，排列紧密可以产生有序的刚性结构，降低了膜的可流动性。膜的流动性有利于镶在膜内的功能蛋白（如载体，见第五章）的旋转与移动。

3. 膜蛋白　根据蛋白质在膜结构中的排列部位，可以粗略地将其分为两类（图 1-8）。

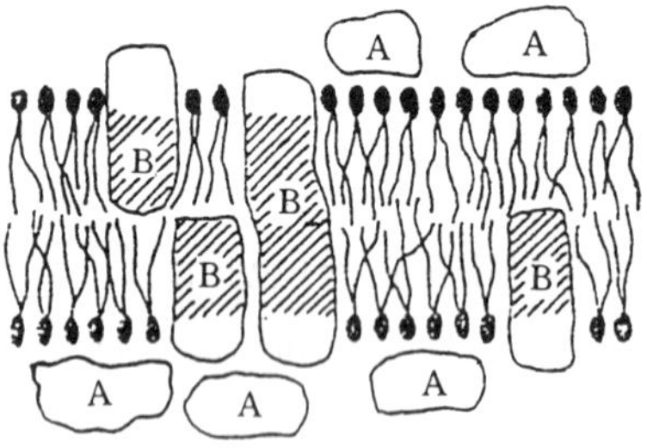

图 1-8　膜横切面示意图

A—示外围蛋白质　B—示内在蛋白质

①外围蛋白。外围蛋白又称外在性蛋白，它们以静电或离子键等较弱的共价键分布在膜外表，结合不牢固。若用温和手段对膜进行处理，如使用螯合剂、改变介质的离子强度和 pH 等，均可将外部蛋白分离下来。这类蛋白质约占膜蛋白的 20%～30%，具有一般水溶性蛋白的特征，一旦从膜上分离下来，就不能再聚合形成膜结构。

②整体蛋白。整体蛋白又称内在性蛋白，它们与膜脂的结合形式多种多样：有的横跨整个膜；有的以多酶复合体形式由内部蛋白与外部蛋白相结合；有的则以疏水部分和亲水部分分别与磷脂的亲水部分与疏水部分结合。

当用较剧烈的手段，如加表面活性剂或有机溶剂，可将整体蛋白分离下来；如果去掉这些物质时，它们又能再聚合并与脂类构成膜结构。

整体蛋白占膜蛋白的 70%～80%。膜蛋白分子可以聚合为晶态或无定形态，也可以在某区域内部分分散或完全分散。由于生物膜受到 pH、离子强度和温度等外界环境条件的影响以及膜中脂质的变化，膜蛋白的平面分布经常处于三种状态（图 1-9）。膜蛋白的这三种膜态可以相互转变，例如，在线粒体膜中的细胞色素氧化酶在氧化态时呈晶格排列，还原态时则晶格消失。

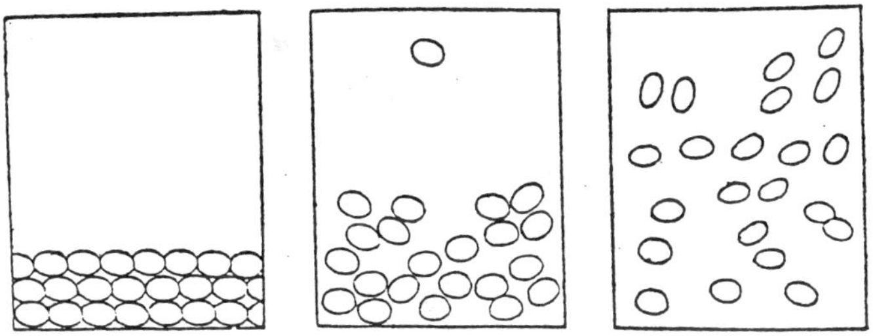

Ⅰ　　　　Ⅱ　　　　Ⅲ

图 1-9　膜蛋白在生物膜平面分布的三种模式

（椭圆形代表膜蛋白，方格内空隙处为脂质分布）

Ⅰ 蛋白质聚合为晶态或无定形态　Ⅱ 蛋白质在一定区域内分散（部分混合）

Ⅲ 蛋白质完全分散

膜蛋白都是具有生理功能的活性蛋白：有的是与物质运输有关的“载体蛋白”（见第五章），有的是与外来物质暂时结合并将其带入膜内的“通透酶”，还有的是与物质和信号传递有关的活性蛋白。

4. 糖类　在生物膜中含有一定量的糖类，多以糖脂和糖蛋白的形式存在。糖类大多在质膜的表层，约占膜总重量的 2%～10%。

在生物膜中的糖类主要是中性糖，如 D-半乳糖和 D-甘露糖等。糖蛋白中，常以糖残基与丝氨酸、苏氨酸或天冬氨酸的残基连接到蛋白质分子上，这些糖分子在细胞识别中起重要作用（图 1-10）。比如，细胞与细胞结合为组织、精细胞与卵细胞的结合、花粉粒在柱头上萌发以及嫁接成活等都与不同细胞间的识别有关。

5. 水　根据膜的含水量及其所处的状态，可以认为水是膜的重要组分之一。水占膜重可高达 30%。这些水分子大多有序地包围在脂类和蛋白质的亲水部分。这些水分子具有较高的粘滞性，约为纯水的 39 倍，水层厚度约为 2.2nm，不因温度降低而结冰。也有些水分子整齐地排列在膜孔的外围，可允许水及小溶质分子通过。

（二）生物膜的结构特征

根据研究发现，生物膜的结构具有如下的共同特征：

①磷脂双分子层和蛋白质或其复合体按二维结构排成相互交替

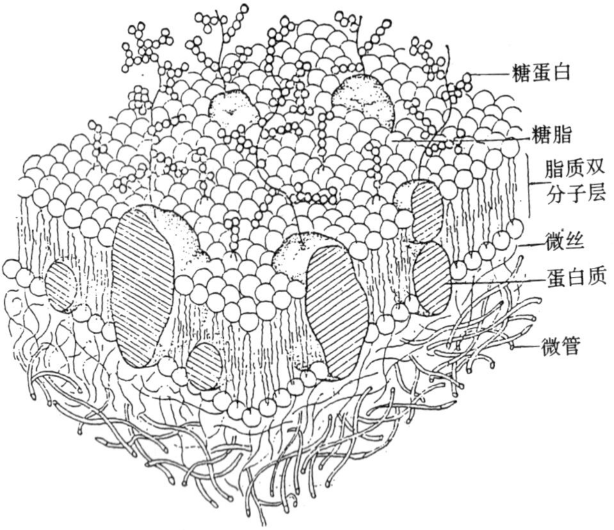

图 1-10　细胞表面分子结构示意图

的镶嵌面；

②膜内生性蛋白质与磷脂以疏水链结合，这在形成相当稳定的膜结构中起了重要作用；

③分布在膜两侧的蛋白质、脂类和糖类等组分，它们在组成上和性质上都是不同的，表明膜结构的不对称性，脂类的双分子层的各"半层"，可以独立地发生侧向运动；

④膜结构具有相对流动性，往往可以随环境条件的变化，脂类与蛋白质分子发生相变或分相现象(参见图 1-9)；

⑤膜内的各种组分，随细胞的生理变化经常处于不断更新状态。

可见，膜结构虽有相对稳定性，但也会随时发生动态变化。70 年代初有科学家提出了膜的液态(或流动)镶嵌模型，认为细胞膜是由脂质双分子层中镶嵌着球蛋白分子，由于膜的双分子层大部分是液状体，所以具有流动性，可以在膜平面上进行侧向移动，维持着膜的不对称构象的稳定性。膜蛋白分子的非极性端嵌入在脂质双分子层的疏水区，蛋白质分子的极性端外露于膜表面；有的蛋白则横穿膜层，其两端裸露于膜的两侧。可流动的脂质双分子层构成膜的连续体，而蛋白质分子分散在脂类中。又有人发现，有的膜蛋白（如细胞色素氧化酶）周围的界面脂就不能运动，在膜脂中含有不能运动的界面脂的含量多少，取决于嵌入蛋白的量，比如线粒体内膜的30%脂质为界面脂，恰恰其中的嵌入蛋白也较多。

二、质膜的生理功能

质膜是指细胞质的表层，它直接调控着细胞与外界的联系。质膜的重要生理作用有：

（一）物质运输

总的说来，根据细胞膜内外各种物质浓度的梯度和性质以及膜的化学组成和结构，物质可以朝内外两个方向进行通透。凡是脂溶性物质，自浓度高处经质膜的双层脂质向浓度低处运输的，是一种单纯的扩散作用；凡非脂溶性物质，从浓度高处经质膜到浓度低处，则需要借助于质膜上的载体分子才能扩散，称协助扩散。所谓载体是指在膜结构中的一种具有特异性的传递蛋白质，它能与特定的分子暂时结合，并把它们带过膜而进入细胞后，本身又返回原位，重复发挥作用。单纯扩散或协助扩散都无需细胞提供能量，所以统称为被动运输。有些物质从浓度低处经质膜向浓度高处运输，是消耗能量的过程，这时细胞必需要作功，这种过程称主动运输（见第五章）。还有一些大分子物质可通过某部分质膜内陷，形成小泡而入细胞内部，这种方式称吞噬作用或胞饮作用，不过这类现象在高等植物中不普遍。

（二）膜受体

用电子显微镜组织化学方法，可以观察到膜受体。膜受体是质膜上的嵌入蛋白，可能是单体，也可能是聚合体。一般认为，受体具有调节部位和活性部位两个部分。当外界化学信号（如激素）特异地与受体的调节部位结合时，引起受体蛋白质构象的变化，使其活性部分表现活性，这时受体被激活，这个化学信号称为该受体的激活剂。有些受体被激活后，不仅有酶的功能，还有某些离子载体的功能。动物细胞质膜受体的研究比较深入，植物激素受体的研究正在蓬勃发展中。

（三）细胞识别

细胞识别是指一种生物的细胞对另一种生物细胞的认识和鉴

别。例如，开花植物的雌蕊能否接受花粉并进行受精，就是识别过程。现已查明识别的部位就发生在细胞的表层。

三、内膜系统

内膜系统是指那些在功能上连续统一的细胞内膜，其中包括核被膜、内质网、高尔基器以及小泡和液泡等。这些膜都是相互联系的膜系统在局部区域发生特化的结果，因此其生理功能也各不相同。所以称之为内膜系统是与质膜相对而言的。

（一）内膜系统的结构

1. 核被膜　核被膜是由双层膜包被在核外，与细胞质分开，两层膜之间称核周腔，其宽度约 10～40nm，其中可能含有某些酶类。核被膜在一定的间隔处有开口，称核孔。有时核孔处有单层膜，核孔则关闭（图 1-11）。已经查明，核孔的开放与关闭和细胞的生理状态有关，例如冬小麦在分蘖期间，核孔是开放的，在越冬时核孔则关闭。

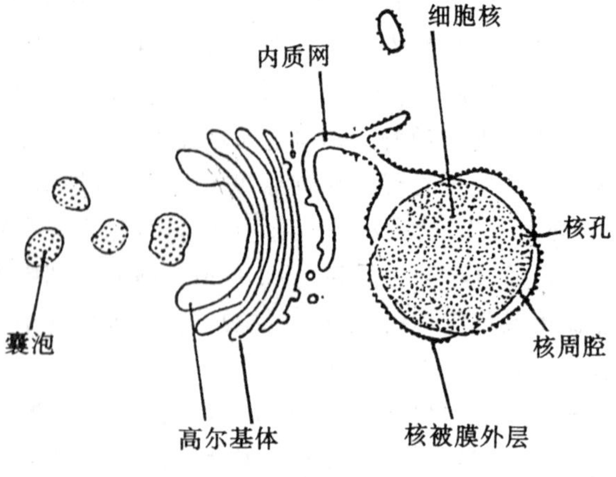

图 1-11　内膜系统示意图

核被膜的外层膜上附着核蛋白体颗粒，内膜光滑。外膜有时向外延伸，与内质网相连，此时核周腔也随之伸展到内质网，两个腔相通，可见二者是同一膜系，在不同区域特化而成核被膜。在细胞开始分裂时，核被膜破裂，破碎的膜片和内质网无法区分，当细胞进入分裂末期，核膜又重新从内质网形成，此时新形成的核外膜又与内质网连接在一起，使内质网池与核周腔相通。

2. 内质网　内质网是交织分布在细胞质内的膜管道系统。这些管道伸展得很宽广，在它两层膜之间形成了一层层扁平的腔、囊或池。构成这些腔的膜有两种类型，一种是有些区域的膜外侧附着核蛋白体颗粒，称粗糙型内质网；另一种是膜外侧没有核蛋白体颗粒的称平滑型内质网。内质网在细胞内分布的多少以及两种类型内质网各占总量的比例，都随细胞的发育和活动水平而有不同。比如，在迅速分化的细胞中，粗糙型内质网的形成先于平滑型；又如，当细胞内酶活性水平提高时，内质网的面积也相应增加。

3. 高尔基器　高尔基器是由几个高尔基体集合而成的。高尔基体则是由几个潴泡平叠在一起而成的潴泡堆，每个高尔基体可由 1～8 个潴泡组成。潴泡是组成内质网或高尔基体的两层膜之间充满液体的囊或腔。

（二）内膜系统的生理功能

粗糙型和平滑型内质网都能合成脂类和固醇。粗糙型内质网最主要的功能是合成蛋白质，并运送到细胞内的其它部位或输出细胞外。

平滑型内质网的功能之一是运输蛋白质，其最主要的功能是合成脂类和固醇。这种膜内含有各种磷脂、胆固醇和中性脂。

高尔基器是细胞内部的运输系统。高尔基器还有合成某些物质的功能，例如，糖类与蛋白质结合成糖蛋白就是在此处完成的。在植物细胞分裂后形成新细胞壁时，高尔基器亦发挥了运输组成细胞壁的物质的作用。

第四节　原生质的胶体特性及其在生命活动中的重要性

一、原生质亲水胶体

组成原生质的主要有机成分是蛋白质、脂类、核酸和糖类，这些物质的分子量较大，在细胞内还可再聚合成复合物，它们在介质中不能溶解。组成原生质的介质是以水为溶剂，其中溶解了由多种无机和可溶性的小分子有机物构成的具有一定浓度的胶液，这是原生质胶体系统的连续相，而不溶的大分子物质或复合物分散于其中，是原生质胶体系统的分散相。

组成原生质的物质复杂多样，大多对水的亲和力大，因此称原生质胶体是亲水的胶体系统。由于原生质内存在大量的亲水根，如蛋白质的$-NH_2$、$-COOH$和$-OH$基等，磷脂也有一端亲水，这些胶粒的水合程度很强，和连续相之间没有明显的光学界限。可以说，原生质内有各种各样的胶粒作为分散相，分散在以水为介质、其中溶有无机和有机物（其中包括可溶性蛋白质）组成的溶胶中，此外，还悬浮有较大颗粒的淀粉粒、油珠和质体等，常称原生质是一种复杂多相的亲水胶体系统。

二、原生质胶体特性

①原生质胶体的分散程度大，因此内部界面大，具有高度的生理活性。

②原生质胶体颗粒表面能吸附各种离子，相同的分散颗粒吸附相同的电荷，因此颗粒既能运动又不相聚以发生凝聚；又由于胶体颗粒有亲水根，可以紧紧吸附水分子构成胶粒外围的水膜。电荷与水膜是维持胶体颗粒稳定的重要因素。

③胶体颗粒完全分散在连续相中时，这时的胶体系统很似流动的液体，称溶胶（图 1-12）。亲水胶体还可以处于半固体状态而成凝胶，此时的胶粒相互连接构成链状，许多链状又可结成网，网眼里充满着稀薄的胶液。当提高温度时，胶粒间的连续断离，胶粒又复分散。可见，溶胶与凝胶是可以相互转变的两种状态，往往随外界条件或细胞内部生理的变化而变化，这种状态的转变时有发生。年幼细胞内的原生质胶体多呈溶胶状态，可以活跃地进行新陈代谢，而衰老、休眠的细胞内原生质处于凝胶状态，代谢活性降低。风干种子的细胞，由于高度脱水，原生质胶体处于干凝胶状态，生命活动已降到最低水平。

④原生质亲水胶体的状态变化与适应环境。原生质胶体既有似液体那样的易变性，又具有固体样的稳定性。原生质胶体有一定的弹性和粘度，它既有结构又经得起适当的变动，所以在千变万化的环境

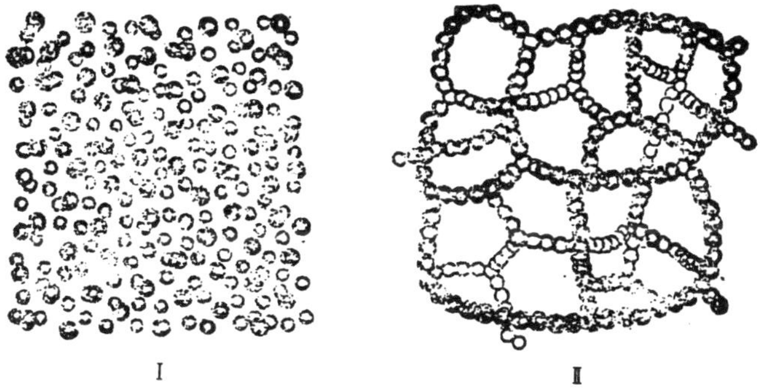

图 1-12　溶胶与凝胶示意图

Ⅰ 溶胶　Ⅱ 凝胶

小圆球代表胶体颗粒

中能正常生活。原生质胶体状态的改变除可适应外界环境外，还可调整内部的变化，例如，种子萌发时大量吸水，使凝胶状态的贮存物水解而提高生命活性，此时的原生质胶体呈溶胶状态；越冬芽或抗旱器官的原生质胶体处于凝胶状态，利于抵御不利条件。

植物细胞是有机体的结构单位，又是进行生命活动的功能单位。各个细胞的细胞壁靠胞间层将相邻的细胞连在一起，构成植物体内的一个连续的内在“骨架”，支撑植物体挺立于环境之中；每个细胞的原生质体又靠“胞间连丝”串穿细胞壁而相互沟通，形成植物体内的另一个连续系统。细胞与细胞之间密切联系，互通有无；植物体的内在骨架和原生质连续整体有一定的弹性和韧度，使植物能经受风吹雨打的外界压力而能应变；生活原生质体内部的高度分化和细微结构，按室分工，使在同一时间内可以进行多种的生理生化变化而不紊乱；生活细胞随时进行新陈代谢，维持内部既有较稳定的结构，又在经常更新，这些都是生命现象的重要基础。

第二章　水 分 生 理

地球上水比生命更早出现，水是地球上第一批生命的先天环境。从生物进化的观点看，地球上的一切生物都是从水中发生的。在我们栽培的作物中，绝大部分都是陆生植物，它们仍然保持含水的特性，它们是从水生植物进化而来的。

在自然界中，只有少数低等植物如苔藓和地衣，可以忍受较长时间的缺水，而在高等植物中，除少数沙漠地区的植物能适应干旱外，对大多数植物来说，干旱是致命的伤害。在农业生产中，水肥管理得当是获得丰收的关键。“水利是农业的命脉”，这深刻地说明了水在农业生产中的重要作用。

第一节　水在植物生活中的作用

生活植物体都含有一定数量的水分，但不同种类的植物，或同一植物的不同生育时期以及不同器官，其含水量有很大差异。比如，水生植物含水量较陆生植物高，阴地植物又比阳地植物的含水量大，生长在沙漠的植物，其含水量更低。一般说来，愈是生命活动旺盛的部分，含水量愈高，如茎尖和根尖的含水量可高达 80%～90%，休眠芽为 40%，而干燥种子仅有 10%～14%左右，其生命活动已降至极低水平。

水分在植物生活中占重要地位，除了它直接或间接地参与生理生化变化之外，还由于它的许多物理化学特性，对植物的生活提供了有利条件。

一、水的理化特性

1. 水是极好的溶剂　参与生命活动的重要的无机物和有机物都

易溶于水，而植物体的代谢活动都是在水溶液中进行的。土壤中的无机和有机营养只有溶于水才能被植物吸收；植物与环境间的气体交换，氧或二氧化碳均必须呈水溶状态才能出入细胞；植物体内物质的输送也要呈水溶状态。可见，水是最理想的生命介质。

2. 水的比热大　比热是指使 1g 物质的温度升高 1℃ 时所需要的热量。由于水的比热高，所以它在吸收（或放出）一定热量时，温度升高（或降低）较少。正由于植物体内含有大量的水分，使植物在剧烈变温（高温或寒冷）的条件下，体温不致骤然上升或下降，利于维持较稳定的体温。

3. 水的汽化热大　汽化热是指使 1g 液体完全变成同温度的气体所需要的热量。由于水的汽化热大，由液态变为气态需要吸收较多的热量。当植物曝晒在烈日下时，可通过蒸腾作用使体内的水分汽化，从而降低体温，避免受到强烈阳光的灼伤。

4. 水具有大的表面张力和附着力　水的这些特性使其很容易分布到植物的细胞壁及任何微细的孔隙中去，有利于水在植物体内的移动和分布。

5. 水的内聚力大　在导管中的水呈连续不断的水柱，可达数十米高的树木顶部，利于水在植物体内的运输。

水是由两个氢原子和一个氧原子构成的。连结两个氢原子的中心和氧原子的中心间构成约为 105°的角度。由于氢原子的不对称分布，使氢带有正电荷而氧带有负电荷，如图 2-1 所示。电荷的不对称分布，使水分子具有极性。这就使水分子带正电端能够吸引另一个水分子的带负电端，在水分子之间则以氢键结合（图 2-2），这种结合使水分子产生一定的内聚力。要打破水分子间的氢键，需要消耗一定的能量，这也正是水分子具有较高的比热和汽化热以及较大表面张力的原因。

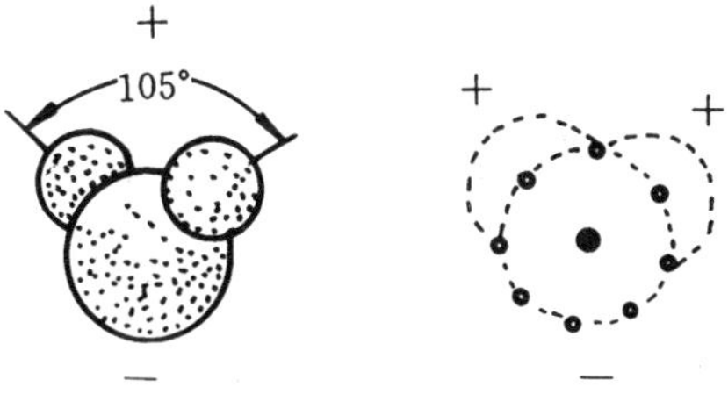

图 2-1　水分子的结构
（表示附于氧原子上的两个氢原子之间的角度和电荷的分布）

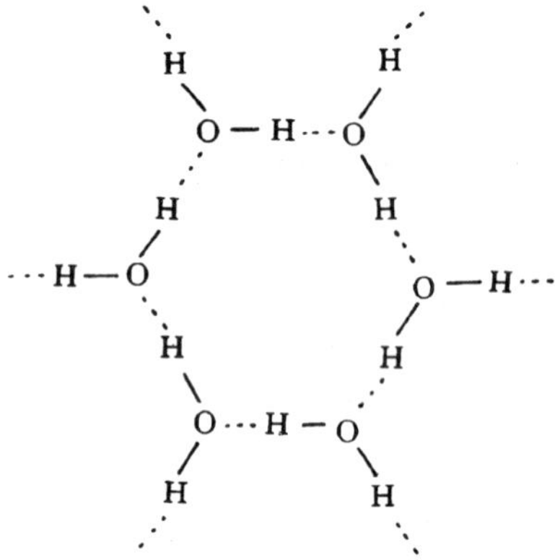

图 2-2 水分子通过氢键相互吸引
（虚线表示氢键）

二、水的生理作用

1. 水是组成原生质的重要成分　原生质的含水量一般在70%～90%左右。由于水分子具有极性，组成原生质胶体的大分子物质有较强的水合能力，水以形成水膜的方式维持着胶体系统的稳定性。当水分充足时，原生质胶体处于溶胶状态，保证进行活跃的生理生化变化；当植物发生水分亏缺时，原生质胶体状态改变，趋于凝胶态，生命活动也随着减弱；若植物失水过多，导致原生质胶体结构受到损伤甚至破坏，植物也趋于死亡。

2. 水分维持了植物细胞及组织的紧张度　水分充足时，植物便处于紧张状态，这使植物体维持其挺拔姿态，利于进行各种生命活动。如根系下扎，便于吸水吸肥；叶片展开，利于充分接受阳光，进行光合作用；保卫细胞的紧张使气孔张开，能顺利地进行气体交换，以及花的开放便于传粉受精等。

3. 水是进行代谢活动的最好介质　植物体内的代谢活动都是在水溶液中进行的。土壤中的无机和有机营养只有溶于水才能为植物吸收；植物与环境间的气体交换，氧和二氧化碳均必须呈水溶状态才能出入细胞；植物体内物质的输送也要呈水溶状态。可见，水是最理想的生命介质。

4. 水可作为某些代谢过程的原料或参加者　植物在进行光合作用时，水是原料之一。此外，很多生物化学反应（如呼吸作用的许多环节以及大分子水解等过程）都需要水分子直接参与反应。

5. 水可以调节植物的体温　如前所述，水的比热大，富含水分的植物体不致因环境温度的骤然变化而改变体温；水的汽化热高，在植物散失水分过程中，水由液态变为气态需要大量吸收热量，可使植物体温下降，免于受强烈日照而灼伤。同时，水的导热性好，使整株植物的各个部位温度维持平衡。

6.水分与植物生长有关　无论是细胞分裂或伸长，都需要有足够的水分供应，所以当植物遇到干旱缺水，就直接影响生长过程，造成减产。

此外，水在植物的生态环境中亦具有很重要的作用，往往可以利用水调温、调湿和改善土壤和大气的温度条件等来调节植物的生态环境。在作物栽培中，常以越冬灌水来提高冬小麦的抗寒性，水稻栽培中的"烤田"则可调节土壤的通气状况，并可促进扎根和肥料的分解。

在植物体内的水分常以束缚水和自由水两种状态存在。所谓束缚水是指被原生质胶体颗粒紧密吸附或存在于大分子结构空间的水，它们不易流动，不起溶剂的作用。自由水是指不被原生质胶粒所吸附、能自由移动并起溶剂作用的那部分水。束缚水和自由水之间并无明显界限。二者相对含量比例的大小，往往影响着原生质的物理性质和酶的活性等。在研究植物的抗寒性与抗旱性时，常常需要考虑这两种水分的比例。

第二节　植物细胞对水分的吸收

就整体植物来说，根系是吸水的主要器官，根尖部分特别是根毛区又是吸水的最有效区域。根系吸水是以细胞吸水为基础的，所以，讨论植物吸水问题包括细胞吸水和根系吸水两个方面。

一、细胞的渗透吸水

一个成长的植物细胞包括细胞壁、原生质体和其中央的一个大液泡。我们可以把细胞比做篮球，当植物细胞吸水时，液泡体积增大，就像一个篮球充足了气一样。吸足了水的细胞称之为"紧张"状态(图2-3)，因为这时由于液泡体积的增大，使原生质亦随着向外扩张，紧紧贴着细胞壁，而细胞壁会产生反压力挤压原生质体，以阻止原生质体的无限膨胀。当植物体内的每个生活细胞都处于紧张状态时，整个植物便伸展挺立。

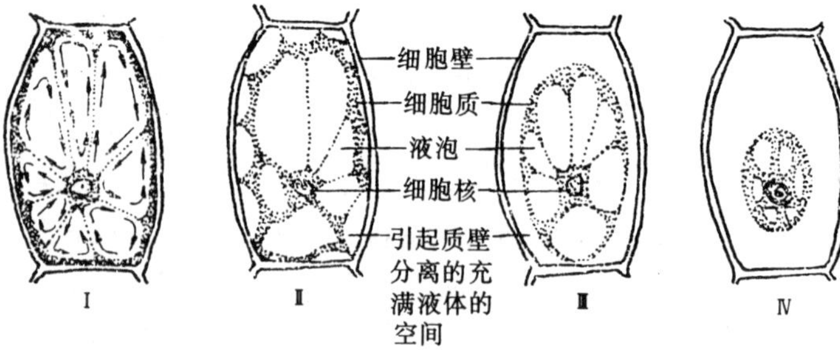

图 2-3 植物细胞的质壁分离

Ⅰ 细胞处于紧张状态 Ⅱ—Ⅳ 细胞脱水发生质壁分离

但是，当细胞脱水时，液泡的体积便缩小，原生质体也随着收缩，当细胞失水达到一定程度时，原生质体脱离细胞壁，这时细胞处于“萎蔫”状态，正如篮球放了气一样。发生脱水的细胞有再吸水的潜力来补足所丢失的水，使之恢复紧张状态。如果植物细胞脱水严重，以致导致原生质体受损甚至死亡，这时的细胞就没有吸水能力了。

一般成熟的植物细胞都具有液泡。具有液泡的细胞，吸水是靠渗透作用来完成的，关于这个问题，有必要先从物理学的角度加以讨论。

(一)扩散与渗透

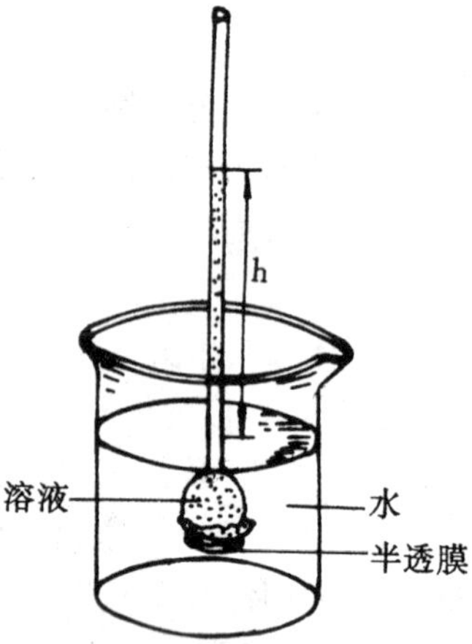

图 2-4 一个简单的渗透计

任何物质的分子都有运动，分子运动有从本身浓度高的一方自发地向浓度低的一方运动的趋势，最后达到一个均匀的系统，这种现象称为扩散。例如，将一勺白糖放入一杯净水里，水分子和糖分子都可以由于扩散(此时不加搅动)，经过一定时间后便形成一杯均匀的糖水。

如果将猪膀胱半透性膜紧缚在倒置的圆漏斗口上(图 2-4)，其中注入蔗糖溶液，然后将整个装置浸入盛有清水的烧杯中，使漏斗内外液面相等。由于猪膀胱具有半透膜性质，也就是说，它比较容易允许水分子通过，而蔗糖分子不易通过。因此，整个装置就构成一个能发生渗透的系统，可以发生渗透现象。所谓渗透现象是指水分通过半透性膜的扩散，实际上，渗透作用正是扩散作用的一种特殊形式。在上述装置中，由于渗透的结果，管中水柱上升。

植物细胞的细胞壁对水和溶质都是可透的，全部原生质体又具有相对半透性，而液泡内包含着有一定浓度的溶液，所以当植物细胞与外界液体环境接触时，便会发生渗透现象。渗透作用是使植物细胞吸水、脱水或与外界达到水分平衡的基本动力。

（二）自由能与水势

在渗透作用中，水分子何以能够自发地运动，这是一个很有趣的问题。

水分子的移动就是作功，作功是需要能量的。在温度恒定的条件下，用于作功的能量叫自由能。每摩尔物质的自由能就是该物质的化学势。水势就是每摩尔体积水的化学势，用以衡量反应或移动的能量的高低。

在纯水中水分子的自由能最大，而任一溶液，由于溶质的存在降低了水分子的自由能，所以溶液中水分子的自由能比纯水的低。纯水的自由能大，水势也最高。现人为规定纯水的水势等于零，那么任何一个溶液的水势必定都是负值。溶液愈浓，其水势愈低，数值也愈大。水势通常以符号 ψ_{w}（音 psi）表示，水势的单位为 Pa（帕斯卡，简称帕，1bar（巴）$=10^5$ Pa$=0.1$MPa）

在上面提到的产生渗透作用的装置中，水分子所以能从烧杯进入漏斗中，是由于烧杯内纯水的水势大于漏斗内糖液的水势，而水分子总是从水势高处向水势低处流动，因此水便从烧杯进入漏斗中。纯水与某溶液间的水势差，也就是某溶液由于溶质的存在而使水势改变的差值，称为该溶液的渗透势（又称溶质势），渗透势应为负值，通常以 ψ_{s} 表示。

（三）植物细胞的水势

植物细胞由于能够发生渗透现象，所以能和外界水分进行交换。细胞吸水与细胞液的渗透势有关，但并不完全决定于其渗透势。植物细胞的水势可以用以下公式表示：

$$\psi_W=\psi_S+\psi_P+\psi_M$$

式中，ψ_W 表示细胞或组织的水势；ψ_S 表示溶质势；ψ_P 表示压力势；ψ_M 表示衬质势。

渗透势又称溶质势。由于细胞的液泡内溶有多种溶质，所以是负值。一般来说，在温带生长的大多数作物的叶组织的渗透势在$-1\sim-2$MPa 左右，而旱生植物叶片的渗透势可低至-10MPa。

压力势是指细胞壁的伸缩性对细胞内容物产生静水压力而使水势的增加值。细胞吸水膨胀而对细胞壁产生的压力叫膨压。由于细胞壁具有一定的伸缩性，所以当细胞壁受膨压的作用而伸张时，必定会产生细胞给予原生质的反压力，由于这种反压力的存在而增加的水势称为压力势。压力势是使细胞排水的潜势，所以是正值。通常以 ψ_P 表示。

衬质势是细胞内胶体物质对水分的吸附作用而使水势发生改变的值（通常以 ψ_M 表示）。未形成液泡的细胞具有一定的衬质势，在已形成液泡的细胞内，由于原生质胶体已被水充分饱和，其衬质势仅约 0.01MPa 左右，往往可以忽略不计，所以可将以上公式简化为：

$$\psi_W=\psi_S+\psi_P$$

植物细胞的相对体积变化与水势、溶质势和压力势之间的关系可以图解（图 2-5）表示之。

可见，当细胞为水所饱和时，它的水势达到最大值，即 $\psi_W=0$，这时 $-\psi_S=\psi_P$，意味着它具有最大的给水潜势。当细胞脱水发生质壁分离时，由于 $\psi_P=0$，所以 $\psi_W=\psi_S$，这时的细胞有最大的潜势再吸水以恢复紧张状态。

相邻细胞（或组织）间的水流方向，决定于二者的水势差，因为水总是从水势高处流向水势低处。同样，当植物细胞（或组织）与外界液体环境接触时，水流方向则决定于细胞（或组织）与外界溶液的水势差，若外界溶液的水势大于细胞的水势时，细胞（或组织）便会吸水，反之，就要脱水；若二者水势相等，则细胞（或组织）内外水分运动达到动态平衡，这时细胞（或组织）表现不吸水也不脱水。

当施肥过多，又未能及时灌水时，土壤溶液的水势往往就会小于

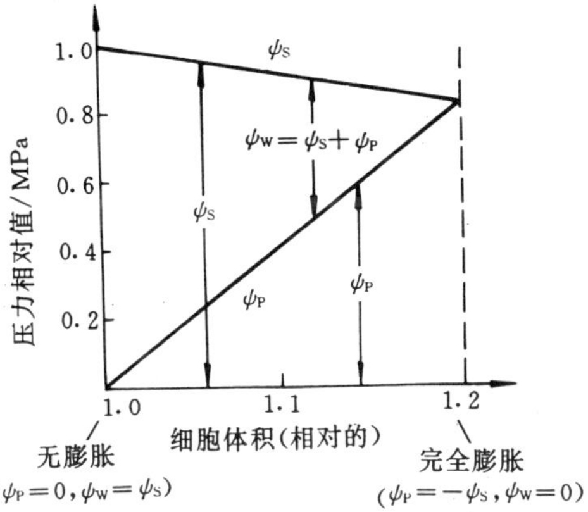

图 2-5　植物细胞的相对体积变化与水势(ψ_W)、溶质势(ψ_S)和压力势(ψ_P)间的关系图解

水势和渗透势为负值,压力势为正值

根细胞的水势,根细胞便会因失水而受损伤,影响到根系的吸收功能,严重时便会导致地上部的干枯死亡,这就是施肥过多而使植物致死的原因。

就植物整体来看,细胞间、组织间或器官间的水分流动,也要由其间的水势差来决定水流的方向。一般来说,土壤的水势(一般约－0.5MPa)大于根系的水势,而根部的水势又大于地上部器官的水势(如大树上部木质部约为－2MPa),因此,根细胞可以从土壤吸水,然后沿着器官间的水势梯度,水分得以向上运送。大气中的水势常常小于－10MPa,这样,在土壤、植物和大气三者之间构成一个水分连续系统,其间的水分子沿着水势差循环地流动着(表 2-1)。

表 2-1　土壤、根系、叶肉细胞以及大气间水势之比较

部　位	土　壤(靠近根)	根的木质部(靠近地表面)	叶肉细胞液泡(地面以上10m)	气孔内的空气(90%相对湿度)	气孔外空气(60%相对湿度)
ψ_W/(MPa)	－0.5	－0.6	－0.8	－6.9	－70.1

可见,水势差对水之进入植物体以及在植物体内的流动、传导都具有重要意义。

二、细胞的吸涨吸水

吸涨作用是指亲水胶体的吸水膨胀现象。由于在干种子内的原生质、淀粉粒和蛋白质等都呈凝胶状态，在它们的结构中间还有很多缝隙，水分子可以迅速地扩散到凝胶内部，所以当将干种子浸入水中时，可借凝胶分子与水分子间的强亲合力而结合，使种子发生膨胀，这种现象就是胶体的吸涨作用。胶体物质的吸涨作用与该物质的亲水性有关，如蛋白质的吸涨作用就较淀粉为强，而淀粉的吸涨作用又大于纤维素，所以豆类种子的吸涨作用比淀粉种子要强。

细胞在形成液泡之前的吸水，主要是靠吸涨作用，而决定吸涨作用大小的重要因素是衬质势的大小。根据细胞水势的公式：

$$\psi_W = \psi_S + \psi_P + \psi_M$$

由于干种子的细胞几乎没有液泡，所以它们的 $\psi_S = 0$，因而 $\psi_P = 0$。此时，$\psi_W = \psi_M$，即干种子的水势等于它的衬质势。据测定，干种子的衬质势可低至 -100MPa 以下，因此它的吸水能力极强。

第三节　植物根系对水分的吸收

一、根系吸水的部位

植物根系分枝能力强，生长速度快，所以在土壤中构成了庞大的吸收网。在根系积极生长的同时，有效地执行着吸收水分和养分的功能。根系对水分的吸收是一个很活跃的生理功能。陆生植物根的总增长量都远远超过其地上部分。例如，一株生长一年的苹果树，其根系总数超过 5 万条，而地上部分枝不过数十条。有人测量栽培的一株黑麦，生长 4 个月后，其根与根毛的总面积可达地上部茎叶的总面积的 130 倍。

根系面积虽然很大，但并不是根的各部位都能吸水。一般说来，根系吸水的部位主要是根尖的幼嫩部分，包括分生区、伸长区和根毛区（图 2-6），其中以伸长区、尤其是根毛区最为活跃。根毛是根表皮细胞的突起。由于根毛的出现，无疑大大增加了根的吸收面积；根毛细胞的尖端分泌粘液，在土粒与根毛之间有粘液层，使根毛紧密地与土壤颗粒接触，更有利于根毛吸水；在根毛区的初生木质部已经分化，次生木质部也已开始分化，这些输导组织的形成有利于水分的纵向运送。初生木质部和初生韧皮部是交互排列的，这种组织可允许由表皮和皮层进入中柱鞘的溶液直接进入木质部。

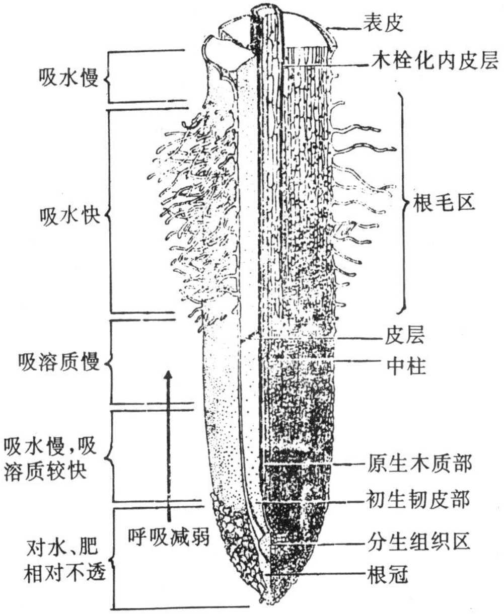

图 2-6　根系分区，示吸水肥活跃部位

根毛的寿命很短，一般仅有几天，但随着根的不断向前推进生长，老根毛不断死亡、脱落，而新的根毛又陆续形成。根系生长有向水性，因此吸水的根毛区不断更新和移动，向新的土域延伸。根系主要靠尖端各部分吸水，所以在移栽苗木时，若将细根损伤过多，就容易引起植株萎蔫或死亡。

二、根系对水分的吸收

根系吸水靠两种动力，一是指地上部的蒸腾拉力，称被动吸水；另一是指根系的主动生理过程，称主动吸水。

（一）被动吸水

被动吸水是由于枝叶的蒸腾作用而促使根系吸水的现象。

截取一段有蒸腾作用的带叶枝条，夹插在橡皮管内，将其与玻璃

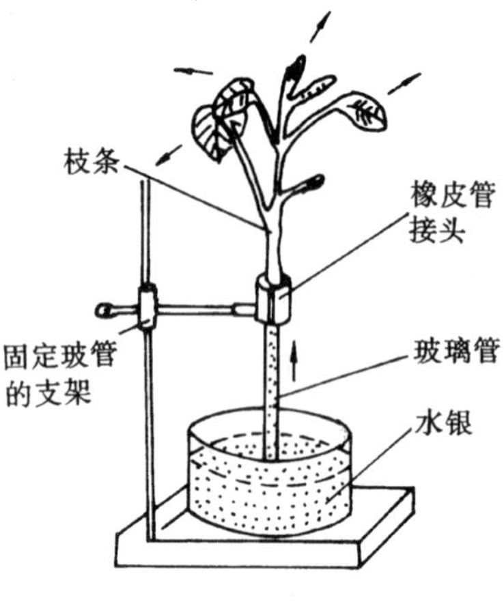

图 2-7 蒸腾拉力示意图

管口连接(图 2-7),管中注满清水并插入盛有水银的玻璃缸内。一段时间后,可见水银柱沿玻璃管陆续上升。这种由于蒸腾作用促进水分沿导管上升,并导致下部吸收的力量称蒸腾拉力。这个示范仅是水分在植物体内移动现象的示意(图 2-7)。实际上,蒸腾拉力是指叶部蒸腾所产生的负水势,蒸腾引起叶细胞水分亏缺,水势下降,并与相邻细胞造成了水势差;水势差使茎和根内导管中的连续水柱拖曳上升,引起根部细胞水分不足,水势因之下降,从而促进根部细胞从土壤中吸收水分。

显然,被动吸水的动力是蒸腾拉力。通常由于植物蒸腾作用强,被动吸水是植物吸水的主要方式。特别是高大树木的枝叶茂盛,蒸腾作用更强,此时被动吸水过程尤为重要。只有当蒸腾强度很低时,例如早春叶片尚未展开,或是在夜间,被动吸水才不占主要地位。

(二)主动吸水

因生活根系的代谢活动而引起根系从环境中吸水的过程称主动吸水。

1. 现象　根系主动吸水可从根压、吐水和伤流等现象来验证。

如将植物的茎在近地面处切去,一定时间后可见有液滴自切口流出,这种现象称伤流,流出的汁液叫伤流液。如果在切口外侧套一橡皮管并与压力计相连(图 2-8),就会表现出一定的压力(压送水分向上输送),这种压力称为根压。大多数植物的根压约 1.01×10^5～2.02×10^5Pa,有些高大树木可达 6.06×10^5Pa～7.07×10^5Pa。分析伤流液得知,不仅其中含有各种无机盐,还有许多有机物,特别是含氮有机物,如天冬酰胺、谷氨酰胺等。这说明根系除有吸收的功能外,还具有合成某些有机物的能力。在研究根系生命活动规律时,分析伤流液的数量和内含物是很重要的指标。

I　　　　　　　　　　Ⅱ

图 2-8　伤流和根压示意图

Ⅰ 伤流液从茎部切口处流出　Ⅱ 用压力计测定根压

在土壤水分充足，土温适宜的情况下，在晴朗的清晨，可以看到有液滴自叶尖或叶边缘向外溢出的现象，称吐水。植物生长健壮，根系活动较强，其吐水量也较多。所以在水稻插秧后，观察其吐水情况常作为判断壮苗的指标。

伤流、根压和吐水等都具有一定的节奏性和周期性。同时，能影响生活根系的外界条件，如土温等就会影响到植物的根压、吐水和伤流。可见，这些现象都是生活根系生命活动的表现。

2. 机理　根压是如何产生的，目前尚未彻底弄清楚。一般认为由根部所吸收的离子不断向上输送，使根组织内形成水分运转所需的水势梯度，促使土壤水分通过根毛、皮层及内皮层而进入中柱导管，并沿导管向上输送。从根横切面图所示(图 2-9)，可将根内部组织分为质外体和共质体两部分。质外体包括细胞壁、细胞间隙以及木质部的导管等。由于这部分不包括生活原生质，溶液和溶质可以在质外体自由扩散。但由于内皮层细胞径向壁和横壁有凯氏带，这是由不易透水和透溶质的木栓质和木质填充到细胞壁而成的加厚层，而且包围在中柱外围，因此根的质外体不是连续的，被分成内皮层以外和内皮层以内两部分。前者包括表皮、皮层薄壁细胞的细胞壁和细胞间隙；后者包括中柱各部分的细胞壁和导管。因此，可以把内皮层部分看作是个具有半透性的“膜”，当内皮层两侧的质外体溶液间存在水势差

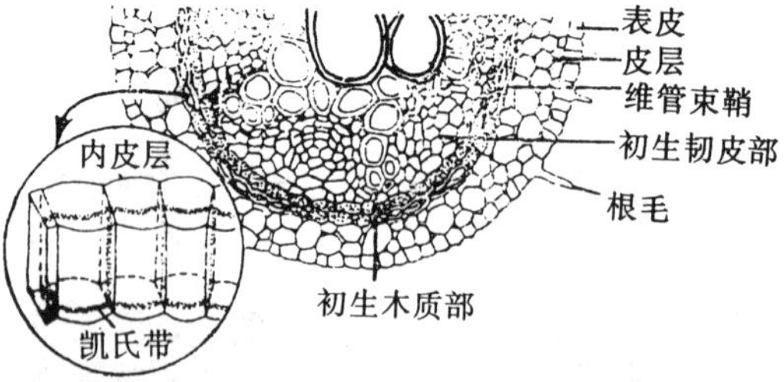

图 2-9　草本双子叶植物幼根横切面

示内皮层凯氏带加厚

时，就可以发生渗透现象。共质体则是包括所有生活细胞的细胞质，由于其间有胞间连丝的存在，所以共质体是一个由生活原生质相互沟通的连续体系。

根据图 2-10 示意，可见水分在根内的横向运输途径。土壤溶液

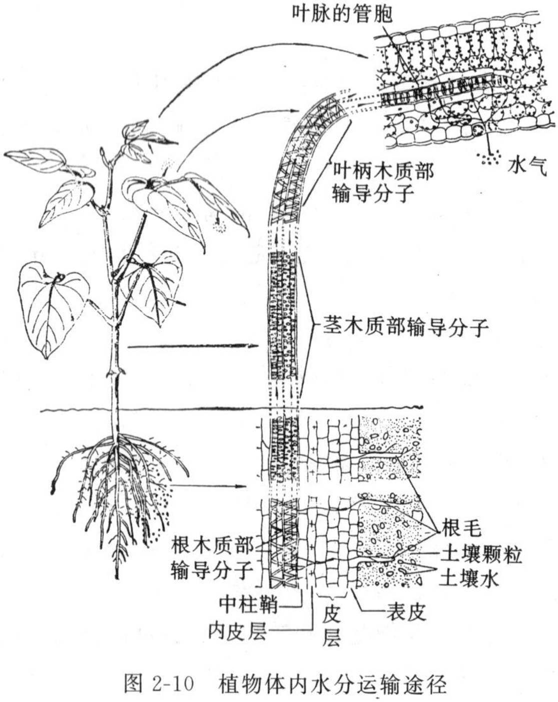

图 2-10　植物体内水分运输途径

中的水分和溶质可以直接被表皮细胞吸收而进入共质体，首先进入内皮层以外的质外体部分进行自由扩散。在扩散过程中，土壤溶液中的某些溶质或离子可以被内皮层细胞主动吸收而进入共质体。进入共质体的这些溶质，又可通过胞间连丝，从一个细胞运至另一个细胞，一直可进入中柱的木质薄壁细胞中。这些中柱薄壁细胞内的溶质或离子又可再进入导管。由于内皮层具有凯氏带，可以看作是内皮层内外质外体间的阻碍层，并起着选择透性膜的作用，对运转水分和溶质起调节作用。当溶质或离子进入导管，引起导管内的溶液浓度升高而水势降低，使皮层内的水势高于中柱导管的水势，在内皮层内外形成了水势梯度。所以水分通过内皮层渗透到中柱导管，使导管内产生静水压，即根压，水分即可受此压力不断向上输送。

可以看出，离子或溶质分子进入共质体并随后又释放到质外体是个十分关键的问题。有人认为内皮层两侧的水势差的形成与呼吸作用密切相关，这是一个需要消耗能量的生理过程。因此可见，水分吸收是个主动过程，而水分进入根内的动力是土壤溶液水势与根系代谢活动造成的导管液水势之差。

三、影响根系吸水的环境因素

植物生长在土壤中，因此土壤条件直接影响植物的主动吸水。

（一）土壤可用水

根系能否吸水决定于根系水势与土壤溶液水势之差值。只要土壤溶液的水势高于根系水势，根系就能顺利吸水。

土壤溶液的水势包括土壤溶液的溶质势和衬质势。土壤水分中含有很多可溶性的溶质，除盐碱地外，一般的土壤溶液具有－0.1～－0.2MPa 的溶质势，而土壤溶液水势的关键部分是衬质势，尤其干旱土壤的衬质势可低到－30MPa 或更低。但潮湿土壤中土壤溶液的渗透势仍是决定土壤溶液水势的主要成分。绝大多数土壤水分处于饱和状态，土壤溶液水势稍低于零。

并不是存在于土壤中的水都能被植物吸收。在自然条件下，与土壤颗粒紧密结合的水分子构成水膜，称吸湿水，植物不能吸收；当降雨或灌溉水足量时，其中一部分受重力影响而向下流动，称重力水，植物也难于利用；有一部分水由于毛细管作用存留在土壤颗粒孔隙之间的，称毛细管水，植物可以利用这部分水。在自然环境中的土壤，当重力水渗透以后的饱和含水量称最大田间持水量，此时的土壤溶液水势约为－0.1MPa，而植物根系细胞的水势一般比此数值更低，所以植物根系能吸水。当植物的根系所吸收的水分得不到及时补充时，植物就会发生萎蔫。萎蔫是指植物因水分亏缺，细胞失去紧张状态，表现为叶片和幼嫩茎下垂的现象。此时，若及时补充水分，植物能恢复正常状态，这时称暂时萎蔫。当植物蒸腾即使很弱时，根系水分仍有供应，而已发生萎蔫的植株仍不能恢复正常状态，此时称永久萎蔫。发生永久萎蔫时，土壤中的含水量占土壤干重的百分数称永久萎蔫系数。土壤水分对根系吸水的影响主要表现在土壤含水量的两个极端，即当土壤含水量在永久萎蔫系数以下，土壤溶液受胶体颗粒所束缚，水势极低，此时根系不能吸水；当土壤含水量过高，如超过最大田间持水量时，土壤中的许多孔隙被重力水所填满，虽然水势较大，但由于通气条件恶化，根系缺氧，也影响根系的正常吸水。只有当土壤具有适宜的田间持水量，土壤溶液既有较大的水势，又有良好的通气条件，对根系吸水才最为有利。

土壤溶液浓度过高，则降低了土壤溶液的水势，使植物吸水困难。在盐碱土中栽培作物，往往因根系吸水不顺利而不能正常出苗或生长，正是这个道理。

（二）土壤温度

土壤温度直接影响根系的生理活动和根系生长，所以对根系吸水影响很大。当土壤温度降低，根系吸水能力明显下降，因为低温使根系代谢活动减弱，呼吸作用减缓，根系生长速率减慢，因而影响主动吸水；同时，在低温下，水分和原生质的粘滞性均增加，所以水分子在土壤中的扩散速率减缓，其在原生质中的扩散也减慢，影响了根系吸水。在生产实践中，往往忌讳在阳光下用冷水灌溉庄稼，特别是夏天中午大气温度高，若骤然用冷水灌溉，会引起庄稼萎蔫或造成落花落果。

不同植物对土壤温度的敏感性不同。如喜温的黄瓜，当土温降到10℃以下时，吸水就显著降低；而冬小麦在土温接近0℃或更低时，其根系仍保持一定的吸水活性。

当土壤温度过高，使根细胞内的酶类钝化，导致根系代谢失调，促进衰老，逐渐丧失吸水功能。

(三)土壤通气状况

根系在良好的通气环境中，代谢活动正常，能顺利吸水。若处于短期缺氧和高二氧化碳的环境中，根细胞吸水功能减弱，直接影响主动吸水。有试验表明，用二氧化碳处理小麦、水稻和玉米幼苗的根部，可使其吸水量降低14%～50%。长时间的缺氧，植物根系进行无氧呼吸，产生并累积较多的酒精，使根细胞中毒受伤害；同时，厌氧微生物活动的结果，也产生对植物根系有毒的物质如硫化氢等，这都使植物根系的吸水能力大大减弱，严重时就会死亡。当植物受较长时间的淹涝而未能合理排灌、及时中耕松土，导致作物死亡正是这个道理。

不同植物对土壤通气状况不良影响的反应差异很大。有些植物如水稻、莲藕、芦苇等在水分饱和的土壤中能正常生长；另外一些植物如番茄、烟草等在水分饱和的土壤中容易发生萎蔫甚至死亡。这与不同植物在形态结构上有差异以及生理特性不同有关，例如水稻以及许多其它水生植物的根部有较大的气腔，它们与茎叶中的气腔以及气孔相互贯通并且可以贮存氧气，使作物不致因缺氧而窒息。

第四节　水分通过叶面的散失——蒸腾作用

植物的地上部分都暴露于空气中，植物体内的水分不可避免地要散失到外界环境中去。根据估计，一株向日葵或玉米一生需水200kg以上，一亩($666.7m^2$)水稻在整个生长期间约需30×10^4kg水。在炎热的夏季，通过叶面一小时的失水量比它的含水量还多。不过，大量的水分并非完全用于组成植物体本身，其中只有约0.15%～0.2%用于组成植物体，其余绝大部分(约99.8%以上)都是通过蒸腾作用散失掉了。植物通过地上部的器官(主要是叶)以水蒸气状态散失水分的过程称蒸腾作用。蒸腾作用是通过活体的水分扩散。这个过程既受外界条件的影响，也受植物体本身的结构与生理状态的调节与控制，因而较一般的物理蒸发复杂得多。

一、蒸腾作用的重要生理意义

1. 蒸腾作用是植物吸收水分和运输水分的重要动力　特别是高大的树木，靠着蒸腾作用强大的拉力，促使水分顺利地吸入体内并输送到地上部，同时溶于其中的营养物质也随液流上运，供各器官生命活动的需要。

2. 蒸腾作用有降低植物体和叶面温度的效应　叶片吸收的太阳能大部分转变为热能，其中仅有极小部分用于光合，倘若植物没有降温的相应措施，叶片必然会被灼伤。在蒸腾过程中，水从液态变为水蒸气时需要吸收热量（1g 水变成水蒸气，在 20℃ 下，需要吸收热量 2.45×10^3J，30℃ 则是 2.43×10^3J），这样，便能降低叶面温度。可见，从表面看，蒸腾作用使植物大量失去水分，但该过程却在植物生活中占有重要地位，它调控着植物的许多生理机能。

二、蒸腾作用的表示方法

1. 蒸腾强度　蒸腾强度又称蒸腾速率或蒸腾率，指植物在一定时间内，通过单位叶面积所散失水分的量。其单位以 $g\cdot m^{-2}\cdot h^{-1}$表示。大多数植物的蒸腾强度白天为 15～250$g\cdot m^{-2}\cdot h^{-1}$，夜间为 1～20$g\cdot m^{-2}\cdot h^{-1}$。

2. 蒸腾效率　植物蒸腾失水 1000g 时所形成干物质的克数。常用 $g\cdot kg^{-1}$表示。一般植物的蒸腾效率介于 1～8$g\cdot kg^{-1}$之间。植物的蒸腾效率越大，表示植物合成的干物质愈多，植物利用水分也越经济。

3. 蒸腾系数　蒸腾系数又称需水量，恰是蒸腾效率的倒数，即植物形成 1g 干物质所消耗水分的克数。一般植物的蒸腾系数介于 125～1000。通常木本植物的蒸腾系数较草本植物为小。蒸腾系数越小，表示利用水分的效率越高。

三、气孔蒸腾的特点

当植物幼小时，几乎地上部的全部表面都有蒸腾作用。随着植物的长大，其茎干和部分枝条发生木栓化，只能通过茎干和枝条上的皮孔向外丢失水分。通过皮孔的水分散失称皮孔蒸腾，但其量甚少，仅为总蒸腾量的 0.1%，所以往往忽略不计。

植物的蒸腾作用绝大部分是通过叶片进行的。叶片的蒸腾作用有两种方式，一是通过叶表皮角质层的蒸腾，称角质蒸腾；一是通过叶表皮上的气孔，称气孔蒸腾。角质层本身原不易透水，但其间存在着有亲水性强的果胶质，并且在结构上还有孔隙，所以水分可以通过。幼嫩叶子的角质蒸腾的量可达总蒸腾量的40%～70%，但成长叶片的角质蒸腾的量仅占3%～5%，因此，一般植物蒸腾是以气孔蒸腾为主要形式，一株成长植株通过气孔的蒸腾量可占总蒸腾量的80%～90%。

（一）气孔的分布、大小和数目

气孔是叶表皮分化出来的小孔隙，位于其两侧的是保卫细胞。分布在叶表面的气孔虽小，但数目却很多。据分析，每平方毫米的叶表面上可分布100～300个气孔，有时还可达上千个之多。不同植物的气孔数目和大小随植物的种类和环境条件不同而异(表2-2)。

表2-2　不同类型植物的气孔数目和大小

植物类型	气孔数/[叶面积(mm^2)]	气孔口径/μm		(气孔面积/叶面积)/(%)
		长	宽	
阳性植物	100～200	10～20	4～5	0.8～1.0
阴性植物	40～100	15～20	5～6	0.8～1.2
禾本科植物	50～100	20～30	3	0.5～0.7
冬季落叶树	100～500	7～15	1～6	0.5～1.2

大多数植物上下表皮都有气孔。一般禾谷类作物如玉米、水稻、大麦和小麦等的气孔分布在叶片的上下表皮，且数目相近；双子叶草本植物的气孔分布在下表皮多、上表皮少，如蚕豆、番茄等；也有些植物，特别是木本植物，气孔只分布在叶的下表皮，如苹果、桃等；但水生植物的却仅在上表皮，如浮萍。不同植物气孔分布上的差异，显而易见反映了该植物对生态环境的适应。例如水生植物的叶片是漂浮在水面上的，气孔分布在叶上表皮，对气孔交换和蒸腾作用都有利。

气孔的缝隙很小，当叶面上的气孔全部开放时，其面积总和仅为叶表面积的1%左右。

（二）气孔蒸腾途径

植物叶肉细胞的间隙有的部位较大（如栅栏组织、海绵组织之间），因此在气孔下侧有很大的蒸发表面。气孔腔和叶肉的细胞间隙的总表面积可以远远大于叶外表面积。据测定，阴生植物叶内细胞间隙总面积比叶外表面积大 6～9 倍，比中生植物大 12～18 倍，比旱生植物大 16～29 倍。实际上，气孔蒸腾首先是水分从气孔腔、细胞间隙的湿润的细胞壁表面进行蒸发，因此，在气孔腔内和细胞间隙内饱和水蒸气可以通过气孔扩散出去（图 2-11）。

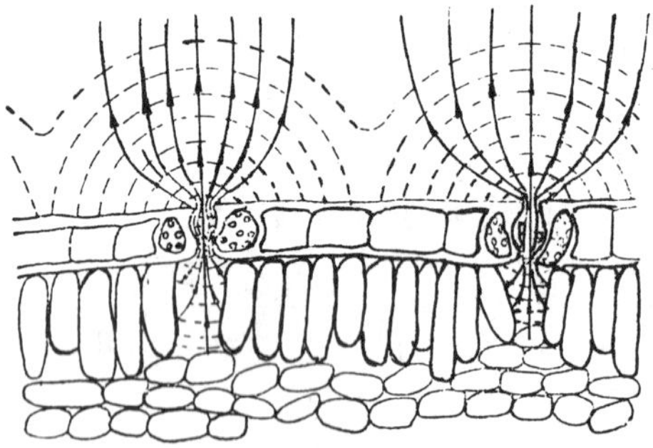

图 2-11　水分从叶面小孔扩散示意图

水蒸气的扩散途径以带箭头的实线表示，

相等水蒸气浓度界面以虚线表示

（三）气孔扩散的小孔定律

如前所述，气孔若全部开放的话，其总面积仅占整个叶面积的 1％左右，若按照蒸发量与蒸发面积成正比来考虑，经气孔的蒸腾量应等于与叶等面积的自由水面的 1％，然而实际上，气孔的蒸腾量远远大于 1％，一般可到 50％，甚至可达 100％，犹如叶片全然无表皮所覆盖一样。可见，由于叶内表面蒸腾量大，但气孔却极小，植物势必需要以极快的速度将水蒸气扩散出去。水分子扩散速率取决于经过气孔时所受到的来自两方面的阻力，一是气孔缝隙的大小，一是气孔外界水蒸气界面层的厚薄。实验证明，气孔孔隙大小占重要地位，而且水蒸气通过气孔孔隙扩散的速率，不与小孔的面积成正比，而是与小孔的周长成正比。因为任何蒸发面上，气体分子除经表面向外扩散外，还沿边缘向外扩散。由于沿边缘扩散的水分子相互碰撞的机会少，所以从边缘扩散的速率比中央部分要快，这种效应称为边缘效应。当扩散表面大时，边缘与面积的比值小，边缘效应表现不出来；当扩散表面缩小，其边缘与面积之比就要增大，此时经边缘扩散量则占较大比例。因此，如果将一个大孔分割成若干小孔，尽管二者的总面积相等，但诸小孔的边缘效应远比一个大孔强得多。可见，气孔通过小孔的扩散速率不与小孔的面积成正比，而是与小孔的周长成正比，这就是小孔扩散定律。叶面上的气孔蒸腾正符合这样的规律。

(四)气孔运动机理

气孔是一个自动反馈系统，气孔的运动有其一定的规律，气孔的开闭是由保卫细胞调节的。保卫细胞与表皮细胞在形态结构上有差异，保卫细胞壁厚薄不匀，靠近气孔一侧的壁厚，由一些纤维素分子呈辐射状排列，较为稳固，另一侧则较薄。保卫细胞的体积较小，内含叶绿体，能进行光合作用，这些特点都构成它能调节气孔开关的重要条件。

当保卫细胞吸水膨胀时，细胞体积增大，由于胞壁的内、外侧厚薄不匀，靠近气孔内侧的厚壁不易扩展，较薄的外侧容易扩展，使细胞呈向外弯曲的肾形，此时气孔张开(图 2-12)。相反，当保卫细胞失水，细胞体积缩小，气孔关闭。双子叶植物与单子叶植物的气孔结构相似，只是单子叶植物的保卫细胞呈哑铃形，近气孔中央的壁较厚，两端的壁较薄，当细胞吸水时，两端薄壁部分膨大，气孔张开，当细胞

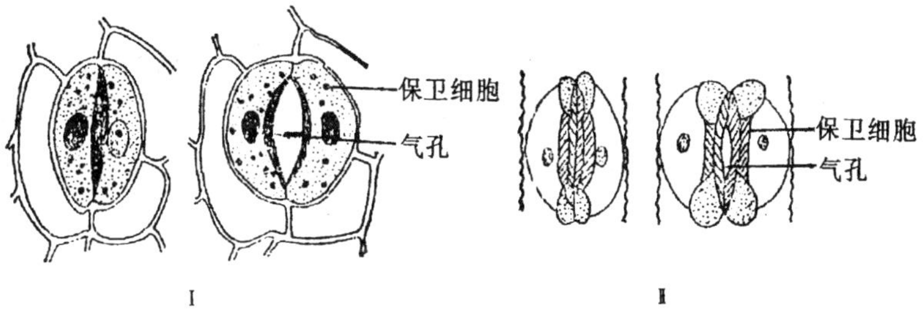

图 2-12　气孔开闭示意图

Ⅰ 双子叶植物气孔　Ⅱ 单子叶植物气孔

失水时，气孔关闭。

保卫细胞的体积比表皮细胞小得多，少量可溶性物质的积累就能迅速改变保卫细胞的水势，促进它向邻近表皮细胞吸水，调节着气孔运动。

多年来，很多学者从不同的角度研究气孔运动的机理问题，目前可将已了解到的生理生化变化归纳为如下图示（图 2-13）。

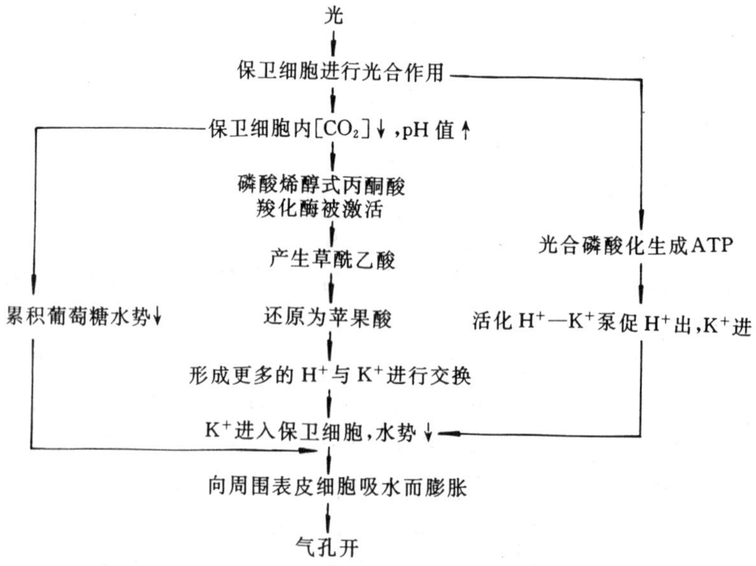

图 2-13　气孔运动的机理图解

在供水情况良好，气温适宜时，大多数植物的气孔都在光照下开放，在暗中则关闭；有些植物（如马铃薯、甘蓝等）的气孔有时会昼夜持续开放；而另一些植物（如葫芦科、仙人掌科等）的气孔仅在夜间开放，白日闭合。可见，不同植物的气孔运动机制各有差异。

四、环境条件对蒸腾作用的影响

植物的蒸腾作用是一个复杂的生理过程，它既受植物体本身的形态结构和生理状况的影响，同时也受外界环境条件的影响。

1. 光照　光照是影响蒸腾作用的最主要外界条件。引起气孔开张所需的最小光量随植物种类而异。一般而言，光对蒸腾的影响首先是引起气孔开放，其次是提高了大气温度和植物的体温，增加了叶内外的蒸气压差而加速蒸腾。

2. 大气温度　通常情况下，大气相对湿度约为 50%，空气相对湿度的高低直接影响叶外大气和气孔下腔间的蒸汽压梯度。一般叶肉细胞间隙的相对湿度接近 100%。当空气中的相对湿度大时，叶内细胞间隙与大气间的蒸汽压差较小，蒸腾速度下降，所以在阴雨天气，植物蒸腾作用较晴朗天气低得多。

3. 温度　在一定范围内，温度升高促进蒸腾作用，这是因为细胞间隙内的水蒸气近于饱和。当温度升高时，饱和蒸汽压的数值也提高，就会增大细胞间隙与外界的蒸汽压差，从而促进植物的蒸腾作用。但是，当温度过高时(大于 30～35℃)，由于叶片过度失水，影响光合效率。但此时的呼吸作用却增强很多，使细胞间隙二氧化碳的浓度增大，气孔反而关闭。在炎热夏季的中午，气孔暂时关闭就是这个原因，这也是植物适应外界环境的一种表现。

4. 风　微风可将密集在叶面的水蒸气吹散而代之以相对湿度较低的空气，增大了叶面与大气间的蒸汽压差，加速蒸腾。强风则会使叶温降低，饱和蒸汽压下降，减少气孔内外的蒸汽压差，减弱蒸腾。

当植物蒸腾速率高，而吸收水分不足时，就会使植物体内的水分失去平衡，导致代谢失常。在生产实践中往往为了尽可能地维持作物体内水分的收支平衡而采取一些措施，如扦插、移栽时可适当剪去部分叶片，并注意遮阴以减少蒸腾，提高成活率。

植物的蒸腾作用也表现有季节性的变化，这主要是由于温度和湿度变化造成的。一般植物在冬季的蒸腾作用要比其它季节低得多。

第五节　植物体内水分的运输

陆生植物根系从土壤中吸收的水分并及时地向地上部输送，除一部分水用于参与各种代谢活动外，大部分通过蒸腾以水蒸气的形式散失到大气中。可见，土壤—植物—大气三者之间的水分构成一个开放的连续系统。水分所以能在植物体内正常运行，除有活跃的吸收器官外，体内还有完善的输导系统（木质部），并有合理的运输机理。

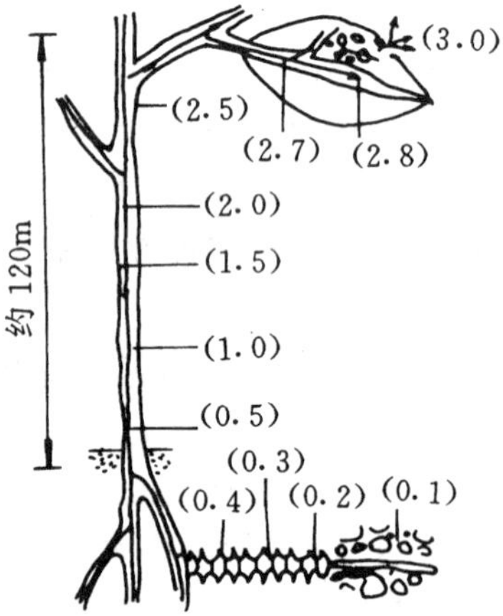

图 2-14　植物体内水分流动的通路　示 120m 的高大植株，图中数字表示不同部位的水势（单位为 MPa、负值，空气的相对湿度为 80%）

一、水分运输的途径和速率

植物体内水分运输的途径是从土壤→根毛→皮层→中柱→根部导管（或管胞）→茎的导管（或管胞）→叶的导管（或管胞）→叶肉细胞→叶细胞间隙→气孔腔→气孔→大气中（图 2-14）。

如图 2-14 所示，水分在植物体内运输通路有两种，一是通过维管束的导管或管胞，成熟的导管或管胞的胞壁，大多木质化，原生质已消失，横向壁消失或具孔道，它们组成相互连通的呈管道状的死细胞群，水分在其中运输所受阻力甚小，这正适合于长距离运输；另一是生活细胞间的水分运输，主要是指从根毛到根部导管间的皮层薄壁细胞以及从叶脉导管到气孔附近的叶肉细胞，这些细胞都具有生活的原生质体，水分在其间运输会受到较大阻力，所以活细胞间只适合于短距离传水。

水分在根部的运输所受到的阻力比在叶片运输所受的阻力大，其原因：一是根部内皮层有木栓加厚的凯氏带，增加对水的阻力，而叶片内无此种细胞；二是叶片内的输导组织多，且其末端临近气孔下腔，水分容易散失；三是水分在根部通过的活细胞较在叶片中多。往往由于植物地上部散失水分快，根系还来不及供应时，就容易发生萎蔫现象。

植物体内的水流速率，随植物种类、细胞形态、生理状况以及环境条件而有很大差异。水在木质部中运输速率很快，具环孔材的树木，导管长而大，水流速率每小时可达 20～40m，具散孔材的树木，由于导管短，每小时约 1～6m，而裸子植物没有导管，只有管胞，每小时不及 0.6m；烟草等草本茎中的流速为每小时 1.3～4.6m。由于水分在活细胞所受阻力较大，据测每小时水流经过共质体的距离仅为10^{-3}cm。

水分在植物体内除自下而上的运输外，还可沿维管束射线呈辐射横向运输，而这种运输速率甚慢且不占重要地位。

二、水分沿导管上升的动力

如前所述，水分在植物体内的运输动力有二：一是根压，常称之为下端原动力；二是蒸腾拉力，又称上端原动力，二者共同起作用。由于根压数值小，一般不超过2MPa，只有当土温较高，土壤水分充足，空气湿度大以及蒸腾作用很弱的情况下，或是早春幼苗的芽、叶尚未展开前，根压对水分上升起较大作用。蒸腾拉力是指由于地上部（尤其是叶片）失水而引起的牵引水分上升的力量，所以蒸腾越强，蒸腾拉力亦越大，这是水分上升的主要动力。

蒸腾拉力如何牵引水分子上升的问题，曾有过不少实验研究。目前较广泛接受的解释是蒸腾流—内聚力—张力学说。认为导管中有水分子的内聚力（可达－200MPa以上）、蒸腾拉力和导管水柱受重力所牵引的影响而产生的水柱张力（约－5～－30MPa），同时，水分子与导管（或管胞）壁的纤维素分子间还有附着力，因而维持了输导组织中水柱的连续性，使运输畅通无阻。

第六节　植物对水分的需求

在农业生产中，经常要给作物进行灌溉以保证作物的正常生长发育并获取高产。灌溉的基本要求是用最少量的水取得最大的效益。如果灌水太少或不及时，就满足不了作物的需要；若用水太多，则不仅浪费水资源，甚至还会引起不良后果。因此要充分发挥灌溉的作用，就需要了解农作物对水分的需求情况，进行合理灌溉。

一、作物的需水规律、水分临界期

作物的需水量（蒸腾系数）随作物种类的不同而有所变化。例如，水稻和大豆的需水量较高，小麦和甘蔗次之，高粱和玉米最少。若以生产同样干物质的角度来看，凡需水量少的作物，其对水的利用效率较高，同时其耐旱性较强。

同一作物在不同生长发育时期对水分的需要量也有很大的差别，这是因为在不同生长发育时期，体内生理特征不同，对水分亏缺会表现出不同的反应。作物对水分不足特别敏感的时期称水分临界期，所谓敏感是指此时一旦缺水，作物产量就明显下降，因而在农业生产上应特别注意这个时期的供水。例如小麦孕穗期(从四分体到花粉粒形成阶段)缺水，会使花粉发育不正常，显著降低结实率，通常称这是小麦的第一水分临界期。从开始灌浆到乳熟末期，这时期是大量营养物质从母体各处运往籽粒，如果水分不足，造成灌浆困难，籽粒瘦瘪，产量降低，这是禾谷类作物的第二个水分临界期。在水分临界期时必须保证对作物供水。所谓的水分临界期是一个相对的概念，随生产目的不同而不同，如甘蔗是以收获茎杆为目的的，要注意在分蘖期和拔节期进行灌溉，这就是它的水分临界期。密切注意不同作物水分临界期的水分状况是夺取丰产的关键。

各种作物的水分临界期不完全相同，禾本科作物已如上述，棉花的水分临界期是花铃期和盛花期，大豆是花芽分化至开花期，果树的临界期是在开花和果实生长初期。

一般在水源充足、灌溉条件较好的情况下，应及时满足作物的水分需要，促进作物茁壮生长；在水源不足的条件下，应确保作物临界期需水，以保证作物的正常生长发育。

二、作物的需水量和耗水量

在作物生长中，干重的增加与水分消耗间有一定关系，在生产上计算灌水定额时，常用需水量作为计算依据。所谓需水量是指植物制造一克干物质所消耗水分的克数。

$$需水量=\frac{植物在一定时期的耗水量(g)}{植物在一定时期形成干物质的量(g)}$$

不同作物需水量不同(表 2-3)。

表 2-3 几种作物各生育期的需水情况

作物	生育阶段	各生育阶段每日数占全生育日数/(%)	各生育阶段需水量占全生育期/(%)	平均每日耗水量/(m^3/亩)
冬小麦	播种—出苗	2.65	2.01	0.99
	出苗—分蘖	4.54	4.94	1.29
	分蘖—越冬	23.10	9.37	0.53
	越冬期	32.95	5.44	0.22
	返青—拔节	12.87	12.07	1.23
	拔节—抽穗	10.61	30.09	3.74
	抽穗—开花	1.14	3.84	4.42
	开花—成熟	12.12	32.49	3.51
花生	播种—出苗	5.9～15.3	3.2～6.5	0.55～0.57
	出苗—开花	22.9～25.2	16.3～19.5	0.68～1.20
	开花—结荚	38.9～43.7	52.1～61.4	1.33～2.11
	结荚—成熟	22.9～25.2	14.4～25.1	0.82～1.34
甘蔗	发芽期	17.2	10.7	2.0
	分蘖期	18.4	15.4	2.7
	伸长期	45.0	54.3	3.9
	成熟期	19.4	19.6	3.2

作物需水量不仅随作物类型和生育期不同而有差异，而且也受外界因素的影响，如光照、大气湿度、风速、土壤水分及施肥水平等。所以需水量的数值变化可以很大，但一般地可以反映作物利用水的一些规律。通常需水量小的作物，大多都是抗旱性较强的，而需水量

大的作物抗旱性较弱。

每种作物在整个生育时期都需要水分，但不同生育期对水分需要量也有很大差异。一般说来，在植物幼苗期，枝叶较小，蒸发面不大，需水不多，若此时供水过多，反而不利于根系下扎，所以在苗期不宜大量灌水；随着个体不断长大，对水分的需要量增多，在生长最旺盛时期，需水最多。

作物在一生中(或某一生长时期、或某一天内)消耗水的总量称该作物的总耗水量或某生长期的耗水量。一般在植物光合作用非常活跃时，制造干物质多，需水量就相对减少，而耗水量往往是很大的。作物在不同生育期的耗水量也有很大变化，一般在幼苗期耗水量小，以后随着生长发育的进程，耗水量愈来愈大，到成熟期后，耗水量下降。

三、合理灌溉的原则及重要意义

水是农业生产的命脉。所谓合理灌溉是要根据气候特点、土壤墒情和作物长势来科学地制定灌溉量和灌溉时期的合理方案。对植物进行合理灌溉具有多方面的有利影响：①灌溉能加强植物的生理活动，保证植物正常生命活动的旺盛进行；②灌溉能促进根系生长，从而扩大根的吸收面积；③灌溉能显著促进茎叶生长，特别是叶面积的增加，因而能产生更多的有机物；④灌溉使植物的输导组织发达，有利于水分和养分的运输；⑤灌溉可适当地降低呼吸作用，减少消耗，因而有利于光合产物的积累。可见，灌溉是一项重要的增产措施。

确定灌溉量和灌溉时期，不仅取决于作物的需水量及水分临界期，而且还与土壤环境、大气因子和农业技术水平有关。因此制定合理的灌溉计划是一个相当复杂的问题。一般来说，合理灌溉根据以下几个方面考虑。

(一)土壤墒情

所谓合理灌溉就是能及时地供给作物以必要的水分，使土壤含水量经常保持在高于萎蔫系数时的状态。对一般作物来说，土壤含水量为田间持水量的60%～80%为宜，如低于50%时，就会引起作物叶片面积不同程度的减少而影响产量。显然这个依据是间接的，但目前仍为最普遍的一种方法。

（二）形态变化

灌溉的真正对象是植物，而不是土壤。因此寻找在供水不足时，植物外部形态特征所发生的某些变化来进行灌溉，是十分必要的。

根据长年的经验，人们发现植物缺水时容易发生以下的形态变化：①幼嫩茎叶发生萎蔫，这是由于供水不足，细胞压力势降低所致；②茎叶颜色转为暗绿，这可能是由于细胞生长缓慢，叶绿素浓度相对提高所致；③有时茎叶变红，可能是由于干旱时，碳水化合物的分解大于合成，细胞中积累了较多的可溶性糖，而促使形成花青素所致；④植物生长速率降低。

并不是植物缺水时都需要灌溉，有时为了抑制某些器官的发生或发展，还需人为地控水。根据缺水时植株的形态变化，可以决定控水时期。

（三）生理变化

一般说来，作物在外观上呈现缺水症状时，其内部已受到水分亏缺的危害。长期以来，许多研究都在寻找能及时反映植物内部水分状况的、较为灵敏的生理指标。当今常用的有叶片水势、细胞渗透势和气孔开度等。

叶片水势普遍受到重视，这是因为作物在水分亏缺时，叶片水势反应非常灵敏，表现明显下降。但要指出的是不同地区、不同作物和同一作物的不同生育时期或同一植株的不同部位，叶片水势的变化都很不同。因此在实际应用时，需要结合当时当地的具体情况，找出合理的灌溉指标，才能有效地夺取作物丰产。

细胞渗透势和气孔开度也能较灵敏地反映植物体的水分状况。当细胞水分亏缺时，细胞渗透势下降，气孔开度减少。例如马铃薯和番茄的细胞渗透势在－0.8MPa，小麦的气孔开度在5.5～6.5μm时，就应进行灌溉。

应该指出，灌溉除了满足作物的正常生命活动外，还会影响作物的生态环境，间接地对作物发生影响。直接影响生理活动所需的水称生理需水，通过改善环境、间接地对作物发生影响的水称生态需水。

生态需水可以影响肥料的分解和利用，可以改善田间小气候。如旱田施肥后灌水有溶肥作用；寒潮来临前或越冬前灌水有防寒保温作用；盐碱地灌水有洗盐压碱的作用等。所以合理灌溉，除满足作物个体生理需水要求外，有时还要考虑作物群体生态需水的要求。

第三章　矿质与氮素营养

从远古年代开始，人们就知道在农田里施用肥料以增加农作物的收成，俗话说"有收无收在于水，多收少收在于肥"。我国劳动人民对生长在不同土壤中的各种植物，施用多种不同的肥料，如厩肥、灰肥、绿肥、骨粉、石膏等，在这方面积累了极为丰富的经验。可以说，肥料是农作物的粮食，是提高产量的物质基础。所以合理使用肥料在农业生产中能发挥重要作用。

根据研究得知，组成植物体的物质中，除大量水分外，还有干物质，而这些干物质中包括有机物与无机物，组成这些物质的化学元素，除碳素来自空气外，其余的都是靠根系从土壤中取得的。若以不同植物、不同组织而论，则植物组织中一般含有 10%～95%的水分。在 105℃ 下将植物体烘干，即得到占植物鲜重约 5%～90%的干物质，这些干物质中包括有机物和无机物，而有机物又占全部干重的 90%以上，其余的是无机物。

第一节　植物的必需元素

植物体是由许多种化合物构成的，这些化合物又是由不同的元素组成。植物体中有哪些元素、哪些是生命活动所必需以及这些元素有什么生理功能等问题，这是学习本章需要掌握的基础知识。

在田间生长的作物（如稻、麦等）植株，经 100～105℃ 烘干后，失去约 80%的水分，余下的就是干物质的重量。再将烘干的植株，在 600℃ 高温下充分燃烧，碳、氢、氧、氮分别以二氧化碳、水蒸气、分子态氮及氮的氧化物等气体状态散失，余下的白色灰烬中的元素，约有 40 多种，统称为灰分元素、又称矿质元素。

灰分中并不包括氮，但氮与磷、钾等一样，主要以离子状态被植物根系从土壤中吸收，在农业生产上均作为肥料应用，所以，习惯上把氮素归在矿质元素之中。

稻的灰分含量是作物中最高的，往往可达 15%～18%，显著高于小麦、玉米等旱地作物，其主要原因是稻的含硅量特别高。分析完熟期稻草灰中的各种元素含量，氧化硅（SiO_2）约占灰分总重量的 78%，其次为钾的氧化物（K_2O），约占 12%，所以，若将稻草或稻灰还田，实际上起着增施硅、钾等矿质肥料的作用。

根据某一元素在植物体内的存在，还不能作出该元素是否为植物生活所必需的正确判断，因为植物的吸收作用并非有高度的选择性，有些元素随机地透入根内。只有运用溶液培养法证明某一元素确实符合以下三个条件才算是必需元素。这三个条件是：①由于该元素的缺乏，使植物的生长发育过程不能正常进行，甚至有时不能完成生活史；②除去该元素，植物出现专一的缺素症，添加该元素可以预防或恢复；③该元素对植物的营养生理有直接效应，而不是由于改善土壤或培养基的物理、化学和微生物条件所产生的间接效应。

溶液培养法有水培和砂培两种。用溶液培养法可以了解某种元素对植物生活的必要性。其具体步骤是：将含有植物必需元素的几种纯净无机盐，按一定比例配制成水溶液来培养植物，如果在培养液中去掉某一元素，然后观察植物的生长情况，就能确定哪些元素是植物正常生长发育所必需的，否则会表现出特殊病症。

砂培法是用石英砂、蛭石、珍珠岩或玻璃珠等中性物质作为基质，然后加入各种营养液来培养植物。

可见，分析植物灰分只能了解在植物体内存在哪些元素，要判断某一元素是否为植物生活所必需，还得用水培法或砂培法进行分析确定。

根据分析得知，92 种自然元素中，在不同的植物体中已发现至少有 60 种，其中植物生长发育必需的元素共 16 种，它们是 C（从空气中二氧化碳而来）、H、O（从土壤水中而来）、N、S、P、K、Ca、Mg 等 9 种，这些元素都是植物生活中大量需要的，故称为大量元素；还有一些元素如 Fe、B、Cu、Zn、Mn、Cl、Mo 等也是植物生活所必需，但需要量甚少，故称为微量元素。

第二节　各种必需元素的生理作用及缺素症状

一、各种必需元素的生理作用

氮　氮在植物体内的含量虽然只占干重的1.5%左右，但它对植物的生命活动却有重大作用。首先氮是蛋白质和核酸的组成元素，蛋白质含氮量可达16%～18%，而蛋白质和核酸又是原生质的重要成分，酶也是蛋白质，也含有氮。在缺氮的情况下，原生质不能形成，新陈代谢过程受影响，因此氮被称为生命元素。

植物体内一些微量生理活性物质如维生素B_1（硫胺素）、维生素B_2（核黄素）、泛酸、生长素等，都是含氮的化合物，这些物质对生命活动有调节作用。

氮也是叶绿素的组成成分。当氮肥供应充足时，可使枝叶繁茂，叶大而鲜绿，光合作用旺盛，分枝或分蘖能力强，植株健壮，花多、产量高。但氮肥也不能施用过多，因为蛋白质合成时，需要糖类，氮素过多，大部分糖类与氮合成蛋白质，只有少部分糖类形成纤维素等组成细胞壁物质。所以氮素过多，一方面植物体因生长过速而发生徒长，叶色深绿，但供给果实及种子的糖类不足而导致成熟期延迟；另一方面植物细胞的原生质丰富而细胞壁薄，对病虫害及不良条件的抵抗能力较差，机械组织不发达，茎叶柔软，容易倒伏。但给叶菜类适量多施氮肥则可提高品质。

植物缺氮时，植株矮小，分枝及分蘖能力减弱，叶片小而变黄，有时可使茎、叶出现花青素而发红，这是由于缺氮时，蛋白质的合成减弱，体内糖类相对较多，在此情况下，糖类易转化成花青素。所以缺氮导致光合作用减弱，营养不良、花少、产量低。

氮素在植物体内容易转移。缺氮时，老叶中的含氮化合物分解、转运到幼嫩组织内，所以叶片发黄是由下部叶片开始逐渐向上，老叶先变黄枯死。

磷　磷在植物幼嫩组织和种子里的含量比较多。它是磷脂、核酸和许多酶的成分，所以磷也是组成细胞质、细胞核和生物膜的主要成分。因此缺磷，可以影响细胞的分裂和生长，特别是根系，由于其分枝和分生区较多，因此生长受抑制更严重。

磷是核苷酸的组成成分。核苷酸的衍生物在新陈代谢过程中具有重要作用。例如辅酶Ⅰ(NAD)、辅酶Ⅱ($NADP^+$)等参与光合与呼吸作用过程，高能磷酸化合物如ATP(腺三磷，又称三磷酸腺苷)等是传递和贮存能量的重要物质(见光合作用章)。

总之，磷对细胞分裂与生长、有机物的合成、转化、运输和呼吸作用等都有密切关系。磷可以促进根及幼芽生长，促进开花结实，提早成熟和增进果实的品质。磷对于块根、块茎等贮藏器官的生长亦有利，磷还能提高植物的抗寒与抗旱性。

磷不足时，细胞分裂受阻，植株幼芽和根部生长缓慢，叶小，分枝和分蘖减少，植株矮小，花、果实和种子都减少，而且开花期和成熟期延迟，种子不充实，产量低，抗性减弱。另外，磷不足还阻碍糖类的运输，叶子积累大量糖分，有利于花青素的形成，故可使叶片呈现红色或紫色。

磷在植物体内也容易移动，故缺磷时，老叶中的磷大部分转移到幼叶，所以缺磷的症状也首先在老叶上出现。

钾　钾主要以离子状态存在于植物体内，它与氮和磷不同，在植物体内不参加重要的有机物组成。钾对体内许多酶起活化的作用，例如对呼吸过程中的某些酶起活化作用；在核酸和蛋白质形成的过程中，钾离子也起着活化作用，所以钾在呼吸过程及核酸和蛋白质的合成中有重要作用。钾与蛋白质在植物体中的分布是一致的，例如分生区、幼叶、形成层等活跃的部位，含蛋白质多，钾离子也多。含蛋白质多的豆科植物籽粒，它的钾含量比禾本科的高，这都说明钾和蛋白质的合成有密切关系。

钾能促进糖类的合成和运输。当钾肥供应充足时，植物体内木质素、纤维素及淀粉的含量增高，茎秆较坚韧，抗倒伏性强，并使光合作用形成的糖类很快运往块根、块茎和种子等部位，促进块根、块茎膨大，种子饱满。所以含有丰富糖类的贮藏器官(如马铃薯块茎、甘薯块根、甜菜根和淀粉种子)中含钾量亦较高，这些作物需施用较多的钾肥。

钾能增强原生质的保水能力，提高泡液的浓度，故钾与细胞吸水和保水有关，并能提高植物的抗旱性和抗寒性。另外，钾离子与气孔的开闭亦有关系。

缺钾时，植物的机械组织不发达，细胞壁薄，茎秆不坚韧，易倒伏，作物叶片边缘黄化、焦枯、碎裂、叶脉间也出现坏死斑点，这些是缺钾的典型症状。

钾在植物体内也很容易移动，所以缺钾时的症状也是从下部老叶开始出现。

硫　硫是蛋白质的成分，有几种氨基酸都含有硫，如半胱氨酸、胱氨酸及蛋氨酸等。硫也是许多酶的成分，如有些酶含有—SH，如辅酶A，符号为CoA。CoA对糖类、脂肪及蛋白质的转化都有重要作用。

硫在植物体内不易流动，故缺硫时，植物叶片失绿，首先出现在新叶上。

钙　钙在植物体内的分布与钾不同，它主要存在于植物的叶内，并以老叶为多。它是一种比较不易流动的元素。

钙是细胞壁胞间层的成分，胞间层主要是由果胶酸钙所组成。缺钙时，新细胞形成受阻，细胞分裂因而受到影响。因此，缺钙时，根、茎顶端受害溃烂，细胞壁发生粘化现象，随后茎端和幼叶坏死，这些器官生长逐渐停止，甚至死亡。

钙能和草酸结合形成草酸钙结晶，存在于液泡内，可以消除过量草酸对植物的毒害。

由于植物体内的钙不易移动，所以当缺钙时，首先从幼嫩器官表现出症状。

镁　镁是叶绿素的组成元素，因此植物体内大部分镁分布在含叶绿素的器官内。在植物成熟时，镁主要集中在种子里。

由于镁是叶绿素的组成元素，故缺少镁，植物就不能合成叶绿素。缺镁的主要症状是叶片变黄，但它与缺氮的情况不同，其叶片变黄而叶脉仍为绿色。若缺镁的时间过长，则叶肉组织开始变褐而死亡。

由于镁在植物体内能够移动和被再利用，因而缺乏症状也从老叶开始出现。

铁　铁是与呼吸作用有关的许多酶的组成成分。另外，叶绿素虽不含铁，但缺铁时，叶绿素不能合成。所以铁与光合作用和呼吸作用都有关系。

铁进入植物体后，便呈固定的状态，不易转移，所以缺铁的症状出现在幼叶，表现在叶脉之间缺绿。

硼　关于硼的生理作用，了解得还很不够。已知硼在植物的花柱和柱头中含量较多，能促进花粉粒的萌发和花粉管的生长，所以硼对植物的生殖过程有密切关系。

硼在土壤中以可溶性硼酸盐（BO_3^{2-}）形式被植物吸收。研究发现硼参与糖的运转与代谢。

我国湖北、江苏、安徽等省出现甘蓝型油菜“花而不实”现象，就是植株缺硼造成的，可用 0.4％硼砂溶液进行苗床或大田喷射，有良好效果。

缺硼时，茎尖或根尖分生组织停止生长，甚至萎缩死亡。对某些作物来说，缺硼时细胞壁纤维素含量增加，薄壁细胞壁增厚，导管木质化程度较差，如萝卜黑心病、甜菜心腐病、花椰菜干心等都是由于缺硼引起的。

钼　钼是硝酸还原酶的金属成分，并且是根瘤菌固氮酶的组成元素，所以缺钼会影响固氮酶的固氮作用。施用钼肥（如钼酸铵）对花生、大豆等豆科植物有显著增产效果。

锰　锰在土壤中以不同氧化状态存在，植物主要以 Mn^{2+} 状态吸入。锰是某些酶的活化剂，也是硝酸还原酶的活化剂，所以缺锰会影响氮的代谢过程。

锰在光合作用中占重要地位，在水的光解作用中，锰蛋白直接参与放氧过程，缺锰时，光合放氧受到抑制。

缺锰的植物叶片表现的症状与缺镁相似，叶脉间失绿退色，继而出现坏死病斑。缺锰症状首先见于幼嫩叶片。

锌　锌是生长素前身——色氨酸合成所必需的。缺锌时，植株体内生长素合成受阻，严重时节间缩短，植株矮化。

锌是某些酶的组成成分，如碳酸酐酶、多肽酶等。碳酸酐酶存在于叶绿体中，催化二氧化碳的水合作用

$$CO_2 + H_2O \xrightleftharpoons{\text{碳酸酐酶}} H^+ + HCO_3^-$$

因此，锌与光合作用的二氧化碳供应有密切关系。

铜　铜以 Cu^+ 和 Cu^{2+} 两种状态被植物吸收。铜是某些氧化酶如多酚氧化酶、抗坏血酸氧化酶和细胞色素氧化酶的组成成分，直接参与呼吸作用中的电子传递。叶绿体中的质蓝素(PC)也是一种含铜的蛋白质，在光合作用中起重要的电子传递作用。

铜可以从老叶转移到嫩叶中，但移动性很差。植株缺铜时，顶端生长不良，幼叶缺绿，谷类作物缺铜时则叶尖变白，叶片窄而扭曲，节间缩短。

氯　氯在自然界分布很广泛，常以 Cl^- 形式为植物吸收，在植物体内亦以此状态存在。

氯的主要作用是参与光合作用中水的光解和氧的释放。

缺氯时植株生长缓慢，叶片失绿易萎蔫，当植物吸收过量的氯则会产生毒害。

以上分别介绍了 13 种化学元素的生理作用，如果将碳、氢、氧包括在内，总共 16 种必需元素。在植物生命活动中，每一种元素都有其特殊作用，不能为其它元素所取代。

除了必需元素以外，某些植物正常生长还需要一些其它元素，例如硅能增强稻麦的抗病性和抗倒伏能力；钠对盐生植物和棉花、甜菜生长有利。

二、缺素症状检索表

植物缺素症状检索表见表 3-1

表 3-1 植物缺乏矿质元素的病症检索表

A_1 老叶病症
  B_1 病症常遍布整株,基部叶片干焦和死亡
    C_1 植株浅绿,基部叶片黄色,干燥时呈褐色,茎短而细 ……………… 氮
    C_2 植株浅绿,常呈红或紫色,基部叶片黄色,干燥时暗绿,茎短而细 ……………………………………………………………………………… 磷
  B_2 病症常限于局部,基部叶片不焦干,但杂色或缺绿,叶缘杯状卷起或卷皱
    C_3 叶杂色或缺绿,有时呈红色,有坏死斑点,茎细 ………………… 镁
    C_4 叶杂色或缺绿,在叶脉间或叶尖和叶绿有坏死斑点,小,茎细 …… 钾
    C_5 坏死斑点大而普遍出现于叶脉间,最后出现于叶脉,叶厚,茎短 … 锌
A_2 嫩叶病症
  B_3 顶芽死亡,嫩叶变形和坏死
    C_6 嫩叶初呈钩状,后从叶尖和叶缘向内死亡 ……………………… 钙
    C_7 嫩叶基部浅绿,从叶基起枯死,叶卷曲 ……………………………… 硼
  B_4 顶芽仍活但缺绿或萎蔫,无坏死斑点
    C_8 嫩叶萎蔫,无失绿,茎尖弱 ……………………………………………… 铜
    C_9 嫩叶不萎蔫,有失绿
      D_1 坏死斑点小,叶脉仍绿 ……………………………………………… 锰
      D_2 无坏死斑点
        E_1 叶脉仍绿 ………………………………………………………………… 铁
        E_2 叶脉失绿 ………………………………………………………………… 硫

第三节 植物对矿质元素的吸收

植物根系生长于土壤中,除吸收水分外,还必须从土壤中吸收各种矿质元素和其它营养。植物根系是吸收矿质元素的主要器官。

一、根系吸收矿质元素的部位

根系吸收矿质元素的部位和吸收水的部位相似,都是在没有木栓化的根尖部分。一般来说,分生区和伸长区吸收矿质元素虽然很强,但向其它部位转运的能力很差,而根毛区不但吸收矿质能力强,

而且由于这部分的输导组织已分化完成，能很快地将吸收的矿质向上运输，故根毛区是根系吸收矿质元素的主要区域。

二、根部吸收矿质元素的特点

（一）根系吸水与吸收矿质的关系

在农业生产中，往往对作物施肥的同时，需要伴随灌水，这是大家所熟悉的措施，因为肥料一定要呈溶解状态才能为根系所吸收，而且所吸入的矿质盐在植物体内随着导管中的蒸腾液流输送至地上部以供利用。经研究证明，进入植物体的矿质盐并不与进入的水分成正比关系。可见，吸水和吸收矿质是两个相对独立的生理过程。

（二）植物吸收离子的选择性

根部吸收离子的数量不与溶液中的离子数量成比例，有些吸收得多些，有些则吸收得少些或不能吸收。根对离子的选择吸收也表现在对同一盐类的阴阳离子的吸收量有差别。例如，施用硫酸铵（$(NH_4)_2SO_4$）时，根系吸收 NH_4^+ 多于 SO_4^{2-}，这样就造成残留较多的 SO_4^{2-} 在土壤内，使土壤溶液逐渐酸化而呈酸性，因而称硫酸铵为生理酸性盐；如果供给植物硝酸钠（$NaNO_3$），则植物吸收 NO_3^- 的量远较 Na^+ 多，因此土壤溶液中留存许多 Na^+，使土壤溶液逐渐碱化而呈碱性，所以称 $NaNO_3$ 为生理碱性盐；而硝酸铵（NH_4NO_3）这种盐类的阴阳离子，因植物吸收的几乎相等，故称为生理中性盐。了解根系对离子吸收的选择性，就可以了解属于生理酸性盐或生理碱性盐的化肥，都不宜长期单独使用，否则会导致土壤变酸或变碱，不利于作物正常生长。

（三）单盐毒害与离子拮抗

如果用只含一种盐的溶液培养植物时，即使已知这种盐类对植物生活是必需的，如单独使用含金属离子 K^+ 的溶液，就会引起植物生长不正常，表现出毒害作用，这种现象称单盐毒害。如果在单盐溶液中加入少量的其它盐类，如放入少量 Ca^{2+} 盐，毒害现象便会消失。这种离子间能够相互消除毒害的现象，称为离子的拮抗作用。实验证明，K^+ 与 Ca^{2+} 所以能发生拮抗，是因为 K^+ 可使原生质胶体的粘滞性降低，而 Ca^{2+} 的作用正与 K^+ 相反，可促进原生质胶体的粘滞性增高，因而这两种离子的混合作用，使原生质胶体更趋于生理稳定状态。植物只有处于具有一定浓度、一定比例的多种盐的混合液中才能正常生长，这种溶液称平衡溶液。对陆生植物来说，一般的土壤溶液即是它们的平衡溶液。当大量施用某一种化肥于土壤中，很可能破坏土壤溶液的平衡性，这在施肥中需要特别注意的。

三、根系对矿质元素的吸收方式

植物根细胞吸收矿质元素的方式主要分被动吸收和主动吸收。

（一）被动吸收

这是指由于扩散作用或其它物理过程而发生的物质累积现象，是无需消耗代谢能量的，所以又称非代谢性吸收。

1. 扩散　某种离子在外界溶液中的浓度大于细胞内的浓度时，这种离子便能通过扩散进入细胞内。细胞内外的浓度差愈大，细胞吸取的物质也愈多，随着浓度差的减小，吸收量也随之减少。溶质的扩散是细胞取得物质的一种方式。

2. 道南平衡　我们常可发现，细胞内的某一些离子的浓度已经远远大于外界环境溶液中该离子的浓度，如海藻累积大量碘和溴，禾本科植物累积大量的矽，但是，在环境中的这些离子仍然可以逆细胞内、外的浓度差不断地向内移动，这是细胞累积离子的特殊方式，就不能单纯用扩散来解释了，这种现象即所谓的“道南平衡”。“道南平衡”是科学家道南提出的一种说明细胞累积离子的特殊平衡。

植物细胞的质膜是一个具有半透性的屏障，细胞内有许多大分子物质（如蛋白质）不能扩散到细胞外来。由于蛋白质分子带有电荷，且以负电荷较多，可用 R^- 表示。R^- 在细胞内必然会吸收一些带正电荷的离子如 Na^+ 而以盐的形式存在于细胞内（图 3-1）。图中 Ⅰ 所示

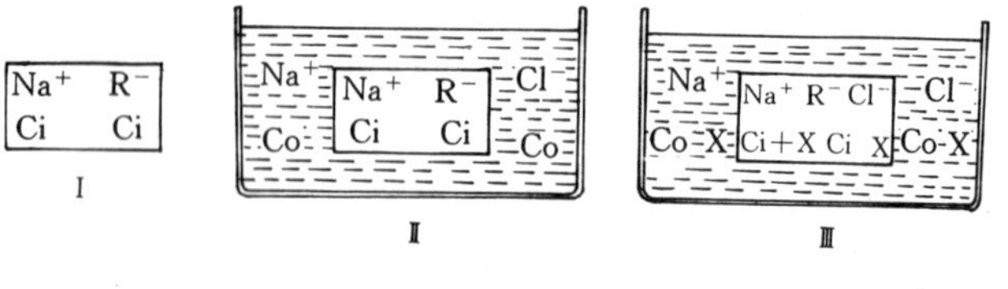

图 3-1　道南平衡示意图

Ⅰ 细胞内有 R^- 与 Na^+　Ⅱ 将细胞放入 NaCl 溶液中，外界 Na^+ 及 Cl^- 向内扩散　Ⅲ 达到道南平衡

R^-与Na^+的浓度均以 Ci 表示之。当将此细胞放入 NaCl 溶液(Ⅱ所示)中时,由于细胞内没有Cl^-,外界Cl^-势必向细胞内扩散,外界的Na^+也以与Cl^-等量地向内扩散以维持膜内、外的电位平衡。根据物理化学的原理,经过一段时间后,细胞内、外的离子扩散速度相等时即达到平衡,这时内、外离子间的关系可以用等式表示:

$$[Na^+]_{内}[Cl^-]_{内}=[Na^+]_{外}[Cl^-]_{外}$$

这时,细胞内的可扩散离子的乘积与细胞外可扩散离子的乘积相等,达到内、外离子乘积相等的平衡关系,称道南平衡。由于细胞内部分可扩散离子如Na^+,被不可扩散的R^-所吸引,所以细胞内可扩散的正离子浓度较大,即$[Na^+]_{内}>[Na^+]_{外}$,而外界可扩散进入细胞内的负离子必然小于细胞外的负离子浓度,即$[Cl^-]_{内}<[Cl^-]_{外}$。这种现象说明,通过道南平衡,植物细胞无需要能量代谢即可在细胞内累积比其外界溶液中浓度高得多的某些溶质。例如,玉米根部就可借道南平衡,在细胞内形成稳定而不解离的锌化合物而将锌累积下来。

(二)主动吸收

这是指细胞利用呼吸作用产生能量而作功的吸取物质的过程,主动吸收可以逆浓度差而进行,又称为代谢吸收。

根据对丽藻的分析得知,丽藻的细胞液内总离子浓度比其生长的池水中的离子浓度高 25 倍,同样,海藻对K^+的累积可以是外界K^+浓度的万倍以上,可见,这些离子是逆着浓度差而进入细胞或组织的,这种累积离子的过程需要消耗能量而作功。

主动吸收离子的步骤是:

第一步　离子交换吸附。

细胞的主要成分是蛋白质,蛋白质是两性解离的物质,因而可以吸附不同电荷的离子。根系的呼吸作用产生二氧化碳,二氧化碳溶于水中生成碳酸,并解离成H^+和HCO_3^-:

$$CO_2+H_20 \rightleftharpoons H_2CO_3 \rightleftharpoons H^++HCO_3^-$$

这些离子(H^+和HCO_3^-)吸附于原生质表面,并和土壤中的无机盐的阳离子和阴离子进行相应的离子等价交换。这种离子交换有两种方式(图 3-2):一种是通过土壤溶液进行,即根部的离子与溶于土壤溶液中的离子进行交换;另一种交换方式称接触交换,即土粒表面所吸附的离子与根直接进行交换。离子交换后，盐类的离子被吸附在原生质表层。

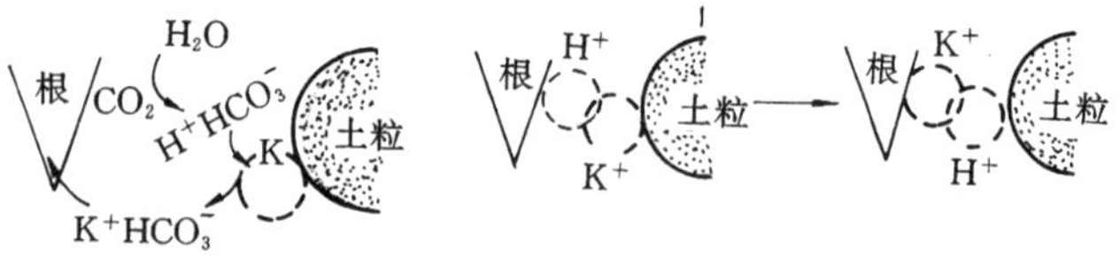

植物根部通过土壤溶液和土粒进行离子交换

接触交换

图 3-2 土壤中无机盐离子进行交换的两种方式

第二步 被原生质表层吸附的离子转移到原生质和液泡内。

近年来有人发现，在原生质膜的表层镶嵌着一种特殊蛋白质，这些特殊蛋白质可以与膜表面的离子发生暂时的结合，并将离子转运到原生质内部或累积到液泡里，但其本身不发生任何改变，并可陆续载运离子，因此称这些蛋白质为“载体”(或运输酶)。可将载体比拟为原生质表层的载运车，它把从外界接受下来的离子，载运进入细胞内，然后卸车，以后又能重新装载。根的原生质表层吸附的离子就是通过这些载体不断被运进原生质和液泡内的。

运输酶把物质从膜外运至膜内的过程大致如图 3-3 所示。当膜外存在有某种物质时，运输酶能分辨出这种可结合的物质，并与该物

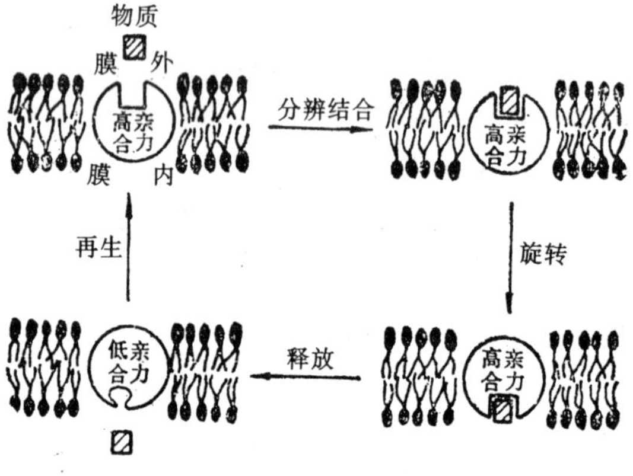

图 3-3 主动吸收的载体假说模型

物质通过运输酶(载体)从膜外运到膜内

质结合而成复合体。复合体旋转 180°，同时将结合的物质从膜外方转到膜内方，这时需要有能量供应，运输酶的亲和力也变弱，就把物质释放到细胞内。要使低亲和力的运输酶再成为高亲和力的运输酶，需要消耗能量。当其获得能量时，运输酶就恢复原状，其结合位点又朝向膜外。

根外的离子一旦进入根细胞后，可能有三个去向：一是就地利用，也就是说，在根细胞内可直接参加根细胞内的合成或到其它生理变化中去；其次是通过胞间连丝，随原生质流从一个细胞进入另一个细胞，或者累积到液泡里，调整液泡内泡液的浓度，适当降低细胞水势，以维持细胞的吸水潜力；三是经过一系列根内生活细胞的传递，最后进入导管，然后再随导管内的液流输送到植物地上部各部分。

四、矿质元素在植物体内的运转与利用

根系吸收的矿质元素，有一部分就在根部转变成复杂的有机化合物再向上输送，如氮在根中可转变为氨基酸，磷可转变为磷酰胆碱等。说明植物根系不仅是一个活跃的吸收器官，而且也是合成某些有机物的重要部位。

当无机盐进入植物体各部以后，有些仍以离子的状态存在，有些则合成为复杂的有机物，有些物质还能不断地分解，释放出的矿质元素又能转移到其它需要的器官中去。但也有一些元素在细胞内呈难溶解的稳定化合物，不能再转移到其它部位去。所以，有些元素能反复多次利用，如氮、磷、钾等，当缺乏这些元素时，植株先从下部老叶出现病症；有些元素则只能利用一次，如硫、钙、铁、锰、硼、锌等，缺乏这些元素时，株株先从幼嫩的茎尖和幼叶出现病症。

五、植物地上部对溶解物质的吸收——根外营养

植物所需要的矿质元素，除了由根部吸收外，还可以由地上部分吸收。所以，可以将肥料配成一定浓度的溶液，喷洒到叶上，供植物吸收利用，这种施肥方法称根外施肥，又称根外营养。

根外追肥时，喷洒在叶片上的矿质肥料，可以经过气孔或湿润的角质层进入叶片内部。最近，借助于示踪的无机物进入的试验得知，物质进入的最重要通道是外连丝(图 3-4)。外连丝是细胞壁内的孔道，外通角质层，内连质膜，其中充满原生质分泌物。

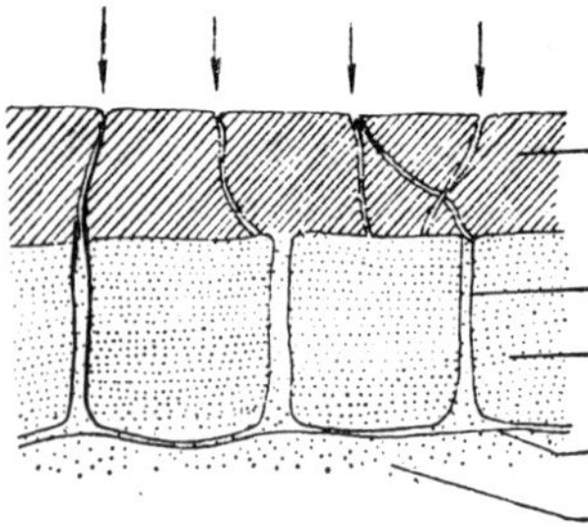

图 3-4 外连丝示意图

肥料要成溶液状态才能被叶片吸收。如果天气干燥，叶表面不湿润，根外追肥就不易收到好效果，所以根外追肥一般在傍晚时进行最佳。

根外追肥有时可以起到土壤施肥所起不到的作用，因为当作物在生育后期，根部吸收能力减弱时，或在幼苗早期根系不发达时，根外追肥可使植株获得更多的营养物质。同时，这种施肥方式可使植物迅速而及时地得到所需要的矿质养料，特别是有些肥料(如磷肥)很容易被土壤固定，不易移动也不易被根吸收，根外追肥正可避免这种情况。如果微量元素采用叶面喷施，效果更好。常用的氮肥为尿素，磷肥为磷酸铵，钾肥为磷酸二氢钾等，所用浓度一般在 0.5%～2%以下，微量元素在 0.01%～0.1%之间。

根据这个原理，最近在农业生产中，施用各种药物如激素、杀菌剂、杀虫剂、除草剂等亦均采用根外喷洒的方法。

六、土壤条件对根吸收矿质元素的影响

(一)土壤温度

在一定的温度范围内，根系对矿质元素的吸收随土壤温度增高而加强，这是由于温度影响根部的呼吸速率，从而影响了主动吸收。土温低，根系生长缓慢，就会降低根的吸收面积；土温低，呼吸强度降低，供给能量少，吸收也慢；此外，土温低还影响微生物的活动，从而影响有机物分解为无机物，对吸收不利。因此，在一定范围内，土温增高，有利于根对无机盐的吸收。但土温过高，对根系吸收也不利，这是由于高温能使原生质的结构受到破坏，使其丧失半透性膜的性质，引起物质外漏；高温还使酶钝化，影响根部代谢；高温还会促进根的成熟和老化，大大降低根的吸收功能。

(二)土壤通气与水分状况

根系吸收无机盐要靠呼吸作用提供能量，如果土壤板结或积水过多，就会影响土壤通气，造成氧气供应不足，影响根的生长和呼吸，从而影响根对养分的吸收。

土壤水分状况对养分的吸收也有影响，这是由于无机盐必须溶解于水中才能被吸收。在土壤干旱的情况下，施肥的效果就差。因此，常采用增加或降低土壤含水量的措施，来促进或控制植物对养分的吸收，从而促进或控制植物的生长。这就是“以水调肥，以水控肥”的基本原理。

（三）土壤溶液浓度和酸碱度

如土壤溶液浓度过高，水势下降，有时甚至导致根细胞脱水，从而影响根对无机盐的吸收。土壤溶液的酸碱度能影响根细胞原生质膜对养分的选择吸收。一般在酸性条件下，吸收带负电荷的离子多；在碱性条件下，吸收带正电荷的离子多。

土壤酸碱度还能影响无机盐的溶解度。在碱性土壤中，Fe、P、Ca、Mg、Cu 和 Zn 等容易形成不溶性化合物，因而会降低植物对这些矿质盐的吸收。盐碱地上的植物往往由于缺铁而失绿，果树也因缺锌而出现小叶病，就是因为土壤碱性太强的缘故。当土壤过酸时，铁，铝和锰等溶解过多，植物也会因吸收过量而中毒。因此，土壤过酸或过碱，对植物都不利。一般作物如水稻、小麦、玉米和大豆等，生长的最适土壤 pH 值是 6～7，但有些作物如马铃薯在较酸性土壤中生长良好，它的最适 pH 值约在 4.8～5.4 之间，茶树也较耐酸性，它的最适 pH 为 5.4。

第四节　氮素代谢

虽然空气中的氮素含量可高达 79%左右，但植物并不能利用游离态氮(N_2)。植物主要利用土壤中的含氮化合物。共有三大类含氮化合物可供植物利用：一类是有机含氮化合物，主要来自于动物、植物和微生物躯体的腐烂分解物，但其中大多是不易或不能为植物直接利用的，只有尿素、氨基酸可为植物直接吸收。另两类是铵盐和硝酸盐，其中铵盐为植物吸收后，可以直接合成氨基酸。在通气良好的土壤中，土温在 7～10℃ 以上时，由于土壤中硝化细菌的活动，铵盐将氧化成硝酸盐，并且这个过程的速度是很快的，因此，在这样的土壤中，无机氮素主要是以硝酸盐的形式存在。

多数植物主要是以硝酸盐为氮源的。NO_3^- 呈高度氧化态，它的氮原子呈正 5 价，而植物体内的含氮化合物均为还原态的有机含氮化合物，比如氨基酸中的高度还原态的氮离子呈负 3 价，因此，植物利用 NO_3^- 合成氨基酸，首先必须进行还原。硝酸盐还原为氨时，首先将硝酸盐还原为亚硝酸盐，然后再由亚硝酸盐还原为氨，即：

$$\overset{(+5)}{NO_3^-} \xrightarrow[\text{硝酸还原酶}]{+2e} \overset{(+3)}{NO_2^-} \xrightarrow[\text{亚硝酸还原酶}]{+6e} \overset{(-3)}{NH_3}$$

一、硝酸盐的还原

当将离体根培养在以硝酸盐作为唯一氮源的营养液时，根仍能正常生长，这表明硝酸盐的还原可在根内进行。但在许多种植物的叶片中也发现了硝酸盐，并且叶片中参加硝酸还原的酶类也往往高于根系中的，所以硝酸还原也可在叶中进行。从现有资料看，硝酸盐还原的部位可能因植物而异，但主要是在叶中进行。如小麦、玉米有2/3的硝酸盐是在叶子里被还原的。

硝酸盐还原成亚硝酸盐是在硝酸还原酶的催化下完成的。硝酸还原酶的组成相当复杂，被认为是一种含钼的黄素蛋白，该酶的辅酶是黄素腺嘌呤二核苷酸(FAD)。硝酸盐还原时所用的电子供体(即还原剂)是还原型辅酶Ⅰ($NADH+H^+$)，是由糖酵解产生的。硝酸还原酶催化的还原反应如图所示：

$NADH+H^+$将电子通过 FAD、Mo^{+5}传与 NO_3^-，使 NO_3^- 还原为 NO_2^-，正 5 价的氮获得 2 个电子，变为正 3 价。从上式可见，钼是电子传递的一个成员。植物缺钼时，硝酸还原受阻，因此即使植物吸收有大量硝态氮，仍表现出缺氮症状。

硝酸还原酶是一种诱导酶，这是指某种植物原来不含有某种酶，但在特定外来物质的影响下，可以生成这种酶。这种现象称酶的诱导形成，所形成的酶称诱导酶。实验表明，水稻幼苗本无硝酸还原酶，但如果培养在硝酸盐溶液中，水稻体内就会诱导生成硝酸还原酶，这是高等植物中底物诱导的实例。

二、亚硝酸盐的还原

由硝酸还原生成的亚硝酸盐，在植物体内的积累会对植物产生毒害。在正常情况下，亚硝酸盐再在亚硝酸还原酶的催化下还原成氨。亚硝酸盐的还原可在叶中，也可在根内进行。

亚硝酸盐还原成氨是在亚硝酸还原酶的催化下完成的。亚硝酸还原酶是一种以亚铁原卟啉为辅基的酶。叶中的亚硝酸还原酶存在于叶绿体中。亚硝酸盐还原所用的电子供体是还原型铁氧还蛋白（Fd(还)），它是光合作用过程中，由氧化型铁氧还蛋白获得电子而形成的。

叶中亚硝酸还原酶所催化的还原反应是：

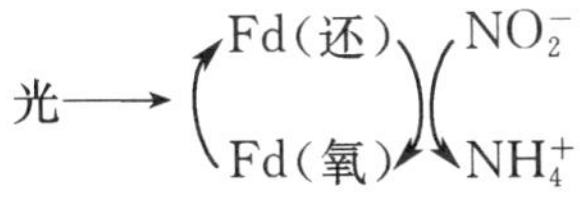

可以看出，正 3 价的氮得到 6 个电子，成为负 3 价，亚硝酸盐被还原成氨。照光可以加速这一过程的进行，在黑暗条件下亚硝酸盐就会累积。

三、氨的同化

无论是植物从外界环境中吸收的铵盐，或是硝酸盐还原成的氨，在植物体内都不能累积。氨浓度过高则对植物产生毒害。氨必定要进一步同化为体内的有机含氮化合物。

氨在植物体内通过酶的催化作用形成氨基酸。已经研究证知，在氨的同化中有三种重要的酶参与催化作用，即谷氨酸脱氢酶、谷氨酰胺合成酶和谷氨酸合成酶。

谷氨酸脱氢酶广泛存在于高等植物的根和叶的线粒体中。高等植物中由无机态的氨转变为氨基酸，是在通过谷氨酸脱氢酶催化下形成的：

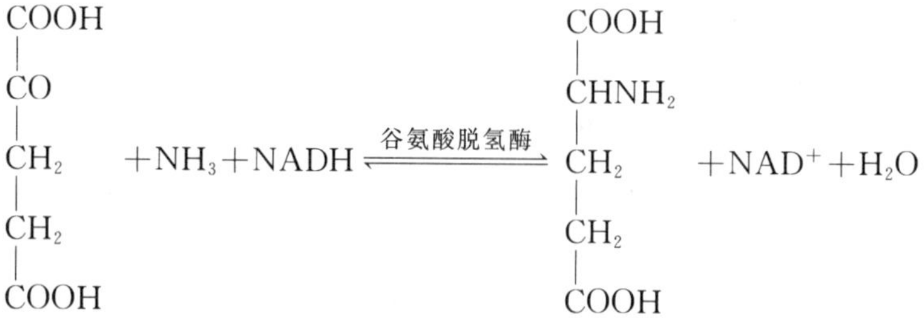

α-酮戊二酸　谷氨酸

在植物体内还存在另一条氨的同化途径，也是氨同化的主要途径，在此过程中，有谷氨酰胺合成酶和谷氨酸合成酶参与催化反应：

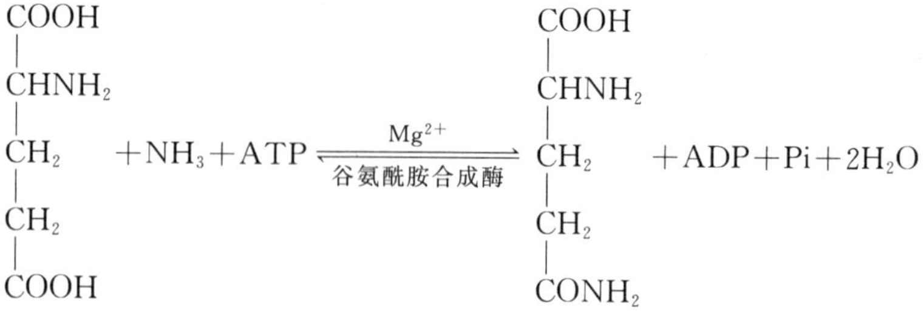

谷氨酸　谷氨酰胺

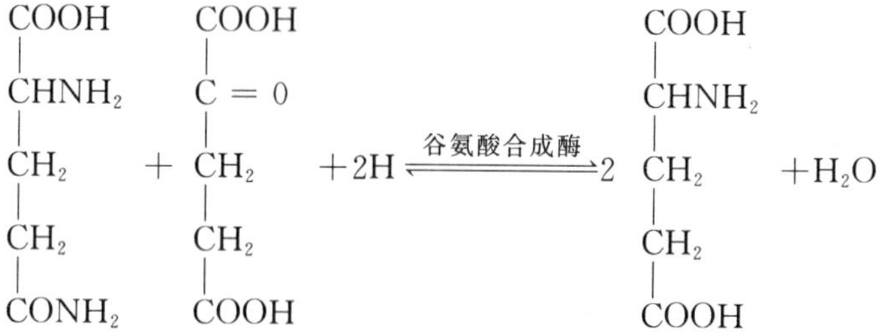

谷氨酰胺　α-酮戊二酸　谷氨酸

在上述谷氨酰胺合成酶催化的反应中，谷氨酸为 NH_3 的受体生成谷氨酰胺，此反应需要 ATP 和 Mg^{2+}。ATP 可由光合磷酸化作用提供，其谷氨酰胺又可作为氨的供体，在谷氨酸合成酶催化下，将酰胺中的氨基转移至α-酮戊二酸，生成 2 分子谷氨酸。现已公认，在高等植物绿色叶绿体内进行的由上述两种酶催化的反应，是氨同化的主要途径。

当氨的供应过多时，或者当植物体内碳链不足时，则多余的氨就会以谷氨酰胺的形式暂时将氨贮存下来，这对植物的氮素代谢具有重要意义。因为当体内氨多余时，对植物有毒害作用，谷氨酰胺的形成，有利于氨的解毒，而当体内需要氨时，它又可从谷胺酰胺中放出，则可再利用。

第五节　施肥的生理基础

在农业生产中，由于土壤中的养分不断地被作物吸收，因而田地养分会逐渐不足，施肥便成为提高作物产量和质量的一个重要手段。要进行合理施肥，就应根据矿质元素对作物所起的生理作用，再结合不同作物的需肥规律，适时地、适量地进行，以做到少肥高效。

一、施肥增产的生理原因

矿质元素的生理功能是多方面的，但从生产观点来看，施肥增产的根本原因，在于改善了作物的有机营养，概括起来有以下三个方面：

（一）促进光合作用，增加作物积累

施肥能显著扩大叶面积，特别是施用氮肥，叶面积增大更明显；合理施肥还可延长叶片寿命，增加叶绿素含量，这样便相应地延长叶片光合时间，提高光合速率，增加光合产物的积累。此外，合理施肥还能改善光合产物的分配利用，例如，磷和钾有利于光合产物的运输，因此施用磷和钾肥能使养分输入产品器官的数量增多，因而能增加产量。

（二）调节代谢，控制生长发育

由于各种矿质元素的生理功能不同，它们对植物的生长发育影响也不一样。在植物生长发育过程中，可采取施用不同肥料的办法，控制作物的生长发育，从而达到高产的目的。例如，小麦在抽穗前必须氮肥供应充足，适当施用磷、钾肥，使其营养生长良好；抽穗以后，则应以磷钾肥为主，配合适量补施氮肥，使其有利于光合产物的制造和运输，以增加籽粒的产量。

（三）改良土壤状况，满足作物需要

施用有机肥料可以改良土壤结构，改善土壤肥、水、温、气状况，

以利于根系的生长和吸收。土壤结构的改善，还可促进土壤微生物的活动，加速有机物的分解，保证植物对营养的需要。

二、作物的需肥规律

（一）不同作物，需肥特性不同

由于人们对不同作物需求的经济器官不同，因此不同作物对营养元素的需求也有所差别。例如，禾谷类作物，它的经济器官是籽粒，需要多施磷钾肥，以利籽粒饱满；叶菜类作物，要多施氮肥，以利叶片肥大；根茎类作物，要多施钾肥，以利地下部分累积淀粉。即使同一作物，由于生产目的不同，施肥也应不同。例如大麦，供粮食用的要追施氮肥，如供酿造啤酒用的，则后期不宜追氮，因为籽粒蛋白质增高，反而有碍酿酒。

（二）作物的不同发育时期需肥不同

一般说来，矿质元素吸收量与作物的生长之间有着密切关系，二者基本是平行的。在种子萌发和幼苗阶段，吸收量较少；随着幼苗的长大，吸肥量渐增；到开花结实期，一般作物对主要矿质的吸收已达高峰。此后随着生长的减弱，吸收也下降，至成熟期则停止吸收，至衰老时，甚至还会从根中倒流一些溶质至土壤中。

作物生长习性不同，元素的吸收也不一样。稻、麦、玉米等作物在开花后，营养生长基本停止，后期吸肥很少，因而施肥应重在前、中期；棉花的情况则不一样，开花后营养生长和生殖生长同时进行，故后期也应追肥。

应该注意的是，作物吸收肥料较少的时期，并不一定对矿质元素的缺乏不敏感，相反，一般作物生长初期，对矿质元素的需要量虽不大，但对元素缺乏却很敏感。往往将作物对缺乏矿质元素最敏感的时期称需肥临界期。若此时缺肥，就会严重影响作物的生长，因此需要密切注意及时给肥，若为时已晚，则容易变成小老苗。

在农业生产中，还应特别重视最高生产效率期的施肥，这是指施用肥料营养效果最好的时期。不同作物的这个时期有变化。一般以种子或果实为经济器官的作物，此时正逢生殖生长时期，即生殖器官分化和退化的关键时刻。

三、合理施肥的指标

掌握作物不同生育时期的形态和生理上的变化与营养元素的数量和种类变化之间的关系，对于合理施肥，具有一定的指导意义。

（一）形态指标

外部形态是内部生理状况的反映，虽然它的变化往往落后于生理变化，并且对它的观察、判断也易存在人为的误差，但它毕竟给人一个直观的感觉。因此若能准确掌握形态指标，同样具有重要指导意义。形态指标一般包括叶色、茎色、长势（生长速率）、长相（株型和叶型）等。

叶色是反映作物体内营养状况的最灵敏指标。它反映着作物体内的氮素水平，叶色深反映氮和叶绿素含量均高。要根据作物生长发育时期，确定叶色变化的规律。

功能叶的鞘叶比（叶鞘重量/叶片重量）也可作为水稻、小麦施肥的形态指标。鞘叶比大于1，说明叶鞘重量较高，这是糖类累积的结果，说明肥水合理。

（二）生理指标

形态的变化往往落后于生理的变化。人们在注意形态指标的变化时，也应注意观察适宜的生理指标。

1. 叶片营养元素含量　在一定范围内，随着营养元素浓度的提高，产量明显上升。但浓度超过一定范围时，产量就不会再上升，当浓度更高时，就会发生毒害，并导致产量降低。因此人们特别注意寻找各种作物施肥的临界浓度。所谓临界浓度是指获得最高产量的营养元素的最低浓度。这需要根据不同作物、生长发育时期的不同、元素的种类以及不同栽培条件，经过做大量统计工作方能确定。

2. 叶绿素含量　叶绿素含量和体内含氮量基本上是一致的。在土壤中，氮肥量变化后的3～5d，叶绿素的含量就随之变化。例如施氮肥后，叶绿素含量急剧上升。有人分析，南京栽培的吉林小麦返青阶段，功能叶片的叶绿素含量以占干重1.7%～2%为宜，如果低于1.6%就暗示是缺肥；拔节阶段以1.2%～1.5%较为正常，高于1.7%则要控制拔节肥。叶绿素含量的水平，要根据不同作物、不同时期来确定。

3. 酰胺含量　当氮素水平高时，氮会以酰胺状态贮藏，因此酰胺含量可作为作物体内氮素水平的良好指标。

4.酶的活性　作物体内某些营养元素是酶辅基的组成成分，或是酶的活化剂。某些营养元素的缺乏必然会影响酶的活性。例如，硝酸还原酶的活性下降，说明可能缺钼；多酚氧化酶的活性下降，说明可能缺铜；碳酸酐酶活性下降，说明可能缺锌。

要特别提出，植物体内大部分干物质都是通过光合作用形成的，矿质元素仅占干重的5%～10%，所以施肥增产的原因是间接的，是通过无机营养来改善作物的有机营养，从而提高作物的产量。

第四章　光 合 作 用

人类的生存需要阳光，因为阳光给我们带来了光明和温暖。但是阳光对人类生存和发展的重要意义还与绿色植物的光合作用有关。光合作用不仅为人类的生命活动提供了物质基础，也为人类以至整个生物界提供了呼吸所需的氧气和良好的大气环境。光合作用是一个非常重要的植物生命活动过程，可以说没有光合作用，一切异养生物就没有生存的物质基础。

第一节　光合作用的重要意义

光合作用是绿色植物利用日光能将二氧化碳和水同化为有机物并释放氧气的过程。由于光合作用的产物主要是糖类，因此常用下列反应式来表示：

$$6CO_2 + 6H_2O \xrightarrow[\text{叶绿体}]{\text{光}} \underset{\text{六碳糖}}{C_6H_{12}O_6} + 6O_2$$

光合作用形成的糖不一定是六碳糖，因而现在多用下列通式来表示：

$$CO_2 + H_2O \xrightarrow[\text{叶绿体}]{\text{光}} (CH_2O) + O_2$$

光合作用的产物中，有近 40%的成分是碳素，因此光合作用也被称为碳素同化作用。

从上述反应式可以看出：光合作用的原料是二氧化碳和水，产物是糖类和氧气，进行光合作用的场所是绿色植物的叶绿体，而光是光合作用的能量来源。可见，光合作用的本质是把简单的无机物（二氧化碳和水）同化为有机物，同时将光能转化为化学能，贮存于合成的有机物中。

光合作用是绿色植物所特有的本领。自然界的绝大多数生物，都只能利用现成的有机物来进行生命活动，这些生物被称为异养生物。只有绿色植物才能利用光能将无机物同化为富含能量的有机物，因此绿色植物被称为自养生物。

光合作用对人类以至整个生物界都具有十分重要的意义。

1. 将无机物同化为有机物　光合作用是地球上规模巨大的合成有机物的过程。据估计：地球上每年通过光合作用固定的碳约为 1.55×10^{14}kg，相当于 4×10^{14}kg 有机物，这些有机物是地球上一切异养生物所需的直接或间接的食物来源，可以说人类的衣食住行，都与绿色植物的光合作用有着密切的关系。

2. 将光能转化为化学能　光合作用将无机物同化为有机物的同时，也将光能转换为化学能，贮存在所形成的有机物中。按照每固定 1mol 碳贮存 4.77×10^{5}J 的能量来换算：固定 1.55×10^{14}kg 碳，贮存的能量约合 6.2×10^{21}J。这些化学能是人类以及异养生物用来进行生命活动所需能量的来源，现在我们所利用的煤炭、石油、天然气，也都是亿万年前的光合作用所形成的。因此绿色植物的光合作用，为地球上异养生物提供了食物和能量。

3. 净化空气　呼吸作用是吸收氧和释放二氧化碳的过程，有机物的燃烧也消耗氧和释放二氧化碳。如果大气中的氧在消耗的同时得不到补充，地球上的氧终将被耗尽。由于绿色植物的光合作用不断地吸收二氧化碳和释放氧气，才能维持大气中的氧和二氧化碳的相对平衡，这同样是地球上生物的生存和发展不可缺少的条件。由于地球上绿色植物覆盖面积的逐年减少和工矿业二氧化碳排放量的增加，大气中二氧化碳的浓度在逐年升高。据报导：1900 年大气中的二氧化碳浓度是 300×10^{-6}，1970 年是 320×10^{-6}，目前已升至 340×10^{-6}。大气中二氧化碳浓度的增加，可能对气候产生严重影响，需要引起高度重视。

综上所述可知，绿色植物的光合作用是地球上一切异养生物的生存、繁衍和发展的源泉，光合作用是具宇宙意义的过程。

第二节　进行光合作用的细胞器——叶绿体及叶绿体色素

植物的光合作用，是在绿色细胞的叶绿体中进行的。叶绿体具有特殊的结构，并含有多种色素，这是与它的光合作用机能相适应的。

一、叶绿体的结构和化学成分

高等植物的叶绿体，多为扁椭圆形的小颗粒，平均直径约 4～6μm，厚约 1～2μm，分布在细胞质中。每个绿色细胞大约含有 20～100 个或更多的叶绿体。据估计，每平方厘米的蓖麻叶片中叶绿体的数目多达数十万个。因此，叶绿体的总表面积要比叶子面积大得多，这对于吸收日光能和空气中的二氧化碳是很有利的。

(一)叶绿体的结构

在电子显微镜下观察叶绿体，可见叶绿体外面是由双层膜包围着的，里面有许多由单层膜围成的囊状体，称类囊体。由于类囊体呈扁平状，因此又称片层。在叶绿体内，片层的分布是不均匀的，有些部分的片层垛叠在一起，从外形看好像一个颗粒，因而称基粒。每个叶绿体内大约有 50 个左右的基粒。组成基粒的片层，称基粒片层。还有一些片层，它们贯穿在基粒与基粒之间并将基粒连接起来，这些片层称基质片层。基粒片层和基质片层组成叶绿体内部的片层系统。在片层系统的周围，充满着水溶性的基质，其中含有酶类、无机离子、DNA 纤丝、核蛋白体和淀粉粒等(图 4-1)。

叶绿体的片层结构具有重要的生理意义，叶绿体所含有的色素就分布在片层的膜上，光合作用对光能的吸收和转换就是在膜上进行的。这样的片层结构就好比在叶绿体内部筑起许多阳台，为色素分子吸收光能，进行各种生化反应提供广阔的表面。

(二)叶绿体的成分

叶绿体的化学成分非常复杂，据测定，各种物质的含量大致是：水分约占 80%，干物质占 20%。在 20%的干物质中，蛋白质占 30%～50%，类脂占 20%～30%，灰分占 10%，色素占 8%。

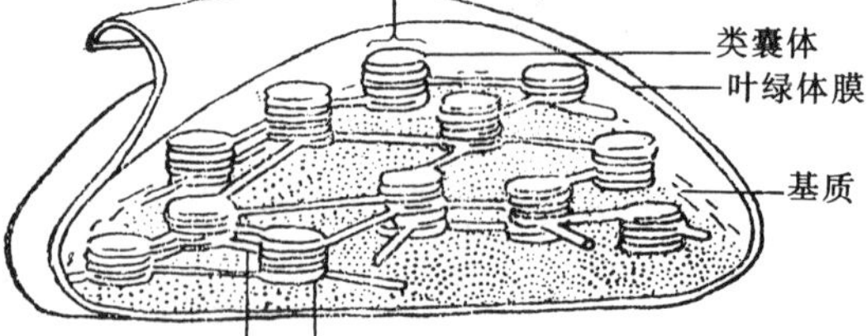

图 4-1　叶绿体剖面超微结构示意图

二、叶绿体色素及其光学性质

（一）叶绿素色素的种类

高等植物的叶绿体含有两类色素，即绿色的叶绿素和黄色的类胡萝卜素。叶绿素包括叶绿素 a 和叶绿素 b；类胡萝卜素包括胡萝卜素和叶黄素。所有这些色素均不溶于水，而易溶于酒精、丙酮、石油醚等有机溶剂中，因此可用酒精等有机溶剂来提取。这些色素总称为叶绿体色素。叶绿体色素的分子式及颜色如下：

叶绿素	叶绿素 a	$C_{55}H_{72}O_5N_4Mg$	蓝绿色	绿色
	叶绿素 b	$C_{55}H_{70}O_6N_4Mg$	草绿色	
类胡萝卜素	胡萝卜素	$C_{40}H_{56}$	橙黄色	黄色
	叶黄素	$C_{40}H_{56}O_2$	粉黄色	

这四种色素在植物体内的含量不等，一般植物体内叶绿素的含量较多，约为类胡萝卜素的 3 倍。所以，在正常情况下，叶子呈绿色，只有到秋天或受到不良环境影响时，叶绿素逐渐破坏分解，叶子才出现黄色。

（二）叶绿素分子结构的特点

叶绿素分子的形状好像一个蝌蚪（图 4-2）。头部是一个卟啉环，环的中央是一个镁原子，偏向于带正电荷，因此有极性，能吸引水分子，使得头部具亲水性。卟啉环中含有一系列共轭双键，组成共轭双键的电子称 π 电子，π 电子很容易吸收外界的能量而被激发，因而叶绿素容易吸收光能而变成激发态叶绿素。叶绿素分子的尾部是长链状的叶绿醇，具有亲脂性。叶绿素分子一端亲水一端亲脂的特性，决定了它在叶绿体膜上的定向排列，即亲水性一端可与类囊体膜的蛋白质结合，而亲脂一端与类囊体膜的类脂结合。

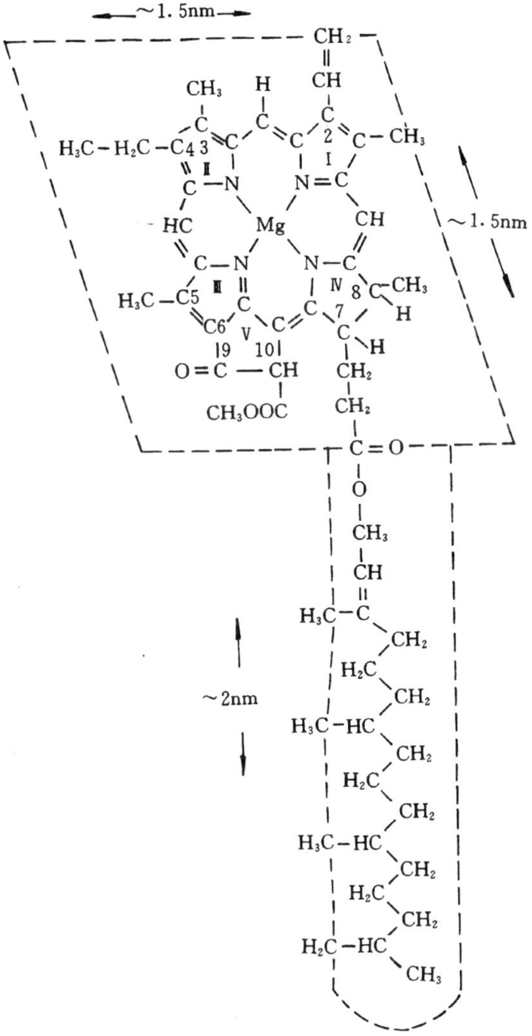

图 4-2　叶绿素 a 的结构式

(三)叶绿体色素的光学性质

叶绿体色素能吸收光能，但它们对各种不同波长光的吸收强度各不相同,也就是它们对光的吸收具有选择性,因而具有一定的吸收光谱。我们知道太阳光不是单色光,如果将它通过三棱镜,可以把可见光部分分为红、橙、黄、绿、青、蓝、紫七种颜色,这些颜色的光谱称为太阳光谱(图 4-3)。

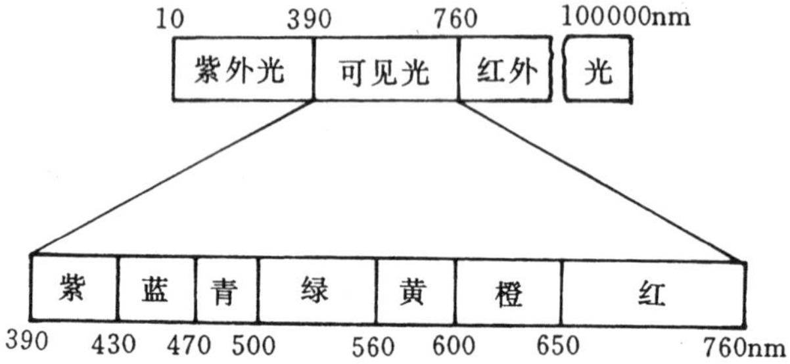

图 4-3　太阳光的光谱

如果将叶绿素提取液置于太阳光和三棱镜之间,有些光被叶绿素吸收了,结果通过三棱镜后形成的光谱中出现了一些暗带,这些暗带就是叶绿素的吸收带,这种有吸收带的光谱,称叶绿素的吸收光谱(图 4-4)。

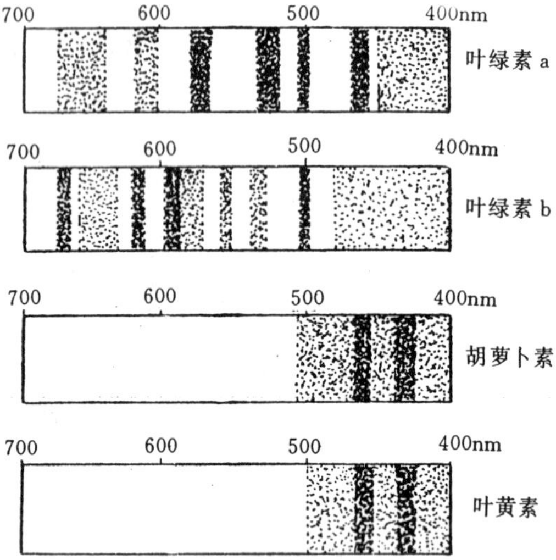

图 4-4　叶绿体色素的吸收光谱

考查叶绿素 a 和叶绿素 b 的吸收光谱，可见在红光和蓝紫光部分有较宽的暗带，说明它们对红光和蓝紫光有较强的吸收，而对绿光则几乎不吸收，故叶绿素 a、b 均显绿色。观察胡萝卜素和叶黄素的吸收光谱，可见它们只吸收蓝紫光，且对蓝紫光的吸收范围比叶绿素宽一些。

太阳的直射光含红光较多，散射光含蓝紫光较多。因此植物不只在直射光下保持较强的光合作用，而且在阴天或闭荫处，也可通过吸收蓝紫光而进行一定强度的光合作用，这正是绿色植物在长期进化过程中形成的一种适应特性。

三、叶绿素的形成及其影响因素

在植物体内叶绿素处于不断更新之中。据测定，燕麦幼苗的叶绿素，72 小时后几乎全部更新；菠菜的叶绿素，72 小时后更新 95.8%；烟草的叶绿素，19 天后更新 50%。这些事实说明，不同植物的叶绿素更新速度是不同的。

叶绿素的形成与破坏，与光照、温度和矿质营养的关系极为密切。

1. 光照　光是叶绿素形成的必要条件。生长在黑暗中的植物，绝大多数呈黄白色，见光后很快转变为绿色，这是由于在黑暗中形成的原叶绿素（无色），只有在光下才能转变为叶绿素的缘故。

2. 温度　叶绿素的形成要求一定的温度。早春的水稻幼苗，常呈黄绿色，就是因为低温影响叶绿素的形成。一般叶绿素形成的最低温度为 2～4℃，最高为 40℃，最适为 20～30℃。

3. 水分　叶片缺水，不仅叶绿素的形成受到阻碍，而且还加速叶绿素的分解。所以当干旱时，叶子常表现为黄褐色，就是因为这时叶绿素分子大量受到破坏的缘故。

4. 矿质营养　植物的矿质营养状况，特别是叶子含氮量与叶绿素含量有一定的相关性，因为氮是叶绿素的组成元素。缺氮时，叶色浅绿；氮多时，叶色深绿。所以在生产中，常以叶色的深浅来判断植物的营养状况。另外，植物缺镁、铁、铜、锰、锌等元素时，也表现缺绿。因为镁是叶绿素的组成成分，铁、铜、锰、锌是叶绿素形成过程中某些酶的活化剂。

第三节　光合作用过程

光合作用既是一个能量转化的过程，也是一个物质转化的过程，可以将其分为两个大的阶段，即光反应和暗反应。光反应是在叶绿体的光合膜上进行的，是光物理化学过程，随光强的增加而加速；暗反应是酶促的物质转化过程，在一定范围内随温度的升高而加速，这一反应是在叶绿体间质中进行的。近来的研究证明，这后一个过程也是离不开光的，因为这一过程中的关键酶只有在光下才能活化，在暗中是失活的。由于历史上沿用的关系，这一术语仍被用来表述这一过程。

一、光反应

光反应是叶绿体将光能转变为活跃化学能的过程，这个活跃化学能就是以腺苷三磷酸（ATP）和还原态辅酶Ⅱ（NADPH＋H^+）两种物质来体现，两者合称为同化力。光反应又可分为原初反应、光合电子传递和光合磷酸三个大的步骤。

（一）原初反应

原初反应是光合作用的第一幕，它包括光能的吸收、传递并引起电荷分离的过程，这一反应是在被称为光系统的色素蛋白中进行的。目前已知，有两套这样的光系统，即光系统Ⅰ（PSⅠ）和光系统Ⅱ（PSⅡ），它们各自由中心色素、辅助色素、原初电子供体和原初电子受体组成。中心色素是一种特殊状态的叶绿素a，光系统Ⅰ的中心色素是P_{700}，光系统Ⅱ的中心色素是P_{680}。中心色素具光化学活性，它既是光能的“捕捉器”，也是光能的“转换器”，能引起光化学反应。其余绝大多数的叶绿素a，全部的叶绿素b、胡萝卜素和叶黄素，只起收集光能的作用，没有光化学活性，总称为辅助色素。

光是运动着的粒子流，这种粒子称为光子，光子含有能量，因此光子也叫光量子。当阳光照射到绿色植物上时，光子首先被辅助色素吸收，并以共振传递的方式在辅助色素中一个个地传递，最后传给作用中心的中心色素分子（图4-5）。中心色素分子获得一个光量子后，叶绿素分子中的一个电子（e^-）便被冲击抛离原来的轨道，跳跃到更高一级的轨道，成为高能电子，通常称这种状态的叶绿素为激发态叶绿素。激发态叶绿素是不稳定的，它的高能电子很容易被电子受体 A 所接受，失去了电子的叶绿素分子又从电子供体 D 获得电子而回复到原态，这就完成了电荷分离的过程，我们可以用下式来表示原初反应的过程。

图 4-5　光能的传递图解
示光能从天线色素传至作用中心色素分子
(P_{700}即特殊状态的叶绿素 a)

$$D \cdot P \cdot A \xrightarrow{h\nu} D \cdot P^{*} A$$

$$\longrightarrow D \cdot P^{+} \cdot A^{-} \longrightarrow D^{+} \cdot P \cdot A^{-}$$

（二）光合电子传递

光合电子传递是原初反应中产生的高能电子在光合电子传递链上的流动。光合电子传递链，又称光合链，是由许多电子递体组成的可以传递电子的轨道，分布在光合膜上。如果按电子递体的氧化还原电势高低来排列，其形状很像英文字母 Z，因此也称 Z 链。Z 链可用图 4-6 示意。

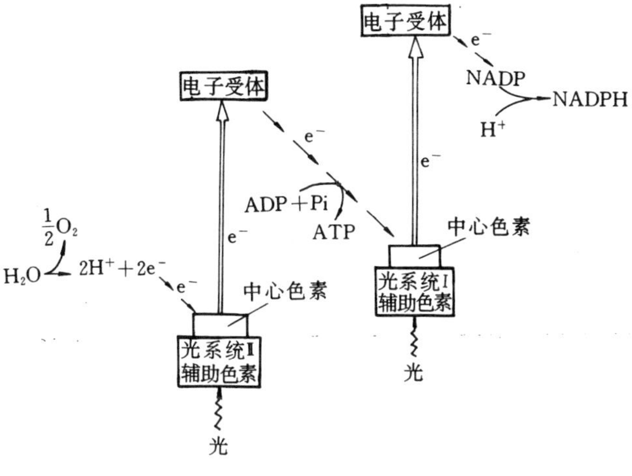

图 4-6　光反应过程——Z 链示意图

光系统Ⅰ和光系统Ⅱ是与电子递体串联在一起的，光系统Ⅱ失去电子后，它从水中夺取电子来补充。这样，水分子由于给出电子便氧化分解，放出氢离子(H^+)和氧气，这个过程叫水的光解。水的光解可用下式表示：

$$H_2O \xrightarrow[\text{叶绿体}]{\text{光}} 2H^+ + 2e^- + \frac{1}{2}O_2$$

这里放出的氧是光合作用的副产品，因为光合作用所需要的是水分子中的电子和 H^+，余下的氧便释放到大气中。

光系统Ⅰ的中心色素分子失去的电子，由光系统Ⅱ的中心色素分子打出去的电子来补充，因为两个光系统是与电子递体连在一起的。光系统Ⅰ失去的电子最后传给 $NADP^+$，$NADP^+$ 接受电子后，它又吸收水光解释放的质子(H^+)，还原为 $NADPH+H^+$，即还原态的辅酶Ⅱ。

$$NADP^+ + 2e^- + 2H^+ \longrightarrow \underset{\text{还原态辅酶Ⅱ}}{NADPH+H^+}$$

这样，光系统便好像一个电子泵，它以光能为动力，源源不断地把电子从水分子中夺取出来并将其泵到 $NADP^+$ 分子上去。叶绿体照光时，光合膜上有电子流产生，也就是光子流转换成了电子流，电子流的一部分能量转移到 $NADPH+H^+$ 中了，成了 $NADPH+H^+$ 的活跃化学能，另一部分能量则引起光合磷酸化。

（三）光合磷酸化

光合磷酸化是光合电子传递偶联的把无机磷和腺苷二磷酸(ADP)转化为腺苷三磷酸(ATP)的过程。光合磷酸化作用可用下式表示：

$$\underset{\text{腺苷二磷酸}}{ADP} + Pi \xrightarrow[\text{叶绿体}]{\text{光}} \underset{\text{腺苷三磷酸}}{ATP} + H_2O$$

腺苷三磷酸分子中的第二、第三个磷酸键比一般的磷酸键水解时释放出更多的能量，所以叫做高能磷酸键。腺苷三磷酸是生物体内最主要的高能化合物，是生命活动所需能量的主要形式，被称为能量的“通货”。

综上所述，光合作用的光反应，就是叶绿体吸收光能后所形成的高能电子，经过一系列传递，引起了 $NADP^+$ 的还原和 ATP 的产生，也就把光能转换为活跃化学能，贮存在 ATP 和 $NADPH+H^+$ 中，就此完成了光化学反应。由于这两种物质含有很高的能量，属高能化合物，是同化二氧化碳的能量源泉，故把这两种物质合称为同化力。

二、暗反应

暗反应就是利用光反应中形成的同化力，来把二氧化碳还原成为有机物质的过程。这个过程是单纯的酶促反应，为了与光反应相区别而称为暗反应。目前已经知道，由于植物类型不同，对二氧化碳同化的途径也有不同，主要有 C_3 途径和 C_4 途径。

（一）C_3 途径（光合碳循环）

C_3 途径是所有绿色植物同化二氧化碳转变为糖的主要途径，是由科学家卡尔文提出的，因此又称卡尔文循环。其主要过程如下：

二氧化碳进入叶绿体后，不是直接被还原，而是首先固定在一种五碳糖上，这种五碳糖名核酮糖二磷酸（缩写符号为 RuBP）。在核酮糖二磷酸羧化酶（RuBP 羧化酶）的催化下，二氧化碳和核酮糖二磷酸结合，随即断裂成两个分子的三碳化合物——甘油酸磷酸。由于这一途径产生的第一个产物是三碳化合物，因此称为 C_3 途径。

以后，甘油酸磷酸在光反应产生的 ATP 和 NADPH＋H^+ 的作用下，还原为甘油醛磷酸，这是一种丙糖磷酸，它可以转变成另一种丙糖磷酸，即二羟丙酮磷酸，而且二者可以相互转变，然后，一个甘油醛磷酸和一个二羟丙酮磷酸缩合成一个果糖二磷酸，它是一个已糖磷酸，已糖磷酸再经过一些转变便生成葡萄糖、蔗糖和淀粉等光合产物。

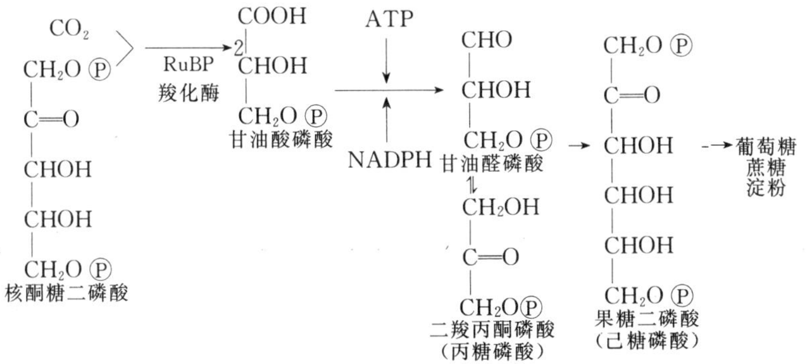

上式说明通过以上过程，二氧化碳已经被固定并还原成为糖了。但为了使这个过程能够连续不断地进行，在形成光合产物的同时，一部分己糖磷酸又可经过一系列变化，产生许多中间产物，最后重新形成核酮糖二磷酸，它又可用于固定二氧化碳，从而使这个过程成为一个循环。C_3 途径的简要过程可以用图 4-7 表示。通过 C_3 途径进行二氧化碳同化的植物，叫 C_3 植物，如小麦、水稻、烟草、棉花、大豆等大部分农作物，蔬菜和多数木本植物也都是。

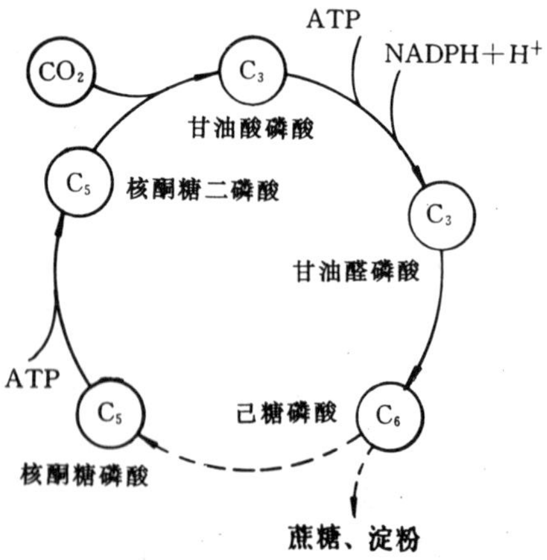

图 4-7　C_3 途径（光合碳循环）

（二）C_4 途径（C_4 二羧酸途径）

起源于热带的植物如玉米、高粱、甘蔗等，它们固定二氧化碳的最初产物和一般光合碳循环显著不同，不是甘油酸磷酸而是草酰乙酸等含四个碳的化合物，因此将这种固定二氧化碳的途径称 C_4 途径，具有这种固定二氧化碳途径的植物称 C_4 植物。

研究指出，C_4 植物实际上也具有 C_3 途径，只不过在进入 C_3 途径之前，多了一个固定二氧化碳的循环，这个循环就是 C_4 途径。在这个途径中，固定二氧化碳的酶具有较强的催化能力，使 C_4 途径起了浓缩二氧化碳的作用，所以有二氧化碳泵之称。它为紧接着进行的 C_3 途径提供较高浓度的二氧化碳，从而使 C_4 植物具有较高的光合效率。由于 C_4 植物是起源于热带的，它的高光合效率与高温、高光照强度的生态环境相适应的。如果在光强较弱、气候温和的条件下，其光合效率就不一定高于 C_3 植物了。

可见，不同植物同化二氧化碳虽有不同途径，但 C_3 途径仍然是植物同化二氧化碳形成糖类物质的基本途径。

总之，光合作用的光反应和暗反应是连续进行的。光反应为暗反应提供同化力，暗反应则用光反应提供的同化力，来使二氧化碳固定并还原成为糖类物质，在合成糖类物质的同时，就把 ATP 和 $NADPH+H^+$ 中贮存的活跃化学能转移到糖类物质中。至此，通过叶绿素所吸收的太阳光能就转换为贮存在糖类等物质中的稳定的化学能，完成了光合作用制造有机物并积累能量的过程，为植物的生命活动提供了有机养料和能量来源。

植物绿色细胞在光下吸二氧化碳并释放氧进行光合作用的同时，还存在一个吸氧释放二氧化碳的过程，这个过程与线粒体的有氧呼吸完全无关，只限于在光下才能进行，称光呼吸。

光呼吸是一个氧化过程，被氧化的底物是乙醇酸。乙醇酸通过核酮糖二磷酸羧化酶——加氧酶而形成。此酶具有双重催化功能，既可催化核酮糖二磷酸羧化反应，又可催化核酮糖二磷酸加氧反应，其反应方向受二氧化碳及氧浓度决定。据目前所积累的资料可知，整个光呼吸代谢过程要通过叶绿体、过氧物酶体及线粒体三种细胞器，但尚难说清光呼吸的生理意义，在此不做赘述。

第四节　影响光合作用的外界条件

一、光合作用的指标

常用的光合作用指标有两个：

(一) 光合速率

光合速率是指单位时间内单位叶面积同化二氧化碳的量，常用单位是：$mg(CO_2)\cdot dm^{-2}\cdot h^{-1}$和 $\mu moL(CO_2)\cdot m^{-2}\cdot s^{-1}$。

植物进行光合作用的同时也在进行呼吸，因此实际测得的光合速率是光合作用减去呼吸作用的差值，称净光合速率，通常讲的光合速率就是净光合速率。如果测定光合速率的同时也测定呼吸速率，将净光合速率与呼吸速率相加，这个值就是真光合速率。测定光合速率最精确的方法是利用红外线二氧化碳分析仪，但因仪器昂贵，操作也比较复杂，生产实践中难以应用。生产中测定光合速率的简便方法是半叶法，即在晴朗天气的上午取对称叶的一半或打取定数小圆片，测总叶面积(A)、称烘干重(W_1)，并用三氯醋酸将叶柄进行化学环割，以阻止叶片内光合产物的输出。经 t 小时后于下午取剩下的半叶或取定数小圆片，称烘干重(W_2)，按下式计算光合速率[(干物质)$g \cdot m^{-2} \cdot h^{-1}$]：

$$光合速率=\frac{W_2-W_1}{A\times t}$$

(二) 净同化率

净同化率又称光合生产率，是在较长时间内单位叶面积所累积的干物质重量。净同化率的测定方法：取若干植株测定其叶面积(S_1)和干物重(W_1)，数天(t)后取同样株数的植株测定叶面积(S_2)和干物重(W_2)，按下式计算净同化率[(干物质)$g \cdot m^{-2} \cdot d^{-1}$]：

$$净同化率=\frac{W_2-W_1}{\frac{1}{2}(S_1+S_2)\times t}$$

一般植物的净同化率为 $4\sim6g \cdot m^{-2} \cdot d^{-1}$，高的可达$15\sim16g \cdot m^{-2} \cdot d^{-1}$。

二、外界条件对光合作用的影响

(一) 光照

光是光合作用的能量来源，光合作用只有在光下才能进行。光与光合作用的关系还表现在：光合碳循环中固定二氧化碳的 RuBP 羧化酶只有在光下才能活化，暗中是失活的；光诱导气孔的开张，二氧化碳才得以进入叶肉细胞；光还诱导叶绿素的合成和基粒片层的垛叠。因此可见光与光合作用的关系是十分密切的。

在很弱的光照条件下，光合速率低于呼吸速率，随着光强的增加，光合速率迅速升高，当光强增加到光合作用吸收的二氧化碳与呼吸释放的二氧化碳量相等时，此时的光照强度称光补偿点。如继续增加光强，光合速率也继续升高，当光强增加某一点时，再增加光强，光合速率不再升高了，这时的光照强度称为光饱和点(参看图 4-8)。光合作用产生光饱和现象的原因主要是由于光反应与碳同化的速率不相匹配，碳同化的速率跟不上光反应的速率，光合碳循环的周转不够快，限制了光合速率的进一步提高。

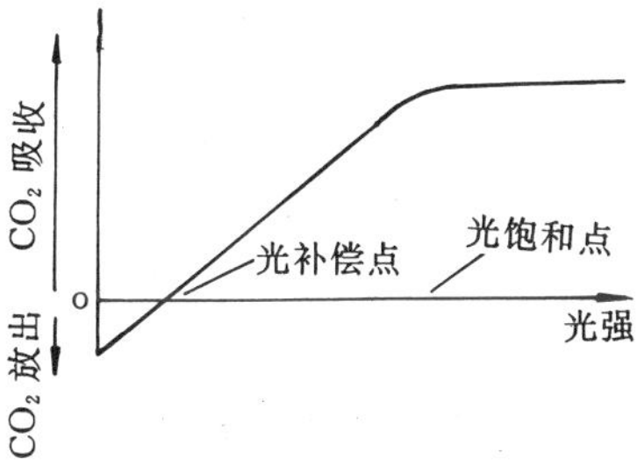

图 4-8　光照强度与光合速率的关系

依据植物对光照强度要求的不同，可将植物分为阳性植物和阴性植物。阳性植物又称喜光植物，它的光饱和点较高，一般在 30klx 以上，有些植物如玉米、高粱、甘蔗等，它们的光饱和点达 80klx 以上。阳性植物的光补偿点也比较高，在 700～2 000lx 之间。阴性植物又称耐荫植物，它们的光饱和点要低得多，一般在 5～10klx 之间，它的光补偿点也比较低，在 500lx 以下。因此阴性植物利用弱光的能力较强，适宜于荫蔽的条件下生长，如果光照太强反而生长不良。阳性植物利用强光的能力很强，但利用弱光的能力较差。就栽培植物而言，一般都属阳性植物，因而对光照的要求相对较高，要获得作物高产，必需要有充足的光照条件。

阴性植物和阳性植物利用光能的特性不同，这主要是因为阴性植物的输导组织比较稀疏，在强光下因蒸腾失水过多和光系统受损，光合速率反而下降；其次，阴性植物的叶色较深，叶绿素含量较高，基粒比较发达，收集光的能力比较强，因而在荫蔽条件下能正常生长；再者阴性植物的叶绿素 a 与叶绿素 b 的比值较低，叶绿素 b 的含量相对较高，已知叶绿素 b 对蓝紫光的吸收带比叶绿素 a 宽，因而阴性植物利用散射光的能力较强。栽培植物虽然不属阴性植物，但品种之间叶绿素含量高低是有差异的，利用强光和弱光的能力不尽相同，这要依据不同的自然条件进行合理利用，但就单产而言，仍以利用强光能力强的品种产量较高。

光质不同对光合作用也有明显影响。例如菜豆在橙红光下光合速率最高，蓝紫光下次之，绿光下最低。不同光质对光合作用的影响，是与这种植物的叶绿体色素的吸收光谱相一致的。在自然条件下，植物因所处光照条件的不同，形成了利用不同光质能力的差异。高山上蓝紫光较多，密林下绿光较多，深水层下蓝、绿光较多，因而吸收红光的绿藻分布在海水的表层，含藻红素吸收绿光和蓝紫光较多的红藻，分布在海水的深层。

（二）二氧化碳

二氧化碳是光合作用的原料，因而二氧化碳的供给状况对光合作用的影响是十分明显的。此外，RuBP 羧化酶的活化也需要二氧化碳的参与。

二氧化碳与光合作用的关系同光强与光合作用的关系类似，也表现有二氧化碳补偿点和二氧化碳饱和点。所谓二氧化碳补偿点，是指光合作用吸收的二氧化碳与呼吸作用释放的二氧化碳量相等时的大气中二氧化碳浓度。C_4 植物的二氧化碳补偿点比较低，小于 10×10^{-6}，大多数 C_3 植物的二氧化碳补偿点在 $50\sim100\times10^{-6}$之间。二氧化碳饱和点是指在强光条件下，增加二氧化碳浓度到一定程度后，光合速率不再增加，这时的二氧化碳浓度称为二氧化碳饱和点。有人测定：小麦、亚麻、甘蔗的二氧化碳饱和点在 $500\sim1500\times10^{-6}$之间，番茄、甜菜、马铃薯、兰花苜蓿的二氧化碳饱和点在 $1200\sim1500\times10^{-6}$之间。

光合作用消耗二氧化碳的量是很大的。据测定：1 亩（$666.7m^2$）面积的作物在旺盛生长期，1 天内光合作用累积的有机物质量大约是 15～20kg，相当于 22.5～30kg 的二氧化碳。大气中的二氧化碳浓度大约是 340×10^{-6}，10^4m^3 的大气所含二氧化碳的量大约 6.7kg，1 亩地的作物 1 天内光合作用吸收的二氧化碳，相当于 $3.3\times10^4\sim4.4\times10^4m^3$ 大气中所含二氧化碳总量。大气中的二氧化碳不可能 100％被光合作用所利用，如果按 10％的利用效率来计算，则需要 $33\times10^4\sim44\times10^4m^3$ 的大气来提供。有人测定：由于作物群体的光合作用对二氧化碳的强烈吸收，大面积农作物冠层以下的空气中二氧化碳浓度，可降到 200×10^{-6}以下，这必然严重影响光合作用对二氧化碳的需求。实际上作物经常处于二氧化碳的饥饿状态，二氧化碳供给不足是限制光合作用最经常的原因，改善二氧化碳供给可显著提高光合速率。有试验将空气中的二氧化碳的浓度增加到 2400×10^{-6},可使水稻亩产从 650kg 增加到 1200kg;大豆开花结荚期间,向株间通入二氧化碳浓度为 $800\sim1200\times10^{-6}$ 的空气,小区产量增加 40%~50%。由此可见,如何满足作物光合作用对二氧化碳的需求,是增加作物产量的一个十分有效的措施。

在田间,由于空气的流动,很难进行二氧化碳施肥,只有在大棚栽培条件下,才方便进行二氧化碳施肥。为改善大田作物的二氧化碳供给,比较可行的措施是改善田间通风条件,如选种株型紧凑的品种、宽行窄株、预留通风行、整枝修剪、勤除杂草等;其次,增施有机肥也有利于改善田间二氧化碳供给状况。据测定:土壤有机物的分解,可使土壤空气中二氧化碳的浓度增加到 0.5%~1.5%。施用碳酸氢铵,也可改善对作物的二氧化碳供给状况。试验证明:把菜豆幼苗根部浸泡在标记的碳酸氢钠($NaH^{14}CO_3$)的溶液中,在光照条件下有 ^{14}C 的光合产物形成。

二氧化碳浓度与光照强度对光合作用的影响有相关性。在较低的二氧化碳浓度条件下,光饱和点也比较低,增加二氧化碳浓度,光饱和点也随之升高(参看图 4-9,图 4-10);反之,在弱光条件下,二氧化碳饱和点也比较低,增加光强,二氧化碳饱和点也会升高,当光强增加到一定程度后,光合速率不再随光强增加而增加,二氧化碳又显得不够了,这时二氧化碳供给不足又成为"限制因子"。

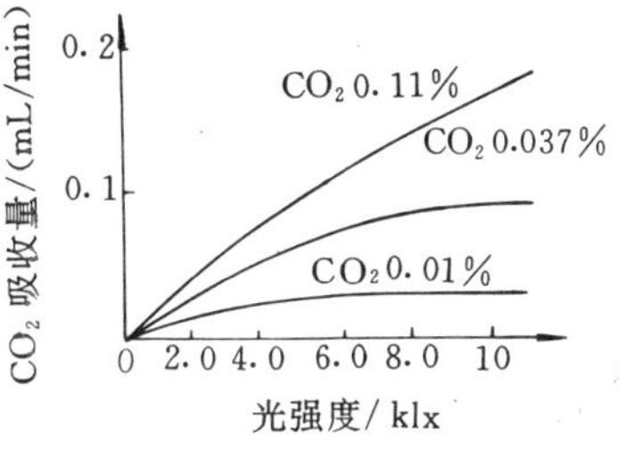

图 4-9 不同二氧化碳浓度下小麦光合作用的光曲线

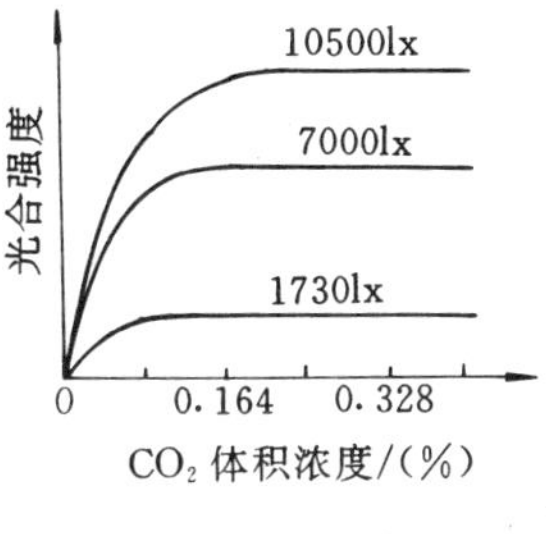

图 4-10 不同光强度下二氧化碳浓度对小麦光合强度的影响

(三)温度

光合作用中二氧化碳的固定和还原是酶促过程，与温度的关系十分密切。光合作用对温度的要求，也像其它酶促过程一样，表现有最高、最低和最适温度。在 10～35 ℃的温度范围内，大多数植物均能正常进行光合作用，其中以 20～30 ℃最为适宜，超过 35 ℃，光合速率即开始降低，温度升高到 40～50 ℃时，则光合作用几乎停止。C_4 植物光合作用对温度的要求比 C_3 植物高，其最适温度是 35～40 ℃，最高温度超过 50 ℃。高温使光合作用降低，这是因为高温使叶绿体膜结构破损，光合酶变性失活，同时，高温使呼吸作用加速，导致净光合速率迅速降低。例如：小麦的光合速率在 25 ℃时即开始下降，但呼吸速率在 30 ℃时仍继续升高。

光合作用的最低温因植物种类不同差异明显。原产热带地区的植物，在 5～7 ℃的低温下，光合作用已基本停止；而冬性植物如大麦、小麦、豌豆、莴苣等，光合作用的最低温度是 0 ℃左右；寒带的地衣在低于－10 ℃的温度条件下，仍有微弱的光合作用。低温使光合作用减弱的原因，一是低温诱导气孔关闭，光合酶钝化，叶绿体膜结构受损；其次低温使叶绿素的形成受阻，如早春水稻幼苗遇到较长时间的 0 ℃以上的低温，则叶色发黄而不能转绿。

温度对光合作用的影响，也与光强和二氧化碳浓度有关。在低温下，光合作用的光饱和点和二氧化碳饱和点都比较低，在强光照和二氧化碳浓度较高时，光合作用的最适温度也会升高，因为在强光条件下光反应加速，二氧化碳的固定和还原也要相应地加快。

（四）水分

水是光合作用的原料，也是光合作用的介质，保证水分的及时供给，是维持高光合效率的基本条件。水分亏缺会导致气孔关闭，加大二氧化碳进入叶肉细胞的扩散阻力；水分亏缺引起细胞内的淀粉水解，糖浓度增加，光合产物输出受阻；水分亏缺还会使生长势减弱，叶面积减小。因此水分亏缺对光合作用的影响主要是间接的。实验证明：处于永久萎蔫状态的甘蔗叶片，其光合速率比水分正常供给的植株降低 87%。灌水后，几小时内叶片形态即恢复正常，但净光合速率在几天后仍未恢复常态，可见水分亏缺对光合作用的影响不只表现在当时，而且还有后续效应，说明叶绿体的结构受到了伤害。

水分亏缺是形成光合午休的重要原因。光合午休是中午光合速率降低的现象，它体现夏天强光高温条件下光合日变化的特点。形成光合午休的原因比较复杂，既有内在的因素，也有外界条件的影响。就外因而言，包括光照强弱、温度高低、土壤水分供应状况、空气湿度和二氧化碳浓度等，都对光合午休的形成具有明显影响，但水分亏缺是形成光合午休最经常的原因。有人报导：华北地区小麦灌浆期间进行喷雾灌溉，以增加田间空气湿度，能显著减小气孔阻力，使午间的光合速率提高 31%～50%。在大豆鼓粒期，于晴天中午用喷雾机喷雾 30～40min，共喷雾八天次，每亩产量增加 28.5kg，增产幅度 19.3%。光合速率的测定结果也证明，中午喷雾使光合午休的程度明显减轻。

（五）*矿质元素*

叶片是矿质元素含量最高的植物器官，其中又以叶绿体含量最丰，约占叶绿体干重的 10%。矿质元素在光合作用中起着多方面的作用：① 参与叶绿体的形成和叶绿体基粒片层垛叠。氮、镁、铁、锰等是叶绿素合成所必需的，缺少这些元素时，叶色发黄乃至失绿，甚至叶绿体变为畸形。镁、钾与基粒片层的垛叠有关。有实验证明，在氯化镁和氯化钾的缓冲液中，基粒类囊体垛叠更加紧密。② 光合电子传递链的组分。如电子传递链的组分中细胞色素和铁氧还蛋白含有铁，铁硫蛋白中含有硫，质蓝素中含有铜，与水光解有关的锰蛋白含锰和氯，显然这些元素参与光合电子传递。③ 光合酶的成分和活化剂。氮、硫是酶蛋白的重要成分，锌是碳酸酐酶的组分，镁是 RuBP 羧化酶的活化剂，钙、镁与 ATP 酶的活性有关。④ 参与光合磷酸化。如磷是光合磷酸化所必需的，镁、钙与质子动力势的形成有关，质子动力势是 ATP 形成的动力。⑤ 光合产物的运输。如磷、钾促进光合产物的运输，间接影响光合作用。钾还促进气孔的开张，促进二氧化碳的吸收。

在所有上述参与光合作用的矿质元素中，以氮、磷、钾的作用最为重要，对作物产量的影响也最为明显，故被称为三要素。例如氮肥供应不足时，叶小，叶色发黄，叶片光合作用减弱。如补施速效氮，在正常气候条件下，五天左右叶色即转绿，光合功能亦随之明显增强。

第五节　光合作用与作物产量

一、光合产量的构成因素

作物产量的95%以上都是光合作用的产物。光合作用累积有机物的速度和数量，是决定农作物产量高低的最重要因素。多固定日光能，多累积光合产物，是夺取农作物高产的最基本的出发点。

作物产量可分为生物学产量和经济产量。生物学产量是光合产物累积的总量，包括根、茎、叶、花、果实的总重量。经济产量是作物经济器官的产量，如水稻的谷粒、苎麻的茎皮、甘蔗的茎秆、马铃薯的块茎等。经济产量与生物学产量之比，称为经济系数。这三者的关系是：

经济产量＝生物学产量×经济系数　　(1)

经济系数＝经济产量/生物学产量　　(2)

生物学产量是光合产量减去呼吸消耗的差值，而光合产量决定于光合面积、光合时间和光合效率，用公式表示为：

生物学产量＝光合面积×光合时间×光合效率－呼吸消耗　(3)

将(3)式代入(1)式，则：

经济产量＝[光合面积×光合时间×光合效率

－呼吸消耗]×经济系数　　(4)

从(4)式可知，作物产量的高低，决定于上述5个因素和这5个因素的恰当组合，可以说一切农业技术措施，都是通过调节这5个因素从而夺取高产的。

生物学产量是经济产量的基础，高经济产量是建立在高生物学产量基础上的，但经济系数对经济产量的影响也很大，品种之间也差异明显。禾谷类作物的经济系数，高杆品种在0.3～0.4之间，矮杆品种在0.45～0.55之间。大豆的经济系数比较低，约0.2，薯类的经济系数比较高，为0.7～0.85。

二、作物的光合特性与产量的关系

（一）光合面积与作物产量

对作物群体而言，光合面积就是指叶面积指数。叶面积指数是单位土地面积上的作物叶面积与土地面积之比。叶面积指数与产量的关系十分密切。适宜的叶面积指数是衡量群体结构是否合理的最重要指标。不同的作物和不同的作物品种，其最适叶面积指数也不相同。从水稻、小麦的育种进展情况看，产量的提高是与最适叶面积指数的增加相一致的。例如常规稻的最大叶面积指数一般不能超过7，但杂交稻的叶面积指数达到10也是正常的。比较野生小麦和栽培小麦旗叶面积的大小时也可以看到：小麦产量的增加是与品种旗叶面积的增加相一致的，野生小麦的旗叶面积是9.3 cm^2，栽培小麦的旗叶面积是28.5 cm^2。叶面积指数比较大的优良品种与组合，株型紧凑，叶片挺立而不披散，相互遮阴程度较小，以致光利用率较高；其次光补偿点较低，利用弱光的能力较强，在叶面积较大时，中下层叶片仍有一定的光合产量累积。

（二）光合速率与作物产量

关于光合速率与作物产量的关系争论较多，有学者认为光合速率与作物产量不相关甚至呈负相关，依据之一是小麦在进化过程中，产量增加而光合速率是下降的。另有学者认为：作物产量与光合速率不存在简单的正相关，但本质上是正相关的，有许多事实可以证明光合速率与作物产量呈正相关。例如12个大豆品种在三年田间试验中，都表现出鼓粒期的光合速率与大豆产量呈极显著的正相关。33个春小麦品种开花期的光合速率与小麦产量也表现极显著的正相关。水稻在进化过程中，产量增加，光合速率也是增加的，野生稻的光合速率只及栽培品种的63%。

作物的产量还与经济产量形成期的光合速率高值持续期的长短有关，如果光合速率高，叶片的光合功能持续时间长，这个品种的产量也就会高。小麦栽培种的产量比野生种高，也与栽培种小麦叶片衰老延迟、光合速率高、持续期较长有关。

栽培条件对作物光合速率高值持续期的长短也有明显影响。例如水稻抽穗期适当补施氮肥，灌浆期进行氮、磷、钾的根外追肥，对延缓叶片衰老，延长光合速率高值持续期，具有明显效应。

（三）经济系数与作物产量

作物的生物学产量，品种间的差异相对较小。在栽培条件下，每亩小麦的生物学产量大约是1000～1300kg。品种间的经济产量差异明显，提高经济系数是增加农作物产量最经济有效的途径。我国水稻生产上矮杆品种选育成功，经济系数由原来0.4左右上升到0.5以上，使水稻单产增加20%以上。小麦育种研究进展也证明提高经济系数对增产的重要贡献。解放初期小麦的经济系数大约0.35，当前已提高到0.45左右，丰产田的小麦产量，解放初期每亩是350kg，现在是500～600kg，主要是经济系数增大的贡献。因此选育经济系数较高的品种，采用现代农业技术调控源库关系，促进光合产物向经济器官的输送，是提高农作物产量的有效途径。

三、作物的光能利用率

（一）光能利用率的概念

农业生产基本上是一个利用光能的系统，提高作物的光能利用率，多固定日光能，是增加农作物产量的源泉。

作物的光能利用率，是指单位时间内单位土地面积上的作物光合作用所累积的能量，与同一时间内照射在同一土地面积上的日光能的比率。作物的光能利用率有两种表示方式：一种是按全生育期来计算，另一种是按经济器官形成期的光能利用率来表示，因为作物的产量主要是经济器官形成期的光合产物的累积。也可按一个地区甚至整个国土面积来计算，而不仅仅局限在作物上，这样作的意义是提醒人们注意国土利用是否合理。增加国土面积的绿色植物覆盖率，既是提高光能利用率的基础，也是改造自然环境的主要措施之一。

（二）光能利用率的计算

计算作物的光能利用率，首先要了解该地区的年辐射量，这在当地的气象部门可以查到。例如北京地区的年辐射量是3.72×10^{12}J，武汉地区的年辐射量是3.26×10^{12}J；其次是计算作物产量中累积的能量。现以水稻为例，计算作物的光能利用率。假定两季水稻亩产稻谷1200kg，经济系数0.5，含水量12%，两季水稻生育期间的辐射量是2.18×10^{12}J，计算水稻的光能利用率。水稻生育期间的辐射量已经知道，只要把作物产量中累积的能量计算出来，就可算出光能利用率。每千克糖含能量约1.59×10^{7}J，每千克蛋白质含能量约2.51×10^{7}J，每千克脂肪含能量约3.77×10^{7}J，现以每千克干物质含能量

1.67×10^{7}J来计算，则水稻的光能利用率是：

$$水稻光能利用率=\frac{1200\div0.5\times(1-12\%)\times1.67\times10^{7}}{2.18\times10^{12}}\times100\%$$

$$=1.624\%$$

两季水稻亩产1200kg，已是很高的产量，但光能利用率也只有1.624%，可见光能利用率还是比较低的。为什么作物的光能利用率会这么低？理想的光能利用率可以达到多少？为了探讨这个问题，我们需要研究在光合作用过程中光能是如何损失的，哪些损失可以减少或避免，哪些损失是不可避免的。

作物光合作用过程中光能的损失主要表现在：① 到达地球的太阳辐射能中，只有47%左右的光能可被叶绿体吸收参与光合作用，53%的光能是不能参与光合作用的。② 在作物的一生中，前期苗小，不足以覆盖整个地面，有的光直接照到地面上，这种漏光的损失如果按每季作物来计算，大约是20%。③ 照射到叶片上的光，并非都被叶绿体所吸收，有些被反射了，那些有蜡质层、硅胶层和有茸毛的叶片，反射的光更多。叶片较薄的作物，透射光的损失更多。反射和透射的损失大约20%。④ 被叶绿体吸收参加光合作用的光，在光能转换为化学能的过程中，转换效率大约23%，77%的能量在转换过程中被消耗了。⑤ 呼吸消耗。大约占光合生产量的1/3，高温条件消耗更多。

经过这些损失，余下的部分大约是4.6%，这些损失基本上是不可避免的。此外还有些损失未计算在内，如供肥不足、水分亏缺、病虫为害、叶片衰老、温度不适宜、二氧化碳供给不足、光饱和点以上的损失等。按全年的辐射量来计算，实际可能达到的光能利用率大约只有2%～2.5%，折合成干物质大约每亩是3000～4500kg。

四、提高作物光能利用率的可能途径及措施

提高作物光能利用率的途径有：

（一）扩大光合面积

其措施主要有扩大播种面积、合理密植、水肥调控、选种株型紧凑、叶片比较挺立的高产品种等。密植不能过度，要有一个合理的群体结构，使作物群体和个体都得到良好的发展。衡量群体结构是否合理的常用指标是叶面积指数的发展动态。例如棉花盛花期的最大叶

面积指数(叶面积指数又称叶面积系数,即作物叶面积与土地面积之比)是4～4.5,常规水稻孕穗期的叶面积指数最大不能超过7。

(二) 延长光合时间

主要措施有提高复种指数、间作套种、水肥调控、选种长生育期品种等。如长江流域实行棉麦套种,即在四月上中旬将棉花播于小麦预留行中,这样减少了两季作物间的空闲时间,充分利用了生长季节。

(三) 提高光合效率

选种光合速率高,高光合持续时间长的品种,是提高光合效率的可行途径;此外,还可以肥水调控增强叶片的光合功能;改善田间通风透光条件,增施有机肥,以增加作物群体内的二氧化碳浓度等,都对提高光合效率有明显效应。

(四) 减少呼吸消耗

防治病虫,有条件的地方傍晚喷灌降温等,都对减少呼吸消耗有一定意义。

联系到我国土地利用的现实状况,我们更应该从宏观的角度考虑整个国土面积的光能利用,而不仅仅把眼光局限在作物的光能利用率上。我国现在的复种指数已经很高,南方地区大多是每年种2～3季,密植程度已接近极限,可开垦的荒地也很少。要提高我国整个国土的光能利用率,需要特别注意抓好以下两方面的工作:① 切实保护好现有耕地。我国现有耕地人均约1.5亩,低于世界平均水平,而且每年仍以数百万亩的速度在减少。必需采取切实有效的措施制止耕地的逐年递减。② 扩大绿色植物覆盖面积。我国现有绿色植物覆盖率大约40%,远低于世界发达国家,还有大量的荒山、荒坡、沙漠未被利用,使光能白白浪费掉了。要花大气力植树种草、绿化荒山、绿化沙漠,改良草原,扩大绿色植物覆盖面积,这不只是提高了光能利用率,也有利于防止和减少水土流失,改善气候条件。

第五章　呼 吸 作 用

植物在进行光合作用、合成有机物的同时，也像其它所有生物一样，时刻不停地进行呼吸作用，把有机物氧化分解，释放出能量，推动生命活动的正常进行。呼吸作用是植物的各个生理活动和生长发育的能量来源。

第一节　呼吸作用的概念及其指标

一、呼吸作用的概念

依据呼吸过程中是否有分子氧参与，可将植物的呼吸作用分为有氧呼吸与无氧呼吸两种类型。

（一）有氧呼吸

有氧呼吸是指生活细胞吸收氧气，将呼吸底物彻底氧化分解，形成二氧化碳和 H_2O 并释放能量的过程。由于呼吸作用的底物主要是糖，其中又以己糖（葡萄糖和果糖）最容易被利用，故通常用下列反应式来表示呼吸作用：

$$\underset{\text{己糖}}{C_6H_{12}O_6} + 6O_2 \longrightarrow 6CO_2 + 6H_2O + \underset{\text{能量}}{2.87 \times 10^6 J}$$

由于上述反应式不能准确地说明呼吸的真实过程，因为分子氧并不直接参与葡萄糖的氧化，而是水中的氧参加到葡萄糖的降解产物中，故将呼吸作用的反应式表示为：

$$C_6H_{12}O_6 + 6H_2O + 6O_2 \longrightarrow 6CO_2 + 12H_2O + 2.87 \times 10^6 J$$

有氧呼吸是高等植物呼吸作用的主要形式，通常讲的呼吸作用，就是指有氧呼吸。

（二）无氧呼吸

无氧呼吸是指生活细胞在不吸收分子氧的情况下，将呼吸底物进行不彻底的氧化分解，形成不彻底的氧化产物，并释放少量能量的过程。微生物进行的无氧呼吸，被称为发酵。

高等植物的无氧呼吸可产生酒精，其过程与酒精发酵相同，反应式如下：

$$\underset{\text{葡萄糖}}{C_6H_{12}O_6} \longrightarrow \underset{\text{酒精}}{2CH_3CH_2OH} + 2CO_2 + \underset{\text{能量}}{10^5 J}$$

萌发状态的水稻种子、贮藏过程中的苹果和梨、渍水条件下的棉花根，常伴有酒精味，就是因为缺氧条件引起无氧呼吸的原故。

高等植物的无氧呼吸除产生酒精外，还可产生乳酸，如马铃薯块茎、胡萝卜肉质根，在缺氧条件下，常产生乳酸，其反应式如下：

$$\underset{\text{葡萄糖}}{C_6H_{12}O_6} \longrightarrow \underset{\text{乳酸}}{2CH_3CHOHCOOH} + \underset{\text{能量}}{7.5 \times 10^4 J}$$

无氧呼吸不一定是在完全无氧的条件下才会发生，如水稻种子萌动初期伴有酒味，表明有无氧呼吸，但并不一定缺氧。苹果果实在正常空气条件下，也会产生酒味。有氧呼吸是从无氧呼吸进化来的，高等植物主要进行有氧呼吸，但仍保留无氧呼吸的痕迹，这有利于它在缺氧条件下通过无氧呼吸来维持生命活动对能量的需求。但是长期的无氧呼吸对植物是有害的，这是因为：① 无氧呼吸消耗的有机物多，但释放的能量少，不能满足正常生命活动对能量的需求。同时无氧呼吸消耗呼吸底物的速度快，以至呼吸底物很快耗尽。② 无氧呼吸对呼吸底物氧化不彻底，会累积酒精和乳酸，这些物质累积过多，对植物会产生伤害。③ 无氧呼吸的中间产物种类较少，不能为其它生物大分子的合成提供碳架。

二、呼吸作用的生理意义

呼吸作用是维持生命活动的最主要生理过程，是衡量生命活动强弱的最重要指标。呼吸作用的停止，意味着生命的结束。所以呼吸作用具有十分重要的生理意义：

（一）为生命活动提供能量

生命活动是需要能量来推动的，这由呼吸作用来提供。呼吸过程中，底物是逐步氧化分解的，底物中的能量也逐步释放出来，这正好适合生命活动的需求。释放出来的能量，一部分以热能形式散失，一部分以 ATP 形式贮存着，当 ATP 分解时，释放出的能量，推动生命活动的进行。像细胞的分裂、生长和分化，有机物的合成、转化和运输，矿质的吸收和转移，植株的生长和发育等，都需要呼吸作用提供能量。所以说没有呼吸也就没有生命。

（二）为生物合成提供碳架

在呼吸基质的降解过程中，形成了许多较小分子量的中间产物，如甘油酸磷酸、丙酮酸、α-酮戊二酸等，这些中间产物很不稳定，是合成蛋白质、核酸、脂类等许多重要物质的碳架原料，而蛋白质、脂肪、核酸也可通过呼吸作用转化为其它物质。因此，呼吸作用在物质代谢与能量代谢中起着枢纽作用，是各种物质互相转化的中心环节。

（三）增强植物的抗病能力

植物遭受病菌侵染后，染病组织的呼吸作用迅速升高，把病原菌分泌的毒素氧化而解除毒素的危害。呼吸作用的某些中间产物，有些可转化为能够杀灭病菌的植保素，也可转化为木质素，阻止病菌进一步侵染。

三、呼吸作用的指标

常用的呼吸作用指标有两个，即呼吸速率和呼吸商。

（一）呼吸速率

呼吸速率是指在一定温度条件下，单位重量的植物组织在单位时间内所吸收的氧或释放的二氧化碳量。常用单位是：mg(CO_2)·g^{-1}(干重)·h^{-1}或 mg(CO_2)·g^{-1}(鲜重)·h^{-1}、μL(O_2)·g^{-1}(干重)·h^{-1}或 μL(O_2)·g^{-1}(鲜重)·h^{-1}。硕大的器官如水果、块根或块茎等，通常用鲜重表示；但植物材料如叶片等，因含水量变化很快，常用干重表示。

呼吸速率的变化受许多因素的影响，如植物种类、器官、年龄以及生理状态的不同，呼吸速率相差很大。一般地说，休眠器官呼吸速率最低，花的呼吸速率最高。例如小麦种子的呼吸速率是 0.05μL(O_2)·g^{-1}(干重)·h^{-1}，而天南星科的花序则达 15.600～31.800μL(O_2)·g^{-1}(干重)·h^{-1}。

（二）呼吸商

呼吸商是指植物呼吸时释放的二氧化碳与吸收氧的体积比。呼吸商又称呼吸系数，简写为 R.Q.。

$$呼吸商=\frac{释放的二氧化碳(mol)}{吸收的氧(mol)}$$

呼吸商的大小与下列几个因素有关：

1. 呼吸作用的性质　呼吸作用的性质是指有氧呼吸或无氧呼吸。由于供氧状况不同，呼吸商相差很大。在以糖作为呼吸底物时，如供氧充足，则呼吸商等于 1；如供氧不充足，则两种呼吸并存，呼吸商大于 1；在完全缺氧的条件下，有氧呼吸受到抑制，只有二氧化碳的释放，没有氧的吸收，呼吸商为无限大。但有些植物的器官，如苹果果实，在正常空气条件下也有部分无氧呼吸，所以呼吸商大于 1。

2. 呼吸底物的种类　在通常情况下，呼吸商的大小与呼吸底物关系最为密切。在供氧充足的条件下，以糖为呼吸底物，则呼吸商等于 1；以油脂或脂肪酸为呼吸底物，因为可氧化的成分更多，需要吸收更多的氧，故呼吸商小于 1；以某些富含氧的有机酸为呼吸底物，则呼吸商大于 1；以氨基酸为呼吸底物，则呼吸商既可能大于 1，也可能小于 1。例如：

以糖为呼吸底物：

$$C_6H_{12}O_6+6O_2 \longrightarrow 6CO_2+6H_2O$$

$$R.Q.=6/6=1$$

以蓖麻油为呼吸底物：

$$2C_{57}H_{104}O_9+157O_2 \longrightarrow 114CO_2+104H_2O$$

$$R.Q.=114/157=0.73$$

以酒石酸为呼吸底物：

$$2C_4H_6O_6+5O_2 \longrightarrow 8CO_2+6H_2O_2$$

$$R.Q.=8/5=1.6$$

以富含氢的亮氨酸为呼吸底物：

$$2\begin{array}{l}CH_3\\ \quad\diagdown\\ \quad\quad CHCH_2CHNH_2COOH\\ \quad\diagup\\ CH_3\end{array}+15O_2 \longrightarrow 12CO_2+10H_2O+2NH_3$$

$$R.Q.=12/15=0.8$$

以谷氨酸为呼吸底物：

$$2HOOCCH_2CH_2CH(NH_2)COOH + 9O_2 \longrightarrow 10CO_2 + 6H_2O + 2NH_3$$

$$R.Q. = 10/9 = 1.1$$

在通常情况下，呼吸作用都是以糖作为呼吸底物，如果细胞内同时含有糖和脂肪时，通常是先利用糖作呼吸底物，糖耗尽后才动用脂肪。如果细胞处于饥饿状态，或是蛋白质种子萌发时，则会动用蛋白质作呼吸底物，这时蛋白质被水解为氨基酸，经脱氨后转变为酮酸，再参与呼吸作用进一步氧化分解。

3. 与物质转化的关系　油料种子萌发时，脂肪转化为糖，吸收的氧多于释放的二氧化碳，呼吸商小于 1。例如棕榈酸氧化时可转变为蔗糖，呼吸商可降至 0.4 以下，随后一部分脂肪酸已转化为糖，便以糖作为呼吸底物，呼吸商又逐渐增大到 1。油料作物的种子萌发时，耗氧较多，对氧的供给状况要求更高，如果土壤板结，通气不良，或者土壤渍水，很容易引起烂种。

$$\underset{\text{棕榈酸}}{C_{16}H_{32}O_2} + 11O_2 \longrightarrow \underset{\text{蔗糖}}{C_{12}H_{22}O_{11}} + 4CO_2 + 5H_2O$$

$$R.Q. = 4/11 = 0.36$$

油料种子形成与成熟时，是糖转化为油脂的过程，是一个还原过程。糖分子中的一部分以二氧化碳的形式释放，以至释放的二氧化碳比吸收的氧多，呼吸商大于 1。

四、呼吸作用的主要场所——线粒体

与光合作用一样，呼吸作用在细胞内进行的部位也是一定的。在呼吸作用的各个过程中，有些步骤是在细胞质中进行，有些则是在线粒体内进行的。因此，细胞质和线粒体都是进行呼吸的场所。但是由于和能量转换关系更为密切的一些步骤是在线粒体内进行的，因此人们常把线粒体看成是细胞内能量供应中心和呼吸的主要场所。

线粒体的形状一般呈线形、球形或椭圆形，长约 1～5μm、直径 0.5～1.0μm。每个细胞内线粒体的数目，一般在 500～2 000 之间。

在电子显微镜下观察，可见线粒体的超微结构（图 5-1）。它的外面是由双层膜围着，内膜向内延伸形成许多管状的突起，称为脊。由于脊的存在，大大增加了内膜的表面积，为呼吸作用的生化过程提供了有利的条件。在内膜里面、脊的周围，充满着含有可溶性蛋白的基质，基质中还分布有核糖体、DNA 纤丝等。在线粒体的内膜上和基质中，都含有大量与呼吸作用有关的酶类。

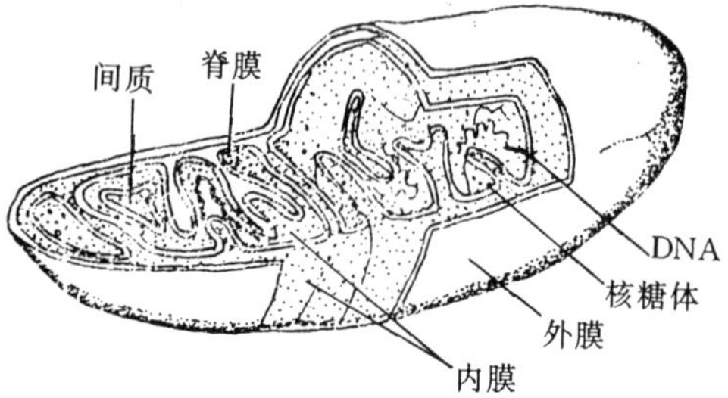

图 5-1　线粒体超微结构图

第二节　有氧呼吸

有氧呼吸是指活细胞利用空气中的氧，将呼吸底物逐步氧化分解并逐步释放能量的过程。有氧呼吸的途径主要是通过糖酵解——三羧酸循环途径。这是本章介绍的重点，但不可忽略，实际上，在活体内除此而外，还有其它支路。

一、糖酵解——三羧酸循环途径

这一途径包括糖酵解、三羧酸循环两大步骤。其中糖酵解是在细胞质中进行的，和能量转换关系更为密切的三羧酸循环则是在线粒体中进行的。

（一）糖酵解

糖酵解是呼吸基质葡萄糖在一系列酶的催化下，经过脱氢而氧化，逐步转变为丙酮酸的过程。这个过程没有游离氧的参加，它是有氧呼吸和无氧呼吸共同都要经历的一个过程。

糖酵解又包括许多步骤，其主要步骤如图 5-2 所示。

首先，葡萄糖要经过活化。所谓活化就是在高能化合物 ATP 的参与下进行磷酸化，以提高分子的能量水平。步骤Ⅰ、Ⅲ都是磷酸化过程，形成的果糖-1,6-二磷酸便具有较高的能量水平，容易分解为 2

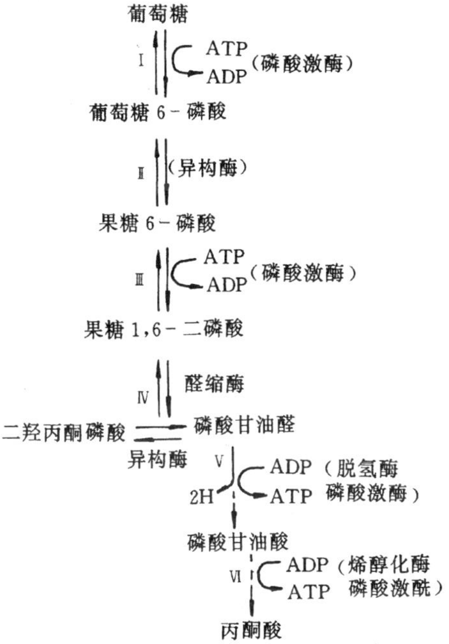

图 5-2　糖酵解过程

分子磷酸丙糖(二羟丙酮磷酸和甘油醛磷酸)。然后,甘油醛磷酸经过脱氢氧化,转变为甘油酸磷酸,这一步脱氢氧化放出的能量,能推动ADP加磷酸成为ATP。甘油酸磷酸再经过烯醇化及脱磷酸,即成为丙酮酸,这一步也能放出能量,并推动ADP磷酸化为ATP。至此,1分子葡萄糖经过糖酵解就分解为2分子丙酮酸。

需要注意的是此过程中Ⅰ、Ⅲ步骤各消耗了1个ATP,Ⅴ、Ⅵ步骤又各产生了1个ATP。由于1个葡萄糖分子能产生两分子甘油醛磷酸,因此,由葡萄糖到丙酮酸净产生了2个ATP;另外,步骤Ⅴ还产生1对氢原子(2H),若按1分子葡萄糖计算,则糖酵解共产生2对氢原子。

(二)丙酮酸的氧化——三羧酸循环

丙酮酸在有氧条件下,继续逐步氧化分解,并逐步释放出能量,由于在过程中产生含有3个羧基(—COOH)的有机酸,最后还形成一个循环,所以称三羧酸循环。

三羧酸循环的主要步骤是：丙酮酸在几种酶和辅助因素的参与下，首先经过一次脱羧和脱氢，放出1分子CO_2和1对氢(2H)，并和辅酶A(CoA，也可写成CoASH)结合形成乙酰辅酶A。乙酰CoA和体内的草酰乙酸结合形成柠檬酸(为三羧酸)，再经过一些转变并脱氢和脱羧，生成α-酮戊二酸，它再经过两次脱氢和一次脱羧而转变为延胡索酸，延胡索酸又经一次转变及脱氢，生成草酰乙酸，草酰乙酸又可和由丙酮酸转变来的乙酰CoA结合产生柠檬酸，因而使过程成为一个循环。每进行一次循环，就使1分子丙酮酸完全氧化分解成为二氧化碳(呼吸产物)和氢，氢再经呼吸链的中间传递最后交给氧形成水。所谓呼吸链是指分布在线粒体内膜上的呼吸酶类、电子传递体和多种辅助因子的复合体，呼吸链的主要功能是将各个生化反应所脱下的氢，进行质子(H^+)和电子(e^-)的传递，并最终传送给游离氧，进行最末端的结合而成水，此过程称末端氧化。所形成的水即呼吸作用的另一产物。图5-3表示三羧酸循环途径。

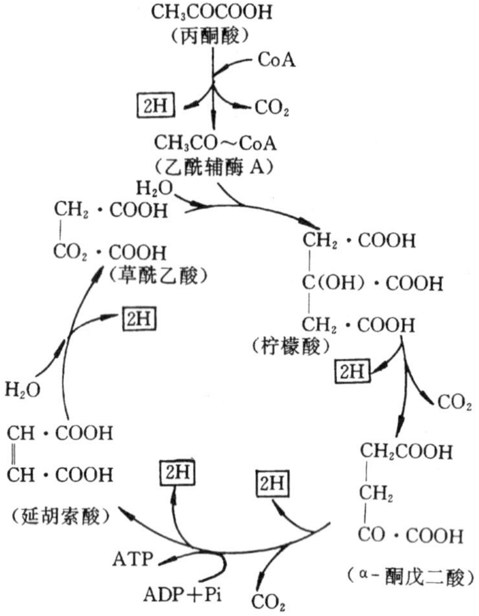

$$2H+\frac{1}{2}O_2 \longrightarrow H_2O$$

图5-3 三羧酸循环图

对图 5-3 的几点说明：

① 底物脱羧放二氧化碳，为呼吸作用的产物之一；

② 底物脱氢，经呼吸链传递，最后传与游离氧，形成水，为呼吸作用的另一产物，此过程称末端氧化；

③ 在呼吸过程中，一分子葡萄糖经彻底氧化分解成二氧化碳和水，并可形成 38ATP，可供植物生活之需。

三羧酸循环有以下几个特点：

① 1 分子丙酮酸在循环中放出 $3CO_2$，而 1 分子葡萄糖能产生 2 分子丙酮酸，因此两个循环就可把葡萄糖的 6 个碳原子全部氧化，放出 $6CO_2$，这就是呼吸作用放出的二氧化碳。当环境中二氧化碳浓度增高时，脱羧反应减慢，故当大气中积累过多二氧化碳时，呼吸作用便受抑制。

② 丙酮酸并不是直接和氧结合而氧化，而是通过逐步脱氢来实现氧化的。一次三羧酸循环共脱下 5 对氢原子(其中有些氢是来自加入环中的水)。以 1 分子葡萄糖计算，则须经过两次三羧酸循环，共脱下 10 对氢原子，连同糖酵解脱下的 2 对氢，共 12 对氢即 12(2H)。它们还要通过一系列的中间传递，最后才和游离的氧结合为水。

$$2H + \frac{1}{2}O_2 \longrightarrow H_2O$$

$$12(2H) + 6O_2 \longrightarrow 12H_2O$$

由于每次循环要消耗从外面加进的 $3H_2O$，所以，12(2H)所生成的 $12H_2O$，减去两次循环消耗的 $6H_2O$，净生成 $6H_2O$，这就是呼吸作用产生的水。

③ 上述脱下的 12 对氢在一系列传递过程中，会逐步放出能量，其中有的能量能推动 ADP 磷酸化为 ATP(ADP+Pi→ATP)。据计算，12 对氢经传递至游离氧，共能生成 34 个 ATP。这种利用有机酸氧化脱下的氢，在经过呼吸链传递给氧的过程中释放的能量来形成 ATP 的作用，称为氧化磷酸化作用。三羧酸循环中有一步骤(在 α-酮戊二酸和延胡索酸之间)还能直接形成 1 个 ATP，所以，1 分子葡萄糖经过两次三羧酸循环就可直接形成 2 个 ATP，加上糖酵解过程净剩的 2 个 ATP，那么 1 分子葡萄糖经过彻底氧化分解成二氧化碳和

水后，释放出的能量共能形成38个ATP(34+2+2)，其余的能量以热能的形式释放出去。以ATP形式贮存的能量，就是植物可直接利用的能量。当有需要时，ATP便分解成ADP和磷酸(ATP→ADP+Pi)，并放出能量，这些能量就可供植物体内各种生命活动的需要，如原生质的运动、水和无机盐的吸收、有机物的合成与运输以及生长运动等，而ADP又可重新进行氧化磷酸化作用以形成ATP。

由于丙酮酸的氧化是逐步的，所以能量也是逐步释放出来的，这更适合于生物生命活动的利用。因此，丙酮酸的继续氧化要绕一个循环即三羧酸循环，是具有特殊生物学意义的。

④ 三羧酸循环中的许多中间产物，可用于合成体内的其它物质。如乙酰CoA可以合成脂肪酸并最后合成脂肪；丙酮酸、α-酮戊二酸、延胡索酸和草酰乙酸都可以和氨结合生成相应的氨基酸，进而合成蛋白质。因此，通过呼吸作用可以把碳水化合物(糖类)、脂肪、蛋白质的代谢联系起来，呼吸作用成为植物体内物质代谢的中心环节。呼吸作用和各种物质代谢之间的关系可用图5-4表示。

二、有氧呼吸与无氧呼吸的关系

无论是有氧呼吸(指糖酵解——三羧酸循环途径)，还是无氧呼吸，它们的最初阶段是相同的，即葡萄糖经过糖酵解转变成为丙酮酸，这一阶段所形成的中间产物，是有氧呼吸和无氧呼吸的共同产物。以后，在有氧的条件下，丙酮酸沿着三羧酸循环途径进行，最终分解成为二氧化碳和水；在无氧条件下，丙酮酸便进行不完全的氧化，产生酒精和二氧化碳或其它产物如乳酸等。所以，丙酮酸可以看成是有氧呼吸和无氧呼吸的转折点。有氧呼吸和无氧呼吸的关系可用图5-5表示。

三、呼吸作用与光合作用的关系

呼吸作用和光合作用是植物体内两个相互对立又统一的过程。从现象看，二者的作用相反，但实际上二者又是相互依存，共处于一个统一体中的。没有光合作用形成的有机物，呼吸作用便没有原料，没有呼吸作用提供能量(ATP)，生活细胞不能生存，光合作用便也无从进行。

光合作用和呼吸作用的主要区别以及二者的相互关系可参阅表

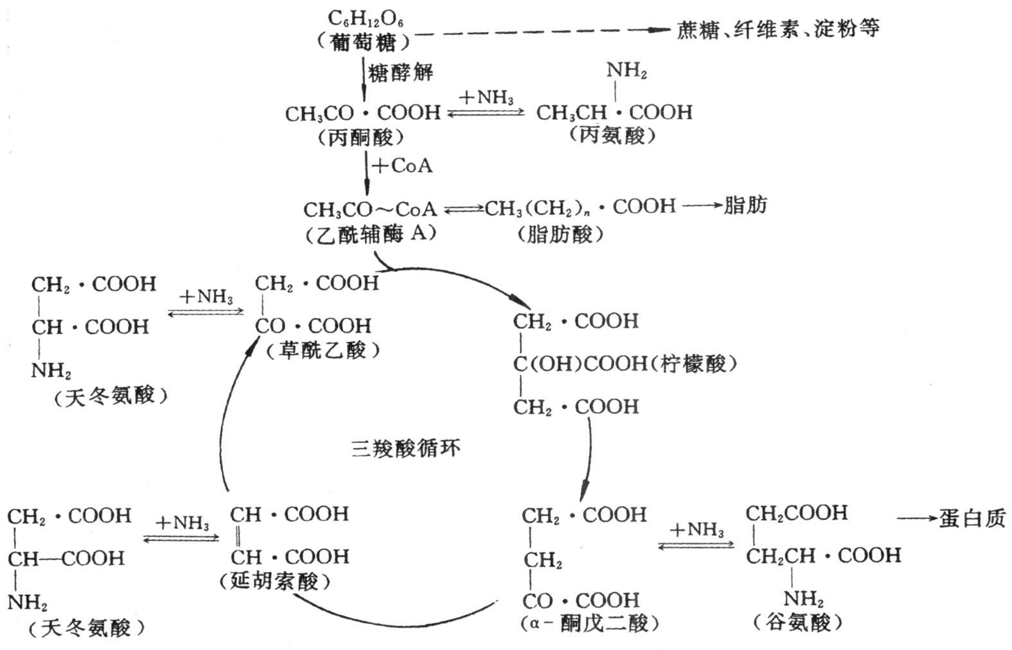

图5-4 呼吸作用与各种物质代谢之间的关系

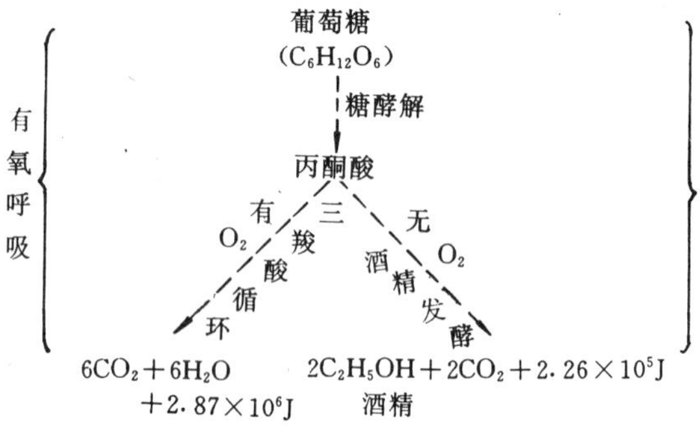

图 5-5 有氧呼吸与无氧呼吸之间的关系

5-1。

表 5-1 呼吸作用和光合作用的区别及联系

光合作用	呼吸作用
①利用简单的无机物(二氧化碳和水)合成为有机物(糖),表现为吸二氧化碳放氧	①把有机物氧化分解为无机物,表现为吸氧放二氧化碳
②是贮能的过程(把日光能转变为化学能贮存在有机物中)	②是放能的过程(把贮存在有机物中的能量重新释放出来,形成 ATP 及部分热能)
③只在绿色细胞中进行,进行的细胞器为叶绿体	③在所有生活细胞中进行,进行的部位除细胞质外,主要的细胞器为线粒体
④必须在有光的条件下才能进行	④在有光、无光下均可进行
⑤为呼吸作用提供物质基础,所释放的氧也可供呼吸利用	⑤为所有细胞(包括绿色细胞)生命活动提供 ATP,所释放的氧也可供光合利用
⑥许多中间产物可以与呼吸共用	⑥许多中间产物可以与光合共用

第三节　影响呼吸速率的内外因素

一、内部因素对呼吸速率的影响

植物的呼吸速率因植物的种类、器官、组织和年龄的不同而有很大差异，产生这些差异的原因，主要是由于细胞的代谢特点的不同所决定的。

不同种类的植物，呼吸速率相差很大。一般来说，生长较快的植物，呼吸速率较高；生长缓慢的植物，呼吸速率比较低。例如小麦的呼吸速率比仙人掌高37倍。

同一植物的不同器官和组织，呼吸速率相差也很大。生长旺盛的幼嫩器官，如茎尖、根尖等，其呼吸速率较成熟的茎、根要高；生殖器官的呼吸速率较营养器官高，如花的呼吸速率比茎叶高3～4倍；花的雌雄蕊呼吸速率比花瓣和萼片高，雄蕊中又以花粉的呼吸速率最高。因而花器官对温度比较敏感，当温度不适宜时，会造成植物不能正常传粉、受精和结实。

表5-2　不同植物的呼吸速率

植物种类	呼吸速率/[mL(O_2)·g^{-1}(鲜重)·h^{-1}]
仙人掌	6.8
景　天	16.5
云　杉	44.1
蚕　豆	96.6
茉　莉	120.0
小　麦	251.1

植物在不同发育时期，呼吸速率也不一样，例如幼嫩的果实呼吸速率较高，在以后的果实生长期间，呼吸速率维持在较低的平稳状态，有些果实成熟时，呼吸速率又急剧升高。但大多数植物的呼吸速率，会随着日龄的增加而逐渐降低。

表 5-3　白蜡树杆组织的呼吸速率

组　织	呼吸速率/[mL(O_2)·g^{-1}(鲜重)·h^{-1}]
韧皮部	167
形成层	220
木质部	20

二、外界条件对呼吸作用的影响

(一) 温度

呼吸作用是酶促反应过程，因而受温度的影响较大。温度对呼吸作用的影响，表现有温度三基点，即最高、最低和最适温度。大多数植物在温度接近 0 ℃时，呼吸作用已十分微弱，但冬性作物在 0 ℃以下，仍有明显的呼吸。例如冬小麦在−7 ℃的温度条件下，还可测得其呼吸速度，而耐寒的松树针叶，在−10 ℃甚至−25 ℃的寒冷条件下，仍有微弱呼吸，但在夏季的生长条件下，−4 ℃至−5 ℃的低温，呼吸作用已经停止。可见呼吸作用的温度下限还与细胞原生质的生理状态有关。

温带地区植物呼吸作用的最适温度，大多是在 25～35 ℃之间。在 0～35 ℃的温度范围内，温度升高，呼吸作用亦随之增强，其温度系数为 2.0～2.5。所谓温度系数，是指温度每增加 10 ℃，呼吸速率增加的倍数。超过这个温度范围，呼吸作用随温度的升高而迅速降低，这主要是由于高温加速了酶的钝化而失活，其次是二氧化碳的累积和呼吸底物供不应求的影响。呼吸作用的最适温度比光合作用的最适温度高，因此在温度过高和光强不足时，呼吸消耗大于光合累积，这对植物的生存是极为不利的。

应当指出，呼吸作用的最适温度不是对植物生长最有利的温度，因为呼吸过速会减少光合产物的累积，影响植物的健康生长，并降低作物产量和产品品质。

(二) 氧气

呼吸作用是一个耗氧的过程。空气中的氧含量，既影响呼吸作用的强度，也影响呼吸作用的性质。在低氧浓度下，有氧呼吸随氧浓度的升高而增强，当氧浓度增加到一定程度时，呼吸作用不再随氧浓度的升高而增强，此氧浓度称为呼吸作用的氧饱和点。无氧呼吸随氧浓度的升高而减弱，当氧浓度增加到某一点时，无氧呼吸消失，这一氧浓度，称为无氧呼吸熄灭点。过高的氧浓度，对植物是不利的，这可能与氧自由基形成有关（图 5-6）。

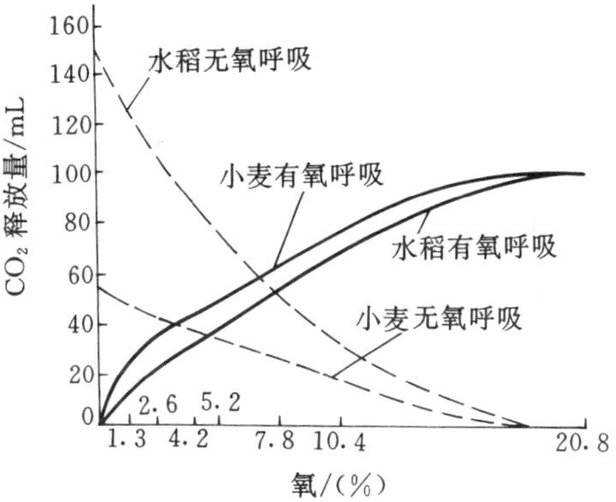

图 5-6　水稻和小麦幼苗在不同氧气浓度下，有氧呼吸和无氧呼吸的变化

不同的植物忍受缺氧的能力不同。水稻种子在 14cm 深的水中仍有 80%的萌发率，而小麦在水中完全不能萌发。不同的植物器官，忍受缺氧的能力也不相同。水稻种子在淹水条件下的萌发，也只是胚芽鞘伸长，而胚根和胚芽的生长，仍需要有氧的供应。根系适应低氧的能力比地上部强。

（三）二氧化碳

二氧化碳是呼吸作用的产物，增加环境中的二氧化碳浓度，脱羧反应减缓，呼吸作用受到抑制。大气中的二氧化碳浓度很低，只有 0.035%，变化幅度也很小，不会对植物的呼吸作用产生影响；但在通气不良的土壤中，由于根系的呼吸和土壤微生物的活动，土壤中的二氧化碳浓度可增加至 4%～10%，这会严重抑制根的有氧呼吸，影响根系的正常生长。因此中耕松土，改善土壤的通气状况，是夺取农作物高产的重要措施之一。

（四）水分

植物组织的含水量高，呼吸速率也比较高；含水量降低，呼吸速率也随之降低，这种情况在种子的含水量与呼吸速率的关系上表现得最为明显。例如风干的豌豆种子呼吸速率只有 $0.1\mu L(O_2)\cdot g^{-1}$(干重)$\cdot h^{-1}$，吸水后呼吸迅速升高，比风干种子的呼吸速率高出几千倍。但是处于生长状态的茎、叶、果实等，在水分严重亏缺时，呼吸作用反而增强，因为水分亏缺时，水解酶的活性增强，呼吸底物的浓度增加，因而呼吸速率升高。

此外，病虫危害、机械损伤，也会使作物的呼吸作用增强。机械损伤使呼吸作用增强的原因，一方面是机械损伤使呼吸底物与呼吸酶全然暴露，增大接触面；另一方面机械损伤导致创伤面的细胞转化为分生细胞，提高呼吸作用以修补创伤面。

第四节　呼吸作用与农业生产实践

一、呼吸作用与农作物种子贮藏

呼吸作用与农作物种子安全贮藏的关系十分密切。种子的安全贮藏，是要保证种子在贮藏期间不发霉变质，并尽可能减少呼吸消耗，对生产用种子是要保持种子旺盛的生活力，这都要求降低种子贮藏期间的呼吸速率。如果贮藏期间呼吸作用过强，不只是消耗大量有机物，还会因呼吸产生水而使贮藏种子的湿度加大，呼吸释放的热又使种子温度升高，反过来促使呼吸增强，严重时会使种子发霉变质。因此，要保证种子的安全贮藏，必需降低种子的呼吸速率。

种子的含水量是影响呼吸速率的主要因素之一。种子的安全贮藏，首要的问题是要把种子晒干，使种子的含水量降到安全含水量以下。籼稻种子的安全含水量是12%～13%，粳稻是13%～14%，小麦是12.5%，油料种子是8%～9%，豆类是12%。不同地区由于气候条件不同，种子的安全含水量也略有差异。我国南方地区由于雨水较多，气温也较高，种子的安全含水量更低一些。如果种子含水量超过安全含水量，呼吸速率会迅速升高。例如小麦种子的含水量从安全含水量增加到16%时，呼吸速率增加5倍。在安全含水量的范围内，种

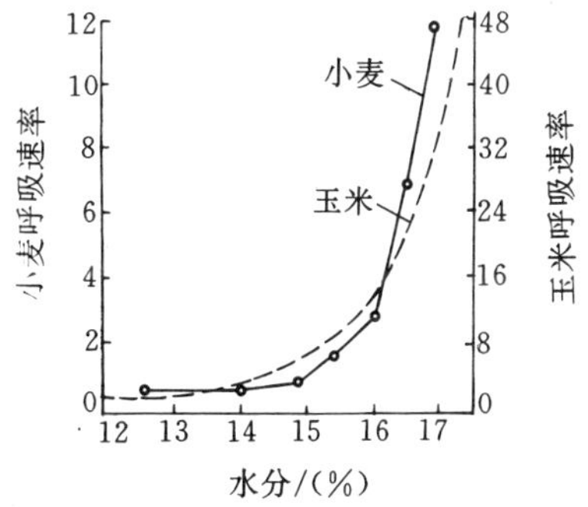

图 5-7 含水量不同的小麦和玉米种子呼吸速率{mg(CO_2)/[100g(种子)·h]}

子中的水以束缚水状态存在，不参与细胞内的生化反应，故呼吸作用微弱；随着水分含量的增加，自由水比例加大，水解酶活性增强，呼吸加速。所以严格控制种子的含水量，是种子安全贮藏的关键(图5-7)。实验表明：含水量在5%～13%的范围内，含水量每降低1%，种子的寿命延长一倍。

为保持种子的含水量不致增加，必须保持仓库充分干燥，因为种子的水势很低，能从湿润的空气中吸收水分。仓库的选址应该是干燥、向阳的地方，仓库内应有除湿装置。梅雨季节，要密闭仓库，防止湿润空气进入库房。

降低库房内温度，也是种子安全贮藏的重要条件。低温不只是降低呼吸速率，减少呼吸消耗，防止霉变，还能有效地延长种子寿命，这对生产用种子的贮存是很有意义的。在0～50 ℃的温度范围内，温度每降低5 ℃，种子寿命可延长一倍。长江流域地区，水稻生产用种，在自然条件下通常只能保存一年，如留存二年，种子的发芽率就只有百分之十几了。但如保存在源源，如果通过年年种植来保存种源，既麻烦，又费时费力。如果采用低温贮存，则可长期保持种子的生活力。如果种子充分干燥，在－20 ℃的低温条件下贮存，种子的寿命可延长到百年以上。一般地说，低温有利于延长种子的寿命，但有些热带地区的作物种子，如油棕、咖啡等，则不宜在太低的温度下保存，低温可能使种子冻死。

降低库房内的含氧量，也能使呼吸作用降低，有利于种子和粮食的保存。如在密闭的粮堆中，抽出空气，充入氮气，可延长大米的贮藏期，保持大米的新鲜度。例如含水量为14%的粳米，在27～30 ℃的温度下贮藏，在空气中的呼吸速率是9.7mg(CO_2)·kg^{-1}·d^{-1}，但在充氮条件下贮藏的粳米，呼吸速率是 2.64mg(CO_2)·kg^{-1}·d^{-1}。

二、呼吸作用与果实贮藏

果实是含水量很高的农产品。果实的安全贮藏要防止腐烂劣变，保持果实的品质，延缓果实的成熟和衰老，延长贮存期。果实的安全贮藏，不能像种子贮藏那样将果实晒干，也不能把温度降得太低，温度太低会引起冻害。

许多果实成熟时，都伴随有呼吸高峰的出现，果实呼吸高峰期又称为果实的呼吸跃变期。处于呼吸跃变期的果实，其呼吸速率比呼吸跃变期之前的呼吸平稳期的呼吸速率高出 5 倍以上。果实的呼吸跃变，是果实从成熟转向衰老的转折点。呼吸高峰的出现，与果实内乙烯的形成、累积有关。香蕉在呼吸高峰出现之前，果实内的乙烯的浓度是 0.1×10^{-6}，在初始出现呼吸跃变时，乙烯的浓度即升高到 1×10^{-6}；当呼吸速率达到最大时，果实内的乙烯浓度可增加到 6×10^{-6}。用乙烯处理通常不出现呼吸跃变的果实，也会诱导出呼吸高峰，可见呼吸高峰的出现与乙烯浓度的升高关系十分密切。

果实安全贮藏的措施之一是将温度降低到一定程度。适当的低温可以降低呼吸速率，减少有机物的消耗，延缓果实的成熟和衰老，推迟呼吸跃变期的到来，并降低呼吸高峰的强度。例如苹果在 22.5 ℃的温度下贮藏，呼吸高峰出现早而且明显；在 10 ℃的温度下贮藏，则呼吸高峰不太明显，且到来较晚；在 2.5 ℃的温度下贮藏，则看不出呼吸高峰的出现。果实贮藏的温度也不能过低，温度变化不能太大，尽可能保持温度的相对稳定。不同的果实贮藏温度不尽相同。例如苹果、梨的最适贮藏温度是 0～1 ℃，柑橘 2～3 ℃，香蕉 12～13℃，土豆 2～3 ℃，红薯 12～14 ℃。荔枝不耐贮藏，在 0～1 ℃温度下，也只能贮存 10～20 天；但如用速冻法，即几分钟之内冰冻，也可贮存 6～8 个月。果实贮藏期间，还要保持一定湿度，以免因蒸腾失水过多引起呼吸作用增强，以至降低果实的营养品质和风味，保持库房的一定湿度，是保持果实新鲜度所必需的。一般是维持库房 80%～90%的相对湿度较为适宜。

调节库房的气体成分，即减少含氧量，增加二氧化碳浓度或充入氮气，也能有效地抑制呼吸、延缓果实的成熟和衰老、延长贮存时间。

例如番茄在12～14 ℃的温度下，氧浓度降低到3%～6%，二氧化碳增加到6%，贮藏33天后检查，仍有84.5%的果实保持绿色，14.7%的果实为半红，只有0.8%的果实为全红。但在相同温度条件下的空气中贮存，则全红的果实是85%，半红的14.2%，仍保持绿色的只有1个，占0.3%。香蕉在氧含量10%的条件下，可延迟呼吸高峰的出现；在10%的氧加5%的二氧化碳的气体中贮存，呼吸高峰出现更迟；在10%的氧加10%的二氧化碳中，完全不出现呼吸高峰。在一定的温度下，不同的果实对贮藏气体中氧和二氧化碳浓度的要求，各有一个最低和最高限额，超过这个限额，会引起无氧呼吸，使果实变质，达不到安全贮藏的效果。

乙烯有诱导果实成熟和衰老的作用，果实在贮藏期间会释放乙烯。在贮藏库内，可使用低温，降低氧含量或增加二氧化碳含量，既可减弱呼吸作用，使器官代谢水平降低，又可延缓乙烯的产生，从而延长果实的贮藏时间。

三、呼吸作用与作物栽培

呼吸作用与种子的萌发、作物的生长发育、种子和果实的形成和产物的累积等关系十分密切。作物栽培的许多技术环节，都与维持呼吸的正常运转相关联。

种子萌发伴随着强烈的物质转化，而物质转化与呼吸作用是密切相关的。种子萌发需要适宜的温度、充足的水分和足够的氧气，这些条件都与维持种子旺盛的呼吸作用有关。适时播种就是要求播种期的温度达到种子萌发的最低温度以上。例如水稻种子萌发的最低温度是10～12 ℃，玉米8～10 ℃，小麦3～5 ℃。水稻如播种过早，常引起烂种烂秧，因为低温破坏线粒体的结构，引起呼吸空转。即使萌发，也会因温度太低不能合成叶绿素而形成黄化苗。种子只有吸收足够的水分才能萌发。例如水稻种子吸水量达到35～40%，小麦达到50%～60%、油菜达到40%～60%、大豆达到120%以上才能萌发。因此在我国西北地区由于雨水较少，要特别注意抢墒播种。但水分过多又会引起土壤缺氧而影响种子的有氧呼吸，从而抑制种子的萌发，所以旱地作物播种要开沟排渍，防止土壤板结，播种不宜太深，这都是为了避免种子缺氧而不能顺利萌发的措施。水稻种子催芽时要温水接芽、经常翻堆，目的是调节种子堆内的湿度、温度和氧气，控制在适当的范围内，使发芽顺利而整齐。水稻播种时，要求田平泥烂，并适当沉泥，达到播种时种子半边落泥、半边露在空气中，使种子既能从土壤中获得水分，又能从空气中吸收氧气，促进种子的顺利萌发。如果秧田不平，有的种子落在水中或者掉入泥内，则种子因得不到足够的氧气而不能正常萌发。秧苗生长初期要湿润灌溉，排水露秧，这既可增加土温，又能使秧苗获得足够的氧气，促进有氧呼吸的正常进行，加速物质转化，这对根系的发育和秧苗的生长是十分有利的。

在大田作物的田间管理中，要中耕松土，开沟排渍，适时灌溉，配方施肥，这也与维持呼吸的正常运转有关。例如干旱和缺钾会使呼吸与氧化磷酸化解偶联，田间渍水引起土壤缺氧，导致根系进行无氧呼吸，抑制根系的生长，作物生长势减弱，严重时会引起烂根。在我国长江以南的多雨地区，开沟排渍是夺取农作物高产的一项十分重要的技术措施。长江以南地区的小麦在灌浆期间，因雨水较多，田间湿度大，天气闷热，使植株提早衰老，灌浆不饱满，称之为高温高湿逼熟，引起小麦大量减产。中耕松土，开沟排渍，可改善土壤的通气条件，提高根系的呼吸代谢水平，促进根系的发育，扩大吸收水分和矿质的面积。水稻拔节末期排水晒田，可促进新根的生长，复水后根系的吸收能力更强，这对促进穗的发育，夺取水稻高产是很有意义的。早、中稻在抽穗灌浆期间的气温较高，要深水灌溉，这可增加田间湿度，降低田间温度，减少呼吸消耗，有利于籽粒灌浆。有喷灌设施的地方，傍晚时进行喷灌，既保证了作物的水分供给，又可降低田间温度，减少呼吸消耗，对种子和果实的生长是十分有利的。新疆地区的瓜、果品质好，产量高，重要的原因之一是由于白天光照强，光合作用旺盛，夜间温度低，呼吸消耗少，累积的同化物较多。

第六章　植物体内同化物的代谢与运输

第一节　植物体内的有机催化剂——酶

植物在生活过程中，最重要的也是最基本的特征就是不断地进行着新陈代谢，体内的物质在不断地合成与分解。这些过程是由一系列有次序而又连续的化学反应所组成的。这些反应能在生物体内的常温、常压下极为迅速地进行着，这是由于在生物体内存在着一类有催化活性的蛋白质——酶所催化的结果。少量的酶能催化比它多几万倍甚至上百万倍的物质发生化学反应，不同的酶催化着不同的生物化学反应，因而加速了生物体内新陈代谢的速度。可以说，酶是生物体实现正常新陈代谢的必要条件，是生命活动最重要的因素。酶一旦被破坏，生命即告停止。

一、酶的概念

酶是生活细胞自行产生的、具有特殊催化功能的蛋白质。不同的酶可以催化不同的生物化学反应，所以也常称之为生物催化剂。酶所促进的反应称酶促反应，被作用的物质称为底物。酶参加反应但本身并不消失。

作为生物催化剂的酶，不同于一般的催化剂，它具有高效率的催化功能、严格的催化专一性（或称特异性）以及自我调节的特点。酶在植物生长发育的各个阶段所催化的生化反应，具有特异的顺序性。正由于酶具有上述特性，才保证多种多样的生化反应有条不紊地在有机体内进行，维持着生命。

二、酶的化学组成

酶的化学本质就是蛋白质。根据研究得知，有些酶就是单纯蛋白质，大多数的水解酶都属于这类酶，如淀粉酶、蛋白酶和脂肪酶等。常称这类酶为单成分酶。

还有一类酶是由复合蛋白质组成的，其分子中包括蛋白质部分和非蛋白质部分，前者称为酶蛋白，非蛋白质部分统称为辅助因子。辅助因子可以是某些金属离子，或是分子量较小的有机化合物。这类酶需要酶蛋白与辅助因子结合成全酶时，才表现酶的催化活性。根据辅助因子与酶蛋白结合的紧密程度分为辅酶和辅基，凡与酶蛋白结合较松的辅助因子称辅酶，与酶蛋白结合较紧的辅助因子称辅基。

细胞内酶蛋白的种类很多，而辅助因子的成分也很复杂，多数是由含金属的有机化合物组成。如有些氧化酶的辅基是含铁的有机物，也有些酶的辅基或辅酶含有锰、锌或钼等微量元素，有些酶的辅基或辅酶的成分是维生素，特别是 B 族维生素如维生素 B_1、B_2、B_3、B_6 等。由此可见，这些微量元素及维生素对植物生活的重要性。

常见的辅酶有辅酶Ⅰ（符号为 NAD），辅酶Ⅱ（符号为 $NADP^+$）。图 6-1 为辅酶Ⅱ的结构式。

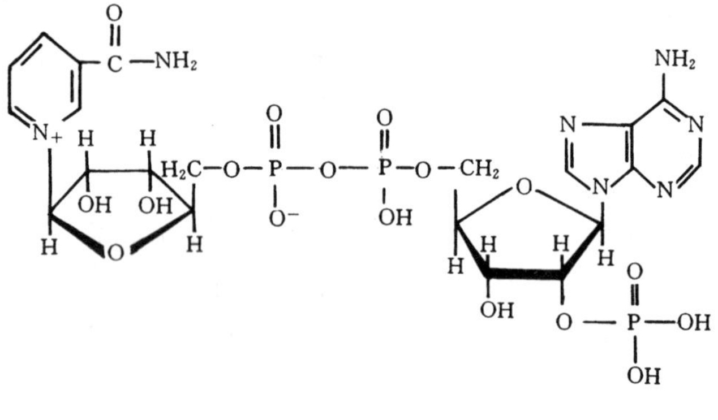

图 6-1 辅酶Ⅱ的结构式

至于酶如何能催化反应的机理问题，曾有不少学说，从能量的观点来看，酶能降低化学反应所需的活化能，从而使反应速度加快。有人认为酶分子的表面与底物结合形成不稳定的中间产物，这种中间产物较原来底物需要较少的能量就可继续进行反应，然后分解生成反应产物，并释放出原来的酶。还有人认为当酶蛋白与底物结合时，酶蛋白即发生一定的构型变化使酶蛋白有一种可适应性，诱导底物分子发生活化，因而加速反应的进行。

三、酶的作用特点

（一）酶具有高效率的催化活性

酶的催化活性远远大于无机催化剂。例如 1mol 铁离子在 0 ℃时，1 秒内可以分解 10^{-5}mol 的过氧化氢，而在同样条件下，1mol 的过氧化氢酶即可分解 10^{5}mol 的过氧化氢，相差 100 亿倍；蔗糖酶可引起相当于酶重的 100 万倍的蔗糖水解，它比用强酸水解蔗糖的效率要高 1000 倍。可见，酶是具有极高的催化活性的。

（二）酶作用的专一性

酶作用的专一性是指酶对其反应底物有严格的选择性，某一种酶往往只能催化某一种或某一类物质。例如淀粉酶只能催化淀粉水解产生糊精和麦芽糖，蔗糖酶仅能将蔗糖分解为葡萄糖和果糖，而蛋白酶也只能催化蛋白质水解产生氨基酸。

（三）酶作用方向的可逆性

许多酶催化的反应是可逆的，也就是说，有些酶既可促进物质的分解，又能促进物质的合成。例如，酯酶既可促进酯水解为酸和醇，又可促进酸与醇合成为酯；但是，有些酶催化的反应是不可逆的，如淀粉酶只能催化淀粉水解为麦芽糖，但不能催化麦芽糖再合成淀粉，在细胞内淀粉的合成是由淀粉磷酸化酶来完成的。

一般来说，酶促反应是否可逆，这与反应过程中能量的变化有关。如果某一反应在变化过程中需要大量吸能或大量放能的，那么这种反应就不可逆，反之则是可逆的。

四、影响酶促反应的因素

外界条件如温度、酸碱度、激活剂和抑制剂等对植物生命活动的影响，在很大程度上是通过影响酶的反应速度而实现的。因而，往往可以控制这些因素来调整植物体内的酶促反应的强度和方向。例如，在农业生产上采用种子催芽、薄膜育秧和温床育苗等就是通过温度的调节来控制植物体内酶活性，以利于植物的生长。使用农药则是抑制昆虫或病菌体内的酶活性，引起代谢紊乱而致死，从而起到保护植物正常生长的作用。

通常要了解外界因素对酶促反应的影响，往往是将植物组织中的某种酶提取出来，在一定条件下观察某一外界因素的影响。虽然，实验条件并不一定符合生活体的条件，不过可以从中了解酶促反应与条件因素之间的一般关系。

（一）温度

酶促反应与温度条件有很密切的关系。酶促反应的速度随温度变化而发生变化。当温度较低时，酶的活性很低；随着温度上升，酶的活性也增强；当温度再升高时，酶蛋白受破坏而变性，酶促反应下降，以至最后停止作用。

一般来说，在 30 ℃以内，酶促反应速度的总趋势是随温度的增加而加速。超过 30 ℃时，酶开始受到破坏，但还不严重，直至 40～50℃时，温度对酶促反应的促进作用仍占优势。因此可见，酶的最适温度约在 40～50 ℃。在 50～60 ℃时，温度对酶的破坏作用占优势，到 60 ℃以上时，酶则失去活性。酶失去活性的现象称酶的失活。

虽然在生活植物体内不至于有使酶失活的高温出现，可是由于植物生长在自然环境中，温度条件随地区、季节在变化着，植物在长期的进化过程中，对外界条件有所适应，比如多年生植物遇到季节变化时，往往以调整其体内的酶活性来适应环境，在生长旺盛的夏季里，体内的酶活性就很高；在寒冷的冬季，酶活性大大降低，代谢活动减缓以利于抗寒越冬。

（二）酸碱度

酶的催化作用受酸碱度的影响也很大。每一种酶只能在一定的 pH 范围内才显示它的活性。每种酶都有其最适的 pH 范围。酶活性最高时的 pH 称为酶促反应的最适 pH。由于酶是蛋白质，pH 能影响蛋白质结构的稳定性，所以，不同的酶，由于其蛋白质结构不同，最适 pH 亦异。如小麦淀粉酶的最适 pH 是 4.6、蓖麻脂肪酶的最适 pH 为 4.7～5.0、木瓜蛋白酶的最适 pH 是 5.6、而过氧化氢酶的最适 pH 则是 6.8。

（三）激活剂或抑制剂

许多酶在进行催化作用时，需要一些物质的存在以激活或增强其活性，这些物质统称为激活剂。不同的酶可以为不同的激活剂所激活。激活剂可以是无机离子或大分子物质如多肽。例如 K^+，可以激活许多与呼吸有关的酶类；Cl^-、Br^-或I^-可以激活淀粉酶的活性；Mg^{2+}可以激活磷酸化酶及二肽酶的活性。

能使酶降低或丧失活性的物质称为酶的抑制剂。很多重金属盐(Cu^{2+}，Hg^{2+}，Ag^+，Pb^{2+}等)、强酸、强碱和乙醇以及一些物理因素如高温、X光和紫外光照射等因素都能使酶蛋白变性而失去活性。如氰化钾(KCN)可以对含金属辅基的酶类起抑制作用，因为氰化钾可以和铁及铜结合，因而使含铁的酶类(过氧化氢酶、细胞色素氧化酶)以及含铜的酶类(如多酚氧化酶)失去活性。所以氰化钾等氰化物是剧毒药剂，对动、植物有毒。农药往往是利用含有某些重金属的药物作为酶抑制剂，从而达到杀虫、灭菌的目的。

五、酶分析在农业上的应用

在农业科学研究中，酶化学知识的应用很普遍。其中，对酶活性的测定应用最广。

(一) 在作物营养诊断上的应用

植物吸收营养的强度，决定于植株内的代谢状况，而植株内的代谢状况又是由各种酶促反应来体现的。因此，测定植株中的有关酶活性，能从其相关性得知植株基础代谢强度的有关资料，有助于植物营养状况的诊断，为施肥提供依据。

(二) 在土壤方面的应用

土壤肥力与植物营养是紧密相关的。虽然有很多指标可以反映土壤肥力，但分析土壤中的酶活性，更能反映土壤中肥力的转化情况。土壤酶主要来源于土壤微生物及植物根系的分泌酶。因此，对土壤酶的活性测定，可以对土壤的污染、土壤的肥力、对植物营养供应情况以及对施肥、耕作以及其它农业措施的应用等方面提供客观的指标。

(三) 在植物生理生化方面的应用

通过对有关酶活力的测定，可分别对光合强度、呼吸强度、营养的吸收、运输与分配等动态过程有所了解，甚至外界环境对植物生长发育的影响，对植物在不同生长期的代谢条件与调节等，都可以得到较深的认识。

(四) 在农副产品加工方面的应用

采用经济而有效的加工方法，如发酵工业、粗饲料的加工、酶制剂的生产、生物制剂的制取等对农副产品进一步加工，能成倍提高其产值。在加工过程中，监测有关酶的活性，便于更好地掌握加工过程的工艺，以达到效益好，收获率高的目的。

农副产品的质量、贮存等，都可以通过酶活力测定，提供有用的参考依据。

此外，在农业环境、农药对作物或土壤的污染、植物病理的诊断以及在畜牧兽医等方面都需要借助于酶活力的测定，来研究或探讨有关问题，它的应用随着生产实践与科学发展的需要，将会不断地开拓与扩大。

第二节　植物体内同化物的代谢

植物体内同化物的种类很多，它们都是光合作用的直接或间接产物。体内的有机物是在不断转化的，例如麦种在发芽时变甜，肉质果实成熟时由酸变甜，都是有机物转化的结果。同化物转化又叫同化物代谢，它包括合成反应和分解反应。同化物转化的各种反应都需要酶的参加，因此都是酶促反应。同化物转化在活细胞中进行，由于细胞质及各种细胞器都有非常精细的结构，所以在活细胞中能同时进行各种生化反应，使细胞具有生命特征。植物利用这些同化物或者建造自身、或者作为呼吸基质以提供能量、或者作为贮藏物质贮存于细胞中。

一、糖类代谢

植物体内的单糖、双糖、多糖之间可以互相转化。这种转化在种子萌发、营养器官生长以及果实种子成熟时表现得特别强烈。下面仅以蔗糖和淀粉的转化情况加以简要说明。

（一）蔗糖的代谢

1. 蔗糖的合成　在所有的双糖中，蔗糖最为重要，它是植物体中有机物运输的主要形式，也是糖类贮藏的一种主要形式。甘蔗、甜菜和水果中含蔗糖较多。蔗糖是由葡萄糖和果糖组成的，但二者不能直接合成。合成蔗糖时葡萄糖必须先经过活化；所谓活化，就是进行磷酸化。合成蔗糖的葡萄糖磷酸化形式是尿苷二磷酸葡萄糖(UDPG)，其结构式如图 6-2 所示。

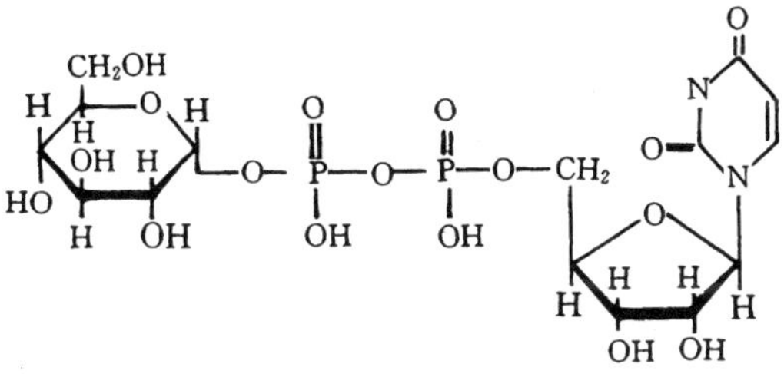

图 6-2　尿苷二磷酸葡萄糖(UDPG)

合成蔗糖有两条途径：

① 蔗糖磷酸合成酶途径。通过这条途径合成蔗糖的反应过程是：

$$\underset{\text{尿苷二磷酸葡萄糖}}{\text{UDPG}} + \text{果糖-6-磷酸} \xrightarrow{\text{蔗糖磷酸合成酶}} \text{蔗糖磷酸} + \underset{\text{尿苷二磷酸}}{\text{UDP}}$$

$$\text{蔗糖磷酸} + H_2O \xrightarrow{\text{蔗糖磷酸酯酶}} \text{蔗糖} + \text{磷酸}$$

蔗糖磷酸合成酶是甘蔗、糖用甜菜等糖料作物的叶片中合成蔗糖的酶，也是小麦、烟草叶片中合成蔗糖的酶。

② 蔗糖合成酶途径。在非绿色组织中，如贮藏组织，蔗糖合成主要是通过蔗糖合成酶的作用。

$$\text{UDPG} + \text{果糖} \xrightarrow{\text{蔗糖合成酶}} \text{蔗糖} + \text{UDP}$$

2. 蔗糖的分解　在植物体内能催化蔗糖水解的酶称蔗糖酶或转化酶，它可将蔗糖水解为葡萄糖和果糖：

$$\text{蔗糖} + H_2O \xrightarrow{\text{蔗糖酶}} \text{葡萄糖} + \text{果糖}$$

(二) 淀粉的代谢

淀粉分直链淀粉和支链淀粉两种(图 6-3，图 6-4)，它们都是由许多葡萄糖单位相连而成的。直链淀粉约含 250～300 个葡萄糖单位、相连成直链状，支链淀粉比直链淀粉的分子量大，其主链结构与直链淀粉相似，但具有分支结构。直链淀粉易溶于水，溶液粘性较低；支链淀粉不易溶于水，溶液粘性较高。稻米淀粉中直链淀粉约占

20%，支链淀粉约占80%，而糯米中几乎全部为支链淀粉，所以后者具有更大的粘性。

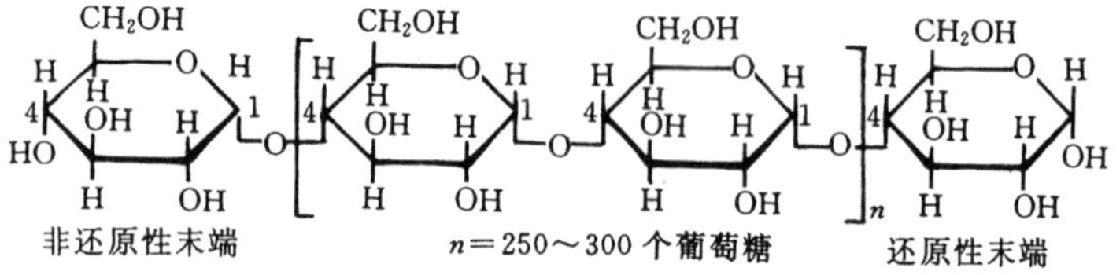

图 6-3　直链淀粉的分子结构片段

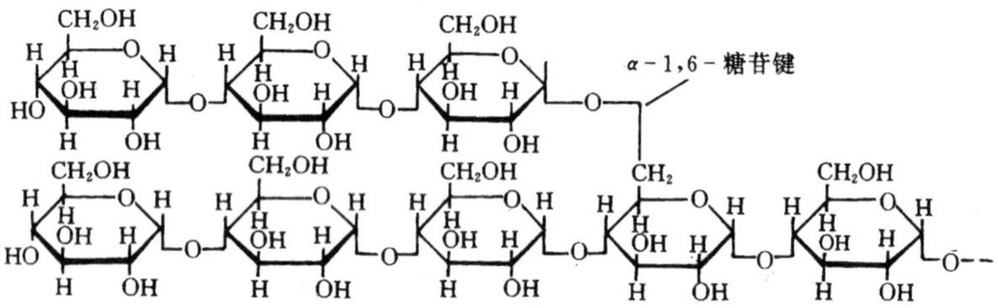

图 6-4　支链淀粉的分子结构片段

1. 淀粉的合成　淀粉是由许多葡萄糖单位组成的。合成前，葡萄糖也需要活化，其活化形式主要是ADPG（腺苷二磷酸葡萄糖）。ADPG的结构式如图6-5。

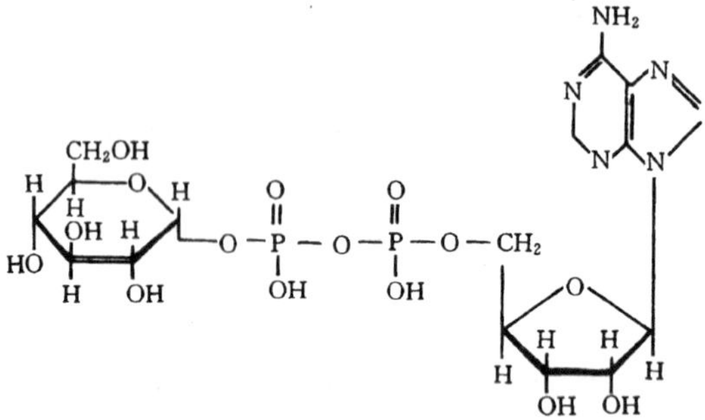

图 6-5　腺苷二磷酸葡萄糖（ADPG）

ADPG的形成过程是：

$$\text{葡萄糖-1-磷酸} + \text{ATP} \xrightarrow{\text{ADPG 焦磷酸化酶}} \text{ADPG} + \text{焦磷酸}$$

然后，ADPG 在淀粉合成酶的作用下，将葡萄糖转移到"引子"上，使链加长一个葡萄糖，反应如下：

$$\mathrm{ADPG}+\underset{\text{“引子”}}{(\text{葡萄糖})_n}\xrightarrow{\text{淀粉合成酶}}\underset{\text{腺苷二磷酸}}{\mathrm{ADP}}+(\text{葡萄糖})_{n+1}$$

上述反应反复进行，使"引子"的葡萄糖链不断加长，直到形成淀粉为止，这样形成的淀粉为直链淀粉。

支链淀粉是在直链淀粉的基础上形成的。形成支链淀粉的酶称 Q 酶。Q 酶将直链淀粉断开，使其中一条链从侧面接到其中另一条链上去，形成支链淀粉。或者将一条直链淀粉的一部分从侧面接到其中另一直链淀粉上去，形成支链淀粉。

2. 淀粉的分解　淀粉不仅是植物体内一种重要的糖类，也是植物体中最常见的一种贮藏物质，如块根、块茎以及许多种子的胚乳或子叶中贮存有大量的淀粉。当植物动用淀粉时，就把它分解为简单的化合物运送到需要的部位去，淀粉的分解有两种方式：

① 淀粉的水解。种子萌发时，淀粉发生水解，水解分两步进行。

第一步在淀粉酶作用下，淀粉水解为麦芽糖：

$$2\underset{\text{淀粉}}{(C_6H_{10}O_5)_n}+nH_2O\xrightarrow{\text{淀粉酶}}n\underset{\text{麦芽糖}}{C_{12}H_{22}O_{11}}$$

第二步在麦芽糖酶的作用下，麦芽糖水解成葡萄糖：

$$\underset{\text{麦芽糖}}{C_{12}H_{22}O_{11}}+H_2O\xrightarrow{\text{麦芽糖酶}}2\underset{\text{葡萄糖}}{C_6H_{12}O_6}$$

我国劳动人民自古以来就已经掌握了种子萌发时淀粉水解的特点，利用磨碎的大麦芽汁来分解淀粉，制造麦芽糖。

② 淀粉的磷酸解。在磷酸的参与下，磷酸化酶把淀粉磷酸解，其反应如下：

$$\underset{\text{淀粉}}{(\text{葡萄糖})_n}+\text{磷酸}\xrightarrow{\text{淀粉磷酸化酶}}(\text{葡萄糖})_{n-1}+\text{葡萄糖-1-磷酸}$$

此反应反复进行，每次反应使淀粉减少 1 个葡萄糖，增加 1 个葡萄糖-1-磷酸，最后，淀粉完全分解为葡萄糖-1-磷酸。反应产生的葡萄糖-1-磷酸可在代谢中进一步被利用。

淀粉酶和淀粉磷酸化酶均可分解淀粉，但二者要求的最适温度不同，前者要求较高的温度，后者要求温度较低。夏季香蕉迅速变甜，这是由于高温利于淀粉酶水解的原故。在 0～9 ℃低温下，马铃薯块茎内淀粉含量降低，而可溶性糖和葡萄糖-1-磷酸的含量却增加，这说明低温时淀粉通过淀粉磷酸化酶的作用而分解。甘薯块根、蔬菜等冬天变甜都是这个道理。

二、脂肪的代谢

脂肪也称油脂或真脂，在细胞中以小油滴状态存在，主要分布于果实、种子中。植物体内的脂肪在不断转化，种子成熟时不断形成脂肪，种子发芽时脂肪不断分解。

（一）脂肪的合成

脂肪是由 1 分子甘油和 3 分子脂肪酸组成的。甘油的活化形式是甘油磷酸，脂肪酸的活化形式是脂肪酰辅酶 A，因此要合成脂肪必需先合成甘油磷酸和脂肪酰辅酶 A。

1. 甘油磷酸的合成

$$\begin{array}{l}CH_2OH\\ |\\ CO\\ |\\ CH_2OP\end{array} + 2H \xrightleftharpoons{\text{甘油磷酸脱氢酶}} \begin{array}{l}CH_2OH\\ |\\ CHOH\\ |\\ CH_2OP\end{array}$$

二羟丙酮磷酸　　　　　　　　　　甘油磷酸

二羟丙酮磷酸是糖酵解的中间产物，可见合成磷酸甘油和呼吸作用有关。

2. 脂肪酰辅酶 A 的合成　脂肪酰辅酶 A（RCOSCoA）的合成过程较复杂，它也是由呼吸作用提供原料，逐步合成的：

$$\text{葡萄糖}(C_6H_{12}O_6) \to \to \xrightarrow[\text{呼吸作用}]{} \text{乙酰辅酶 A}(CH_3COSCoA)$$

所形成的乙酰辅酶 A 可进一步形成丙二酰辅酶 A（$HOCCH_2COSCoA$）。

合成脂肪酰辅酶 A 必需先合成脂肪酸。脂肪酸生物合成所需的全部酶结合成为一种多酶复合体。合成脂肪酸的“引子”是乙酰多酶复合体，其合成过程如下：

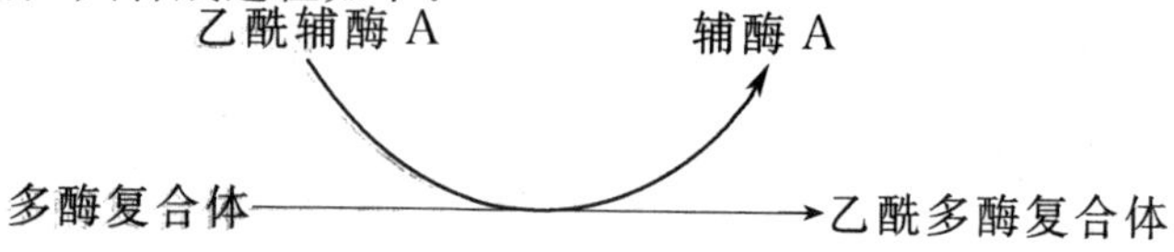

合成脂肪酸是多次进行的反应，每次在“引子”上增加 2 个碳，2 个碳的供体是前面提到的丙二酰辅酶 A。丙二酰辅酶 A 是 3 个碳的化合物，当其脱去一个分子二氧化碳后，就成为含 2 个碳的化合物，加到“引子”上去，使“引子”碳链延长两个碳。此过程很复杂，但可用以下简单反应表示之：

乙酰多酶复合体（“引子”）＋丙二酰辅酶 A $\nearrow CO_2$

→→……→丁酰多酶复合体＋辅酶 A

反应继续进行下去，每次增加 2 个碳，最后形成脂肪酰多酶复合体。脂肪酰多酶复合体以后和辅酶 A 作用，形成脂肪酰辅酶 A 和多酶复合体，其反应过程如下：

脂肪酰多酶复合体＋辅酶 A ⟶ 脂肪酰辅酶 A＋多酶复合体

上述反应产生的脂肪酰辅酶 A 可用于合成脂肪。

3. 脂肪的合成　脂肪的合成过程可用以下反应式表示出来：

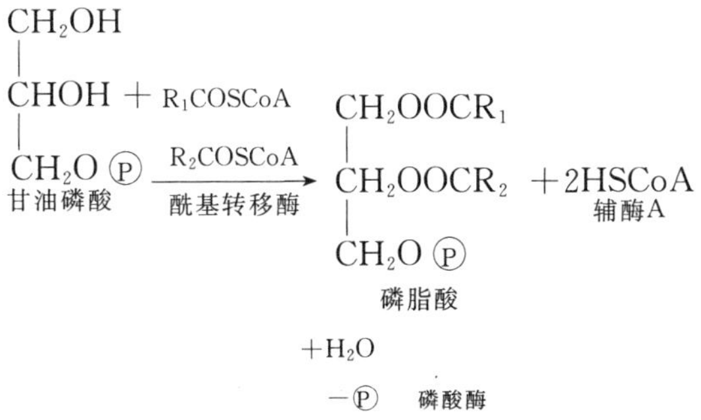

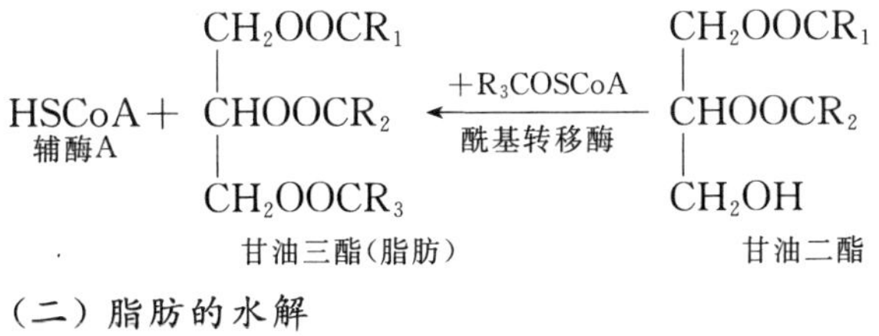

（二）脂肪的水解

油料种子萌发时，脂肪在脂肪酶的作用下，水解成 1 分子甘油和 3 分子的脂肪酸：

$$脂肪+H_2O \xrightarrow{脂肪酶} 甘油+3脂肪酸$$

高温多湿条件下，贮藏的粮食和油料作物的脂肪酶活性加大，脂肪分解为游离的脂肪酸，结果使产品酸度增高，此时就会产生一种异味，产品质量下降。此外，由于种子中的游离脂肪酸含量高，发芽率也显著下降。

脂肪分解时形成的甘油可氧化并磷酸化成丙糖磷酸，丙糖磷酸可在呼吸作用中被利用，或者转化为糖。至于脂肪分解时所产生的脂肪酸，可以氧化生成很多乙酰辅酶A（$CH_3COSCoA$），乙酰辅酶A也可以通过一些变化再转变为糖。由此可见，植物体内糖类和脂肪之间是可以相互转化的。

三、蛋白质的代谢

（一）蛋白质的合成

蛋白质的合成包括多种反应。

1. 硝酸的还原　植物根吸收进来的氨态氮可直接被合成为氨基酸，但硝态氮被植物吸收后，必须还原成氨态氮，才能被植物利用以合成氨基酸。

硝酸还原成氨的过程，有两种酶参加反应，即硝酸还原酶和亚硝酸还原酶。在这两种酶的作用下，硝酸盐还原成氨，其反应如下：

$$HNO_3 \xrightarrow{硝酸还原酶} HNO_2 \xrightarrow{亚硝酸还原酶} NH_3$$

2. 氨基酸和酰胺的合成　氨基酸的合成可以通过氨基化作用，即氨直接和酮酸结合形成氨基酸，其反应通式如下：

$$\underset{酮酸}{RCOCOOH}+NH_3+NADH+H^+ \underset{去氨基作用}{\overset{氨基化作用}{\rightleftharpoons}}$$

$$\underset{氨基酸}{RCHNH_2COOH}+NAD+H_2O$$

也可以通过氨基转换作用，使一种氨基酸的氨基转移到另一种酮酸上，生成另一种氨基酸，如：

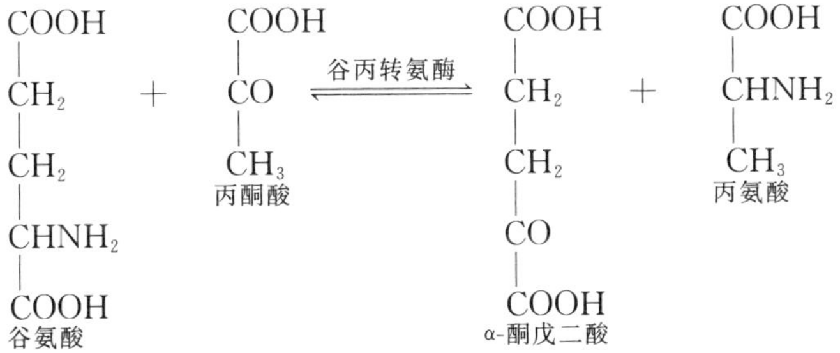

另一种途径是由一种氨基酸转变为其它氨基酸。例如在不同酶的催化下，谷氨酸可转变为脯氨酸、鸟氨酸、瓜氨酸和精氨酸等；甘氨酸可转变为丝氨酸等。

高等植物由氨合成的第一个含氮有机物是谷氨酰胺和谷氨酸，其合成过程如下：

$$NH_3 + \text{谷氨酸} + ATP \xrightarrow{\text{谷氨酸合成酶}} \text{谷氨酰胺} + ADP + \text{磷酸}$$

$$\text{谷氨酰胺} + \alpha\text{-酮戊二酸} + NADPH + H^+ \xrightarrow{\text{谷氨酸合成酶}} 2\ \text{谷氨酸} + NADP^+$$

由谷氨酸可形成多种氨基酸，它在植物体内占重要地位。

植物体内的氨也可以进一步形成酰胺，如氨和谷氨酸可形成谷氨酰胺，氨和天冬氨酸可合成天冬酰胺。谷氨酰胺合成过程如上所述，天冬酰胺的合成过程如下所示：

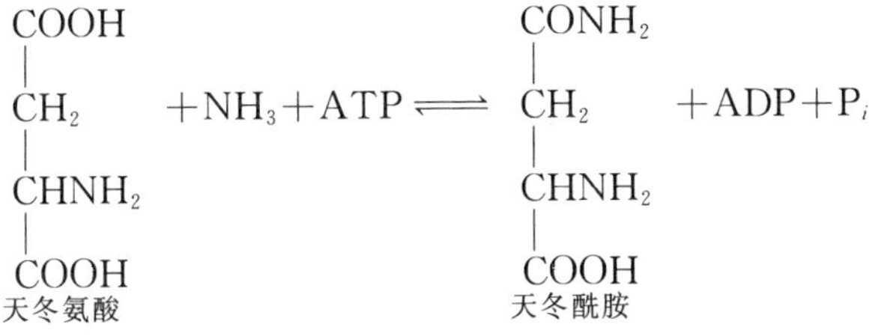

上述两种酰胺也是合成蛋白质的原料。如果氮肥充足时，或植物体内缺乏糖类时，多余的氨就与谷氨酸或天冬氨酸结合成酰胺，把氨暂时贮存下来。当有需要时，氨又可重新释放出来 以供利用。因此，酰胺是氨的贮存者，又是氨的供应者。另外，酰胺的形成也可以消除高浓度氨对植物的毒害。

3. 蛋白质的生物合成　蛋白质有结构蛋白、酶蛋白和贮藏蛋白三类，它们在植物生活中具有重要意义。

蛋白质生物合成过程非常复杂，大致可分以下三步进行：

第一步：氨基酸的活化。组成蛋白质的基本单位是氨基酸，但氨基酸不能直接相互连接而成蛋白质，首先必须经过活化，就是在酶的作用和ATP的参与下，形成酶-氨酰基-AMP复合物。复合物中的氨酰基就是活化状态的氨基酸。

$$\text{氨基酸}+\text{ATP}+\text{酶}\longrightarrow\text{酶-氨基酸-AMP}+\text{焦磷酸}$$

第二步：氨基酸的转移。已活化的氨基酸必须转移到核糖体上，在核糖体上再合成为蛋白质。氨基酸的转移要靠一种称"转移核糖核酸"(tRNA)的携带。携带时，tRNA与活化的氨基酸结合成为氨酰基-tRNA复合物，再运到核蛋白体上。

$$\text{酶-氨酰基-AMP}+\text{tRNA}\longrightarrow\text{氨酰基-tRNA}+\text{AMP}+\text{酶}$$

第三步：蛋白质的形成。这一步是在核糖体上进行的。在核糖体上结合着另一种核糖核酸称"信使核糖核酸"(mRNA)，它是蛋白质合成时的模板。由tRNA携带来的各种活化氨基酸即氨基酰-tRNA，就是在核糖体上，以mRNA为模板，进行有次序结合，最后形成蛋白质分子。蛋白质分子中氨基酸的排列顺序，就是由模板mRNA决定的，一种蛋白质分子有一个特定的mRNA作为模板。

当蛋白质分子形成后，便从模板上脱离下来，经过卷曲折叠，成为具有一定空间构型和生理特性的蛋白质(图6-6)。

现代生物科学已经证明，蛋白质的合成完全受遗传物质DNA的控制。DNA首先把遗传信息传递给mRNA(这过程称转录)，mRNA再把遗传信息通过模板的形式传递给蛋白质(此过程称翻译)。因此，归根到底，蛋白质的合成是受DNA控制的。DNA所携带的遗传信息，就通过蛋白质表达出来。多种多样的DNA分子决定着蛋白质种类的多样性。

$$\underset{\text{携带遗传信息}}{\text{DNA}}\xrightarrow{\text{转录}}\underset{\text{合成蛋白质的模板}}{\text{mRNA}}\xrightarrow{\text{翻译}}\text{蛋白质}$$

关于遗传信息的传递过程，在遗传课中将详细讨论，在此不多赘述。概括地说，在细胞核里存在于DNA分子中的信息用来指导细胞质中蛋白质的合成，但是DNA不是合成蛋白质的直接模板，那些信息必须由一个中间环节从细胞核传达给细胞质。在细胞中又有含量

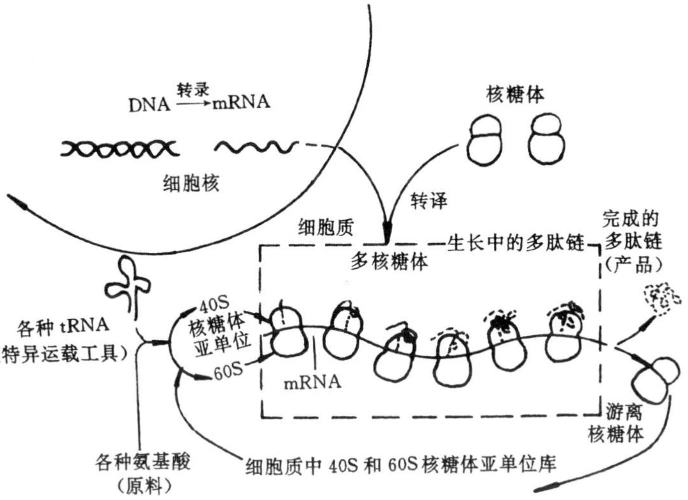

图 6-6 蛋白质生物合成图解

示多核糖体的功能，每个独立的核糖体都能各自沿着信使 RNA 移动，合成一条多肽链

[注：核糖体由两个亚单位(40S 与 60S)组成]

丰富的 RNA，可以担任蛋白质合成中的中心环节的任务。可以说，每种生物具有其特有的遗传特性，因此也就有它的特殊的蛋白质。

(二) 蛋白质的分解

蛋白质的分解比较简单，主要是在蛋白质水解酶的作用下，水解成氨基酸。蛋白质水解酶又可分为蛋白酶和肽酶两类，前者把蛋白质分解成肽链较短的多肽，后者再把多肽水解成氨基酸。

$$\text{蛋白质} \xrightarrow{\text{蛋白酶}} \text{多肽} \xrightarrow{\text{肽酶}} \text{氨基酸}$$

种子萌发时，蛋白质水解酶活性加强，贮藏蛋白质减少，却累积大量游离的氨基酸，供胚生长之用。

蛋白质水解时形成的氨基酸，一部分重新参与蛋白质的再合成，一部分也可以再分解成酮酸和氨。酮酸可参加呼吸过程，氨可以用来再合成新的氨基酸。

四、各类同化物代谢的联系

物质代谢是由许多合成与分解途径组成，它们都不是孤立存在的。通过很多中间代谢反应和中间代谢产物，能彼此联系而统一于生命活动的总需求之中。生物体尽管具有千差万别的代谢途径，但其主要的代谢与生物体内各种代谢途径之间的关系是有基本规律可循的。

上面扼要地说明了糖类、脂肪和蛋白质的代谢。植物体内还有其它有机物，它们也可以相互转化。实际上，光合作用和呼吸作用也属于同化物代谢，而且是重要的同化物代谢，概括地说，可以把光合作用和呼吸作用看为代谢的主干途径，图 6-7 表示光合作用、呼吸作用以及其它重要有机物之间的代谢联系。

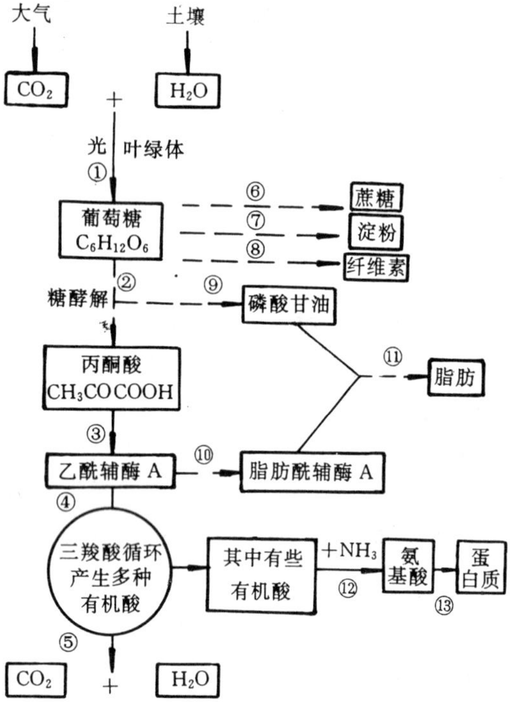

图 6-7　植物体内主要有机物代谢联系图

注：①光合作用　②～⑤呼吸作用　⑥～⑬为糖类、脂肪和蛋白质的转化

第三节 植物体内同化物的运输与分配

一、植物体内同化物的运输

植物体内的同化物是在不断运输的，它们能从一个部位运到另外一个部位，从一个器官运到另外一个器官。如叶将它进行光合时制造的有机物运到幼叶、花、果实、种子，或者运到根、茎中贮藏起来。贮藏器官的营养物质也能运到生长器官供生长的需要。在植物体内所同化的无机物(根从土壤吸收)或有机物(光合作用产物)都是以溶质的液流通过特殊的输导组织进行运输的，因而同化物的运输与水分的传导关系密切，但同化物的运输动力与机理要比水分的运输复杂得多。

植物体内同化物的运输与分配，是保证有机体正常生活的物质基础，与农业生产有着十分密切的关系。例如，作物一生中所积累的同化物质(生物产量)，如何有效地转化为收获的产品(经济产量)，除受同化器官数量(主要指叶面积)以及净光合产物积累效率影响外，在很大程度上决定于同化物向经济器官运输与分配的速率和数量。

二、同化物的运输途径

(一) 长距离的运输系统

17 世纪中期有意大利学者曾用环状剥皮实验证明：在一些木本植物茎秆中，存在着一个由根系经木质部向上运送水和无机盐类的上行流和一个由功能叶经韧皮部向下运送光合产物的下行流。虽然，也有例外，如早春糖槭导管中含糖量可达 8%，糖分由此运输，而夏季仍以韧皮部运输为主，此外，氨基酸和酰胺也能通过木质部导管向上运输。总的说来，有机物主要在韧皮部运输，水及矿质盐主要在木质部运输。

近代采用环割和同位素示踪试验结合的方法证明同化物在植物体内还可以同时发生方向相反的双向运输。即将$^{14}CO_2$ 施于叶片，^{32}P 施于根部，结果发现未经环割的叶片中^{14}C 标记的同化物向下移动，^{32}P 则由根部向地上部运输；当环割后，^{32}P 照常向上运输，环割下方的^{14}C为零。本试验证明：①环割能阻止叶片中的同化物向植株下方运输，但不能阻止根部的^{32}P向上运输到叶片中；②下部叶片或地下部器官的同化物向上运输，如子叶中同化物的向上运输，以及块根、块茎萌发时同化物的向上运输，都是通过韧皮部的。因此，同化物在韧皮中可以上下双向运输。

韧皮部是由筛管、伴胞、韧皮薄壁细胞和韧皮纤维组成的，其中筛管是运输的主要通道。被子植物的筛管分化完善，有明显的筛板和筛孔，并与伴胞配对组合。伴胞与筛管间有分枝的胞间连丝连接。伴胞是一种代谢很活跃的细胞，有核，细胞质浓厚，并含有大量线粒体、核糖体、质体及内质网。筛管的核及某些细胞器在发育过程中相继退化，但仍保留部分线粒体与质体。最重要的是筛管中出现了粘液状的P-蛋白体（又称韧皮蛋白体），它成管状、丝状或线状。至于筛管中有哪些生化反应是与P-蛋白纤丝有联系的问题，曾在许多植物上通过对酶活性反应的细胞化学研究进行过探讨，例如，曾在烟草属和南瓜属植物的韧皮部细胞中测定了ATP酶的活性，发现在筛管分子分化早期，处于P-蛋白体状态时，不显示ATP酶活性反应，随着筛管分子的分化，P-蛋白体解聚与分散时，P-蛋白纤丝上出现强烈的ATP酶活性。目前推测，P-蛋白纤丝具有收缩性，可利用筛管汁液内的ATP而胀缩，起着中间动力的作用。

筛管的寿命相当短促，许多落叶树的筛管只能在一个生长季节中存活，但棕榈等多年生单子叶植物的筛管活力可维持较久。筛管衰老时，筛孔周围的胼胝质明显增多。胼胝质是一种高聚态的葡萄糖，以β-1,3键结合，形成螺旋形的结构。一些木本植物如葡萄和椴树，它们在秋冬之际进入休眠时，筛孔便被大量胼胝质堵塞，第二年新芽萌动时，胼胝质堵塞消失，孔道又会畅通。当植株受到切割时，胼胝质与P-蛋白均会迅速生成，封闭筛管的创伤面，防止营养液继续外溢。

裸子植物和蕨类没有筛管，只有筛胞。筛胞呈两端尖的细长状，在倾斜的端壁上方有筛孔，但筛胞之间并不像筛分子那样首尾衔接为一体，因此，筛胞的运输效率较低。

（二）短距离运输

同化物在细胞内和细胞间的传递称短距离运输，这种短距离运输主要通过两条途径:质外体途径和共质体途径。

1. 质外体途径　质外体是一个连续的自由空间,因其中没有原生质层及其它屏障阻挡,物质通过自由扩散等物理过程。溶质是在开放系统中运行的,因此运输速度相当快。

质外体运输与植物组织内自由空间的大小有关。一般自由空间越大越有利于质外体运输。

2. 共质体运输　如前所述,在高等植物体内细胞与细胞之间大多有胞间连丝相连。由胞间连丝把邻近细胞原生质连接在一起而形成的共质体,在细胞间同化物的运输中占重要地位。已证知,胞间连丝是细胞间溶质和信息短距离运输的通道。当然,没有胞间连丝的细胞间也可能通过原生质膜进行直接传递。

3. 质外体与共质体运输的交替进行　共质体内合成与积累的有机物可有选择地穿越半透性质膜而进入质外体,并在其中扩散;在适当的场所,它们将经质膜的选择吸收而再次进入原生质内部参与代谢活动或在共质体内继续运行。

在共质体与质外体途径交换中,常要经过一种特化细胞,起转运过渡作用,这种细胞称转移细胞。它在结构上的特点是胞壁与质膜向内伸入细胞质内,形成许多折叠片层,扩大了质膜的表面,增加了溶质向外转运的面积。

高等植物中,同化物在共质体与质外体间的交替迁移与在质外体中的扩散运动并不相互排斥,而是相辅相成,互为补充的。

三、同化物的运输形式和运输方向

(一) 同化物的运输形式

根据研究认为:了解同化物的运输形式最巧妙的方法是利用大型蚜虫吻针,在刺入韧皮部组织吸吮汁液时,切除蚜虫躯体,仅留口器,筛管汁液在膨压推动下,连续数日从伤口溢出,据此,可以确切分析出同化物的性质、分布及含量。

实验测知筛管汁液中的成分很复杂,其干物质含量约10%～25%,其中糖类占90%以上。从表6-1可见,蓖麻韧皮部伤流中只有蔗糖而无还原糖(葡萄糖或果糖);有些树木(榆树、楞树)内,棉子糖和水苏糖的运输量明显超过蔗糖,苹果树与樱桃树的筛管汁液中的山梨糖醇相当多，这些都是非还原糖。至于为什么筛管中糖的运输形式是非还原糖，目前认为由于非还原糖不直接进入细胞代谢，而筛管中缺乏分解这些非还原糖的酶类，有利于稳定地长距离运输。蔗糖可被看作是葡萄糖或果糖的保护形态。另一种解释是以蔗糖和棉子糖等非还原糖的形式运输时，可在不改变渗透势的情况下运送双倍或数倍的碳架。

表 6-1　蓖麻韧皮部伤流液的成分和含量

成分	浓度/(mg/mL)	成分	浓度/(mg/mL)
干物质	100～125	钾	2.3～4.4
蔗　糖	80～106	钠	0.046～0.276
还原糖	无	钙	0.020～0.092
蛋白质	1.45～2.20	镁	0.109～0.122
氨基酸	5.2(按谷氨酸)	铵	0.029
有机酸	2.2～3.2(按苹果酸)	腺苷三磷酸	0.24～0.36
磷酸盐	0.35～0.55	生长素	1.05×10^{-6}
硫酸盐	0.024～0.048	赤霉素	2.3×10^{-6}
氯化物	0.355～0.675	细胞分裂素	10.8×10^{-6}
硝酸盐	无	脱落酸	105.7×10^{-6}
碳酸氢盐	0.010		

筛管汁液中的氨基酸种类很多，达十余种，以酸性氨基酸及其酰胺为主。氨基酸含量的变化甚大。有人曾测定柳树蚜虫吻针伤流液中的含氮量的季节性变化，发现芽苞膨大时为 0.2%，叶芽开放与叶片成长时分别为 0.12%与 0.03%，当叶片衰老时，升至 0.13%，这与老叶的蛋白质降解大于合成有关。此外，筛管汁液中还含有 P-蛋白与酶类等蛋白质。

筛管汁液还含有相当多的有机酸，如柠檬酸、酒石酸、苹果酸等。有人认为这些有机酸与钾离子结合，参与筛管汁液的离子平衡。

生长素等内源激素也存在于筛管汁液之中，表明在同化物运输过程中伴有信息的传递。

筛管汁液含 0.24～0.36mg/mL 的 ATP，如与筛管内具有 ATP 酶活性、维管束的呼吸强度比周围薄壁组织高 4～5 倍以上以及

ATP 的最高含量出现于运输率最高的时候等诸事实联系起来，可以推知 ATP 与运输过程的能量需求密切有关。

筛管汁液中还有多种无机离子，其中阳离子以 K^+ 最多，其浓度可达 60～112mmol/L，其它有少量的 Na^+、Ca^{2+}、Mg^{2+}、NH_4^+；阴离子较少，以正磷酸为主，还有少量的 SO_4^{2-}、Cl^-、HCO_3^-，但没有 NO_3^-。此外，筛管内的质子浓度很低(pH7.5～8.8)，而细胞壁间隙 pH 可达 5～6，这种质子浓度梯度可能与同化物的装卸有重要关系。

（二）同化物运输的方向

至于同化物的运输方向总是从大量合成处——称为“源”，运向活跃生长的部位或大量积累物质的贮藏器官——称为“库”。例如，当枝条顶端有幼叶，下面叶片的光合产物就向上运输以供养幼叶；当幼叶充分生长并能制造和外运光合产物时，原先供应幼叶的那些叶片的光合产物就向下运输。可以说，一个组织是源还是库不是不变的。源库的相对位置决定了溶质的运输方向。有人曾对大豆进行了分析，表明：大豆幼叶叶面积长到全叶的 30%前不出现 ^{14}C 标记有机同化物的输出；当长到全叶的 30%～50%时，既有输入又有输出，随着叶片的继续长大，输入逐渐停止而输出占优势。由此可见，该叶片从库转变成源，有机同化物的运输方向也就从输入变成了输出。

有机物在韧皮部除了进行纵向的单向或双向运输外，还可在筛管间进行横向运输，但在一般情况下，横向运输的数量是很少的，只有纵向运输受阻时，横向运输才会增强。图 6-8 表明：用 $^{14}CO_2$ 喂给甜菜叶片时，标记代谢产物只出现在和供应叶片成直线的上部叶片及下部根中；但若将甜菜植株同一侧的成熟叶片完全除去，仅保留未成熟幼嫩叶片，然后将 $^{14}CO_2$ 喂给未去叶一侧的一张叶片，结果不仅在未去叶一侧的叶片上发现有放射性，而且在去叶一侧的幼叶中也发现有放射性，这说明筛管中存在着横向运输。

四、同化物运输的速度及运输率

同化物的运输速度往往因物种而异，如蓖麻为 84～150cm/h，菜豆 60～80cm/h，南瓜 40～60cm/h，甘蔗可达 300～360cm/h（表 6-2）。一般情况下，就同一植株而言，白天运输比夜间快。此外，同一植株在不同生育期，其韧皮部运输速度也不同，如南瓜幼苗内为

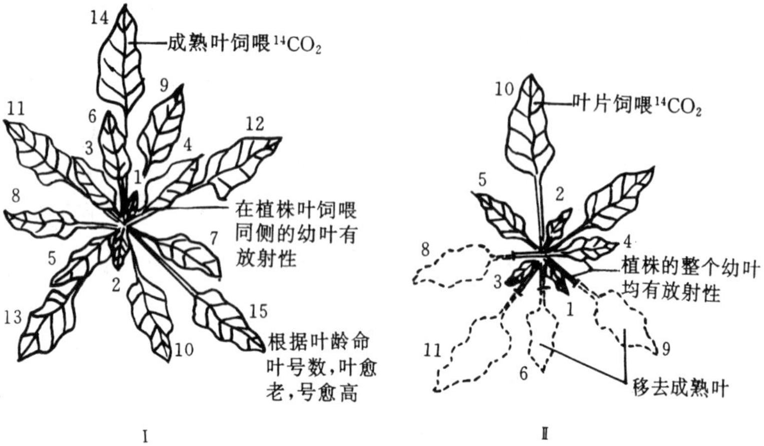

图 6-8 同化物在韧皮部中的同侧运输和横向运输

72cm/h，较老植株为 30～50cm/h。同化物运输速度还取决于筛管内被运输的物质成分，如大豆中，丙氨酸、丝氨酸和天冬氨酸运输较快，而甘氨酰胺与天冬酰胺及尿素运输较慢。

表 6-2 韧皮部中同化物的运输速度

植物	运输速度/(cm/h)
马铃薯	20～80
棉 花	35～40
南 瓜	40～60
水 杉	48～60
葡 萄	60
菜 豆	60～80
蓖 麻	84～150
柳 树	100
甘 蔗	300～360

同化物运输的速度可以通过单位时间内所运送物质的量来表示，与韧皮部截面积相结合，即可计算出单位时间内通过单位韧皮部横截面的同化物运输量，称比集运量，或称比质量转移，以 SMT 表示之。

$$SMT=\frac{单位时间内转移的物质量}{韧皮部横截面面积}$$

如马铃薯块茎100天内生长到210g，其中有24%是有机物，即约50g干物质是通过地下茎运输到块茎中去的。地下茎韧皮部的横截面积为0.0042cm²，则以重量计的运输率为：

$$SMT=\frac{50}{24\times100\times0.0042}=4.9g/(cm^2\cdot h^{-1})$$

筛管的截面积一般以占韧皮部总面积的20%计，因此若以运经筛管的横切面积计，SMT值应增大5倍。SMT与以运行距离计算的运输速度相比，其数值较为稳定。

五、植物体内同化物的分配与作物产量的关系

植物体内的同化物主要是指光合产物，而绝大多数的光合产物是糖类，特别是在光合作用中最先在细胞质内形成的是蔗糖。

在植物的经济产量中，通常90%以上来自光合产物，因此，光合产物的分配直接影响着经济产量的高低。

（一）代谢源与代谢率以及二者的相互关系

研究光合产物的分配时，需要明确“代谢源”与“代谢库”的含义。源是指向其它器官提供糖类等光合产物的器官，多数情况下往往是功能叶片，但在幼苗期则指胚乳或子叶等贮藏光合产物的器官。库是指利用或贮藏光合产物的器官如嫩叶、茎、根、花、果实和种子。

在任何生育期，一株植物总有若干器官以制造和输出光合产物为主，而另一些器官则以利用与输入光合产物为主，这样，前者就成为后者的源，而后者则是前者的库。

对于叶片来说，当它处于生长的初期阶段，是一种典型的“库”；而当它的面积超过最后定型面积的1/3～1/2时，开始有糖的输出，叶面积定型后输出能力渐渐增强，成为典型的“源”。

源是库的光合产物的供应者，源对库的重要性是不言而喻的，而库对源的作用却往往被忽视。小麦抽穗后，幼穗是当时主要的库，如果将麦穗剪去，会使小麦旗叶的光合速率剧降50%。这时，如果将其它叶片遮光，使它们变成消耗光合产物的器官，旗叶的光合速率又会增高。着生果实的果树叶片，其光合速率也显著高于不着生果实的叶片。此外，部分地摘除叶片也会使剩余叶片的光合速率提高，其原因在于提高了剩余叶片的蛋白质含量，特别是增强了它的RuBP羧化酶活性(表6-3)，由此可见，某个“源”合成与输出光合产物的强度不仅与“库”的需求量有关，而且还受到其他“源”的影响。

表6-3　部分去叶对玉米剩余叶片的RuBP羧化酶的影响

处理	去叶后天数/d	同化的^{14}C/(cpm×10^{-4})
对照	2	74.17
	3	50.58
	4	79.41
	5	86.63
部分去叶	2	75.82
	3	59.28
	4	87.61
	5	94.41

(二) 光合产物的分配原则

植物体内有机物运输到哪个部分去，是有一定规律的。

1. 优先运向生长中心　生长中心是指正在生长的主要器官或部位。它的特点是该部位生长年龄小、代谢旺盛、生长快、对养分的吸收能力强。

在植物一生中，由于生长中心发生变化，分配中心也发生变化。一般说来，植物在生活前期是以营养生长为主，因此这时的根、茎和叶成为分配中心，随着生殖器官的出现，植物便由营养生长进入生殖生长，这时的生殖器官就上升为分配中心。

不同器官吸收养料的能力不同，分配中心也有变化。以花与果相比，果吸收能力大于花，如大豆、棉花等植物在开花结实后，当干旱或者光照不足而降低叶的光合作用时，光合产物就优先运入果实或棉铃中，使花蕾得不到足够的有机养料而脱落，所以花蕾的脱落常常高于果铃。

生殖器官吸收养料的能力往往比营养器官强，所以很多植物在开花后，营养器官生长往往减弱，甚至停止。特别是作物到了成熟期，根茎和叶的生长基本停止，植物开始衰老，同化机能也逐渐减退，这

输速度才能恢复。

在自然条件下，气温和土壤温度不同时，可以影响运输的方向。当土温高于气温时，甘蔗的光合产物向根部运输的比例增大，反之，则有利于向顶端运输。

（二）矿质元素

^{14}C 同位素测定表明，氮素营养水平对棉株内同化物的运输和分配起着重要调节作用。植株缺氮会显著减少同化产物向茎和叶方向的分配，向根部的运输却增强。在水稻生产中，调节氮肥供应水平，被认为是控制体内光合产物的分配，进而控制植株生长的一项有效措施，例如在水稻拔节孕穗期，如施氮肥过多，则植株体内总氮和蛋白质增多，营养体生长过旺，糖含量减少，不利于同化物在茎鞘中积累，影响以后灌浆期动用贮藏物质向籽粒再分配，增加空瘪粒。水稻生长中期，适当控制氮肥水平，对增产有利。

此外，硼、磷和钾等元素对同化物的运输也有影响。硼能促进植物体内糖的运输，因为硼和糖能结合成复合物，有利于通过原生质膜，促进糖的运输。如甘露醇与硼酸可形成具有极性的甘露醇-硼酸复合体，向开花结铃期棉花喷施 0.01%～0.05%的硼酸溶液，能使同化物大量流入幼铃，减少脱落。

磷能提高光合效率，促进同化物运输，因此，适时增加磷肥，可以提高产量。对在开花期的棉花喷施 3%过磷酸钙溶液，能减少幼铃脱落。

钾能促进“库”内蔗糖转变成淀粉。糖分运到块根、块茎后，由于钾能促进蔗糖转化为淀粉，维持运输途径两端膨压的差异，因而有利于叶片内光合产物不断输入“库”。

（三）水分

缺乏水分会降低光合速率，并且明显地影响到同化物在不同库之间的分配（表 6-4）。不过，缺水对下行液流的影响比对上行液流更为突出，包括直接影响筛管中的纵向运输。

表 6-4 ^{14}C 标记有机同化物在缺水小麦植株中的分配状况

（旗叶引入$^{14}CO_2$后 24 小时测定）

组织	对照植株/(%)	缺水植株/(%)
旗叶	26.4±3.8	57.4±4.3
穗	34.7±3.9	33.7±3.5
顶部节间	5.2±0.9	3.0±0.9
下部节间	17.5±2.1	2.9±1.2
根	16.3±2.7	3.1±0.6

（四）光

光对同化物的分配与运输有密切关系。光的作用不能简单归为提高了叶片中光合产物的水平，光对同化物的转移速率还有直接影响。

通常，功能叶在白昼间的同化产物输出率快于夜间。当玉米植株从黑暗转入光照下，^{14}C 的同化产物输出速率明显升高，当再转入黑暗时，同化产物输出率又明显下降。因此，推测在光照下输出率的迅速增加是与叶内蔗糖浓度升高有关的。

当光照减弱时，有些植物可通过动员“源”叶内贮存的糖类，保持同化产物输出率的相对稳定。

第七章 植物激素与生长调节剂

第一节 植物激素与生长调节剂

一、植物激素的概念及其种类

植物激素是指在植物体内合成并经常从产生部位运到作用部位,能调节植物生长发育进程的微量有机物质。

现代生物科学研究的许多事实都证明:植物生长发育的进程受植物激素的调节。种子的休眠与萌发、细胞的分裂与分化、器官的发生与脱落、花的形成与开放、果实的生长与成熟以至整个植株的衰老与死亡等,都与植物激素的调节有着不可分割的联系。由于植物激素能调节植物生长发育进程,故也被称为植物生长物质。

外界环境条件对植物生长发育的影响也反映在内源激素的含量与组分的变化上。例如短日诱导的落叶与赤霉素含量的减少和脱落酸含量的增加一致。在某些特殊条件下,有些植物可以长期处于没有花分化的营养生长状态,但通过激素处理可以诱导花的形成。例如用赤霉素处理可以诱导某些长日植物在短日条件下成花。

已知的植物激素有五大类,它们是:生长素类、赤霉素类、细胞分裂素类、脱落酸和乙烯。前三类是促进生长的物质,脱落酸是抑制生长、诱导休眠的物质,乙烯是促进成熟和衰老的物质,植物激素在植物体内的含量很低,一般只占植物体鲜重的 10^{-7}～10^{-9}。

植物激素引起的生理效应是通过激素受体起作用的。所谓激素受体是指能与激素进行特异结合从而引起激素生理效应的物质,它能识别激素的信号,并将信号转化为一系列细胞内的生物化学与生物物理的变化,最终表现出不同的生物效应。关于激素受体的研究,比较清楚的是生长素受体，它是一种热不稳定的蛋白质。它在细胞中的定位，有人认为是在细胞的质膜上，它促进细胞壁的松弛，从而引起细胞的生长。也有人认为生长素受体定位在细胞质中，它促进核酸和蛋白质的合成，从而促进细胞的分裂。

植物体内还有许多天然的生长抑制物，可以用典型的生物试验法鉴定出来。这些抑制物主要是酚类化合物，如对羟基苯甲酸、对香豆酸、水扬酸、香草酸、咖啡酸、儿茶酸、五倍子酸等。这些酚类化合物能抑制细胞的分裂和伸长，也是强有力的杀菌剂，可保护植物免于细菌和真菌的侵害。

二、生长调节剂的概念及其种类

植物生长调节剂是一些具有植物激素活性的人工合成的物质。到目前为止，已经商品化的植物生长调节剂有 200 多种，大致可以分为五类，即生长素类、赤霉素类、细胞分裂素类、乙烯释放剂、生长延缓剂和生长抑制剂。这些生长调节剂中，有的分子结构和生物效应与植物激素十分相似，如吲哚丙酸与天然的生长素——吲哚乙酸、苄基腺嘌呤与天然的细胞分裂素——玉米素均十分相似。萘乙酸、2,4-D 与吲哚乙酸的分子结构不同，但也有很强的生长素效应。

人工合成的生长调节剂，也能有效地调节植物生长发育进程。近年来，在农业、林业、果树、蔬菜栽培中，已广泛地应用生长调节剂，例如在插条生根、保花保果、促进开花、单性结实、促进或抑制生长、防止脱落、打破休眠、性别分化等方面，应用生长调节剂，取得了良好的生产效果。有人预测，在现代农业生产中，植物生长调节剂将与化肥、农药一起成为农业生产所必需的三大物资。

第二节　植物激素及其生理效应

一、生长素类

(一)生长素的发现

生长素是最早被发现的植物激素。1880 年达尔文发现金丝雀䓍草在单方向光照条件下，会发生向光弯曲，他通过一系列试验，认定胚芽鞘的向光弯曲是由于芽尖有某种刺激下传到芽鞘伸长区引起的。1913 年本森-詹森证明芽鞘尖端下传的引起芽鞘向光弯曲的刺激是一种物质。1928 年温特收集到了这种物质，1934 年荷兰人柯葛从玉米油、麦芽中分离出和纯化了这种物质，经鉴定为吲哚乙酸，命名为生长素。后来又陆续从植物中分离出具有生长素活性的物质，其中主要是吲哚类物质，如吲哚乙醇、吲哚乙腈、4-氯吲哚乙酸。其化学结构如下：

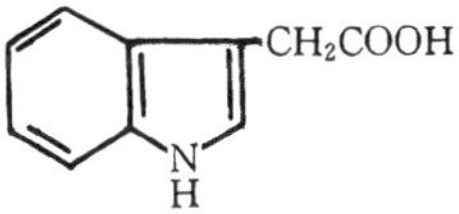

吲哚乙酸

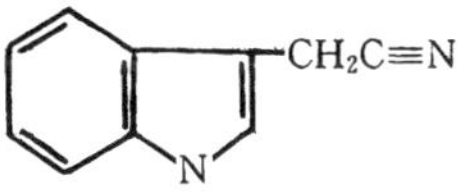

吲哚乙腈

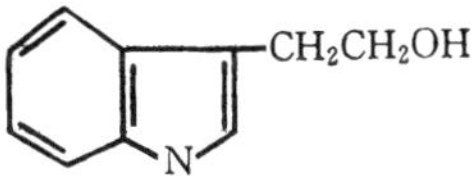

吲哚乙醇

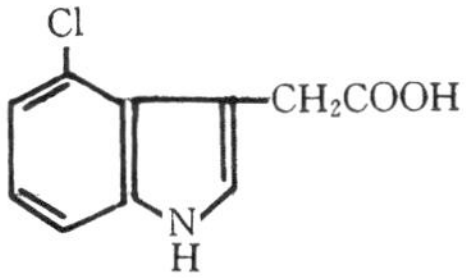

4-氯吲哚乙酸

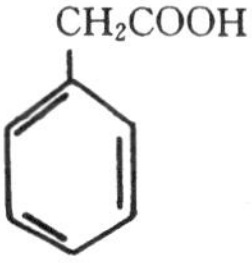

苯乙酸

（二）生长素的分布、合成与传导

生长素在植物体内的分布是很广泛的，根、茎、叶、花、果实、种子中都含有生长素，但主要分布在生长旺盛的部位，如幼嫩的种子、胚芽鞘、芽和根尖端的分生组织、形成层等，趋向衰老的组织和器官则含量较少。生长素的含量是很低的，每克鲜重植物材料中，一般含 10～100ng 生长素。

植物的旺盛生长部分，如幼嫩的茎尖、扩展中的幼叶、幼胚和生长中的果实和种子等是合成生长素的主要部位。组织培养的试验证明：根尖也能合成生长素。

生长素生物合成的前体是色氨酸。将标记的色氨酸注入植物体内，不久即可找到标记的吲哚乙酸，如将色氨酸渗入菠菜、豌豆、番茄的叶子里，在有氧条件下，就会有大量的吲哚乙酸形成。将色氨酸渗入燕麦芽鞘切段中，几小时后即可促成芽鞘切段的伸长生长。

由色氨酸形成吲哚乙酸的途径主要有两条：一是色氨酸氧化脱氨形成吲哚丙酮酸，再脱羧形成吲哚乙醛，吲哚乙醛的醛基氧化形成吲哚乙酸；另一条途径是色氨酸先脱羧形成色胺，再脱氨形成吲哚乙醛，最后转化为吲哚乙酸（图 7-1）。大多数高等植物都有色氨酸转氨酶，可将色氨酸转变为吲哚丙酮酸。有些植物，如番茄和大麦幼苗具有色氨酸脱羧酶，可将色氨酸转变为色胺。近年来发现，在十字花科等许多植物中含有吲哚乙腈，在腈酶作用下可转变为吲哚乙酸。

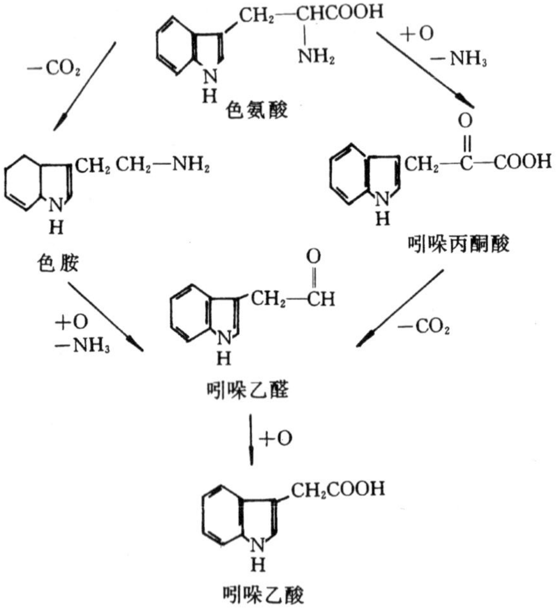

图 7-1 由色氨酸形成吲哚乙酸的两种途径

（两种途径均以吲哚乙醛为中间产物）

锌是合成吲哚乙酸不可少的营养元素，它是色氨酸合成酶的成分，这种酶可催化吲哚与丝氨酸结合形成色氨酸，为吲哚乙酸的生物合成提供前体物质。崔澂证明：缺锌时吲哚乙酸的含量减少，缺锌植物加锌十几个小时后，吲哚乙酸与色氨酸的含量迅速升高。光照也影响生长素的生物合成，如将蚕豆长期置于黑暗中，最初虽有生长素，但不久即会消失。光照也会促进游离态生长素向束缚态生长素转化，闪光抑制黑暗中幼苗的生长，与游离态生长素的减少有关。

吲哚乙酸在不断合成的同时，也在不断降解。吲哚乙酸的降解是在吲哚乙酸氧化酶作用下进行的。吲哚乙酸氧化酶是一种含铁的血红蛋白，它具有两个辅基以保证它的活性，一个是锰，另一个是酚，一般是一元酚，如香豆酸、阿魏酸等，因此这类物质能够抑制植物的生长。通常在衰老的器官和组织中，吲哚乙酸氧化酶的活性较高，生长素水平降低，生长速率亦随之下降。例如距根尖或茎尖越远，吲哚乙酸氧化酶的活性越高，生长素水平越低。

生长素也可与植物体内的某些物质，如葡萄糖、肌醇、天冬氨酸等结合，形成没有活性的束缚态生长素。束缚态生长素是一种贮藏形式，在适宜的条件下可转变为有生理活性的游离态生长素。例如风干种子中的生长素是不表现生长活性的，当种子吸水萌发时，束缚态生长素转化为游离态生长素，促进种子的萌发。

生长素在植物体内是一种极性运输，它只能从形态学上端运向形态学下端，而不能进行相反方向的传导。如把含有生长素的琼脂小块放置在切头去尾的燕麦胚芽鞘的形态学上端，把不含生长素的琼脂小块放在胚芽鞘切段的形态学下端(参看图 7-2)，经过一段时间

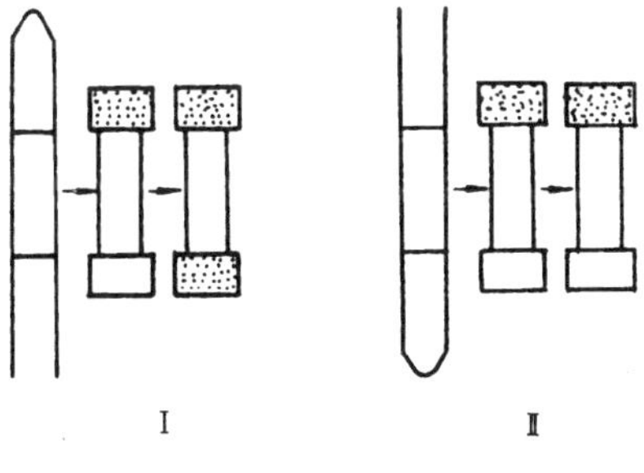

图 7-2 生长素的极性运输

Ⅰ 胚芽鞘形态学上端向上 Ⅱ 形态学下端向上

后，则下端的琼脂小块也含有生长素。如果把芽鞘切段颠倒放置，则下部的琼脂小块不含有生长素。在根中生长素的运输也属极性运输，即从根尖运向基部。近年来发现，在叶片中未经活化的生长素输出是向顶端的，外施的生长素运输也不表现出极性。例如施于老叶的生长素会随同化物流在韧皮中移动，也会随蒸腾流在木质部中运输，因而所谓极性运输也并非绝对的。

生长素的极性运输是一个主动的耗能过程，这通过以下诸现象可以了解：①在缺氧和呼吸抑制剂的作用下，生长素的极性运输受到抑制；②生长素的运输可以逆浓度累积，芽鞘切段生长素的向基部运

输可使下端受体琼脂小块的吲哚乙酸浓度超过上端供体琼脂小块的浓度；③运输速度比扩散快得多，约 10 倍于扩散速度；④这种运输有饱和效应，当使用更高浓度的吲哚乙酸时，则不能运输的吲哚乙酸量也相应增加。

（三）生长素的生理效应

生长素促进植物细胞分裂与细胞伸长，但主要的是促进细胞伸长生长。如将燕麦胚芽鞘切段用生长素处理，10 分钟后即开始迅速伸长生长。银杏的枝条在得到持续不断的生长素供应时，发育成长枝，反之则发育成短枝（图 7-3）。

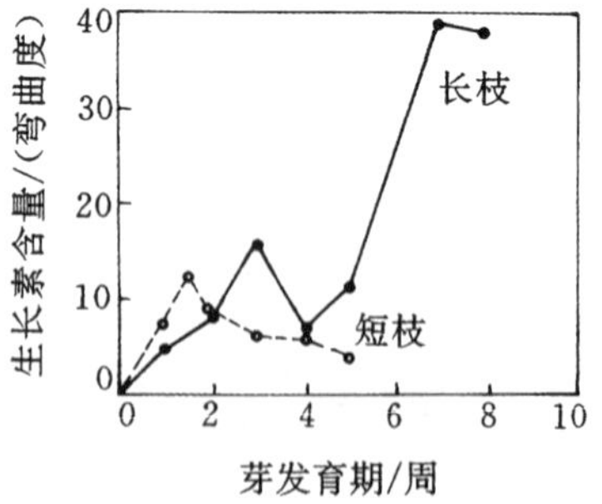

图 7-3　银杏长枝与短枝中的生长素含量

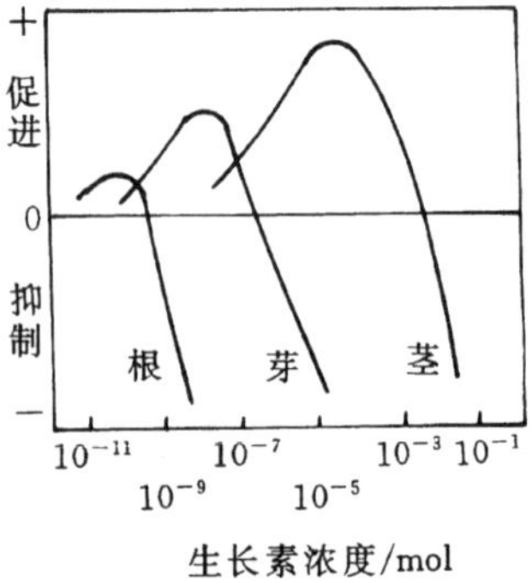

图 7-4　植物不同器官对生长素的反应

应当指出，生长素对细胞伸长的促进作用与生长素的浓度、细胞年龄和植物器官种类有关。一般地说，低浓度促进生长，中等浓度抑制生长，高浓度使植物受伤甚至引起植物死亡。幼年细胞对生长素非常敏感，老年细胞则比较迟钝。不同的植物器官对生长素的敏感程度也不相同，根对生长素最敏感，芽次之，茎的敏感程度最低（参看图 7-4）。促进根生长的最适浓度是 10^{-10}mol，芽为 10^{-8}mol，茎为 10^{-4} mol。植物茎的向光性和根的向地性，也是因为它们对生长素的敏感程度不同引起的，例如胚芽鞘的向光弯曲生长与茎尖的生长素分布不均有关，背光面的生长素浓度比向光面高，因而背光面生长较快而表现向光弯曲。用 ^{14}C 标记的生长素处理平放茎时，生长素会移向近地侧。根的向地性生长，也是因为近地侧的生长素浓度较高，而高浓度的生长素是抑制根生长的，以至引起根的向地侧生长较慢，背地侧生长较快而表现向地弯曲。

生长素也能诱导器官的分化，如根的分化就与生长素诱导有关。组织培养中愈伤组织形成根需要较高比例的生长素与细胞分裂素的比值。生长素也可诱导愈伤组织形成木质部。在无菌培养的丁香愈伤组织中，插入一小块丁香的茎尖，在接触点之下的愈伤组织里，分化出分散成行的木质部管胞。如果不插入丁香茎尖，而加入含生长素和椰子乳提取液的混合物，也可发生一些木质部的分化。

植物生长的顶端优势现象也与生长素的作用有关，顶端形成的生长素运到侧枝，抑制侧枝的生长。紫茉莉在有顶芽存在时，侧枝生长很慢，如切去顶端，侧枝在几小时之内就迅速生长。但去顶后在切口处涂抹生长素，则侧枝的生长仍被抑制。如用^{14}C标记的吲哚乙酸涂抹去顶后的枝条，发现侧枝生长被抑制的程度与^{14}C在侧枝中的脉冲数成正比，说明侧枝生长被抑制与生长素运往侧枝有关。

二、赤霉素类

（一）赤霉素的发现

赤霉素是在研究水稻恶苗病的过程中被发现的。感染恶苗病的稻苗超速生长，茎叶过度伸长，并很快倒伏死亡。1912 年日本人泽田发现水稻的恶苗病是由赤霉菌的刺激引起的。1928 年泽田的学生黑泽证明这种刺激的实质是赤霉菌分泌的某种物质，用培养赤霉菌的培养基过滤液处理水稻，同样引起恶苗病的发生。1938 年薮田贞次郎等分离并结晶了这种物质，命名为赤霉素 A。50 年代，美、英等国的学者又进行了系统研究，确定了它的化学结构，命名为赤霉酸。经研究证知，从植物中分离出的赤霉素已达 80 多种，它们的基本化学结构是相同的，都具有由四个连在一起的环组成的赤霉素烷环，它们之间的主要差别在于双键和羟基的数目与位置的不同以及内酯环的有无。下面是几种有代表性的赤霉素结构。

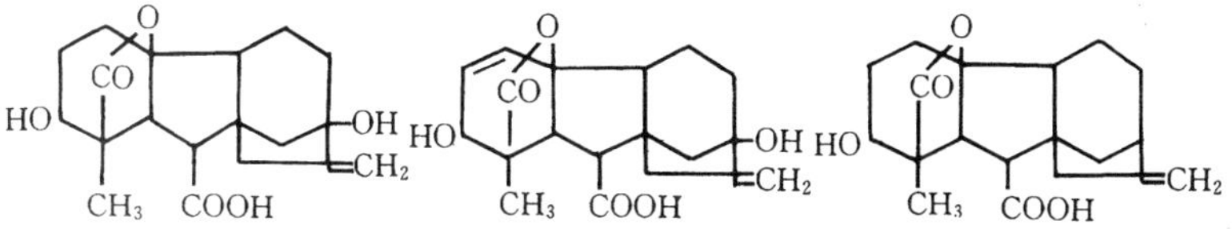

GA_1　　GA_3　　GA_4

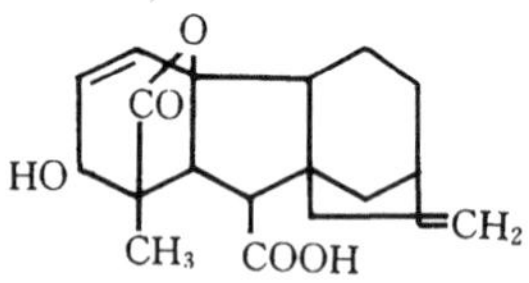

GA_7

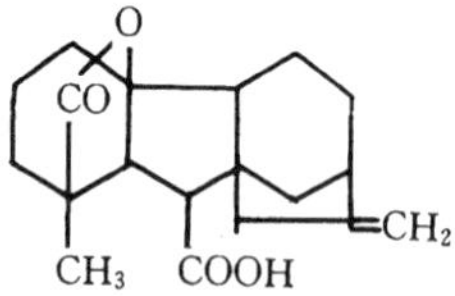

GA_9

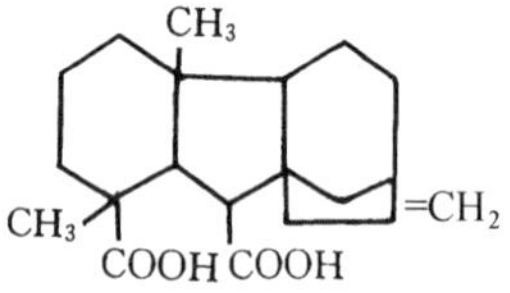

GA_{12}

（二）赤霉素的分布、合成与代谢

赤霉素在高等植物中是普遍存在的，在所有的植物器官中都含有赤霉素，但主要分布在生长旺盛的部位，如茎尖、嫩叶、根尖、果实和种子等。高等植物的赤霉素含量一般是1～1 000ng/g（鲜重），生殖器官中赤霉素的含量比营养器官高。随着植物生长发育的进行，赤霉素的含量、种类和状态也会发生变化。

赤霉素在植物体内可以向各个方向运输，例如根部合成的赤霉素可通过木质部向上运输，而芽和幼叶合成的赤霉素可沿韧皮部上运或下运。

通常认为，植物体内合成赤霉素的部位是幼芽、幼根、未成熟的果实和种子等。赤霉素在细胞中的合成部位是质体。

赤霉素的生物合成是十分复杂的，其中间过程尚未完全弄清。赤霉素合成的起始物质是甲瓦龙酸，它由3分子的乙酰辅酶A缩合而成。从甲瓦龙酸合成赤霉素需要经过许多步骤，赤霉素合成的直接前体是赤霉醛，赤霉醛的醛基氧化形成赤霉酸（GA_3）。

赤霉素的生物活性与其碳原子数以及羟基所处的位置有关。在赤霉素中只有那些含19个碳原子的才具有活性，例如人们所熟知的具有高活性的GA_1、GA_3、GA_4、GA_7、GA_9都是含19个碳原子的赤霉素。含20个碳原子的赤霉素是合成19个碳原子赤霉素的中间物质，不具生理活性。具有α、β羟基的GA_8、GA_{29}等则是那些有生物活性的赤霉素的代谢产物，也不具有生理活性。

在植物体内赤霉素的降解速度很慢，但它很容易与其它物质结合转变为束缚态赤霉素。目前已知的束缚态赤霉素有：它与葡萄糖结合形成的赤霉素葡萄糖苷，与乙酸结合形成的赤霉素乙酸乙酯，它还可与蛋白质分子结合而转变为束缚态。束缚态赤霉素是贮藏形式，不表现生理活性。在种子发育过程中，自由态赤霉素逐渐转变为束缚态赤霉素，贮藏在种子中。在种子萌发过程中，束缚态赤霉素解去束缚，成为自由态赤霉素，促进幼苗的生长。

（三）赤霉素的生理作用

赤霉素促进植物的细胞分裂与细胞伸长，在植物分生区主要是促进细胞的分裂，在延长区促进细胞的伸长，对分化完全的细胞则作用甚微。用赤霉素处理天仙子，其茎端分生组织进行有丝分裂的细胞比对照多。用赤霉素处理矮生西瓜幼苗，其细胞周期缩短 30%左右。

赤霉素促进细胞的伸长生长，效果十分明显。用赤霉素处理水稻，可引起茎叶迅速伸长；用赤霉素处理矮生豌豆、矮生玉米，可使其茎杆生长到正常高度，甚至使丛生豆变成藤本豆。植物的矮生或莲座状生长类型也与其赤霉素含量水平偏低有关。赤霉素促进伸长生长的效应，与其促进生长素的合成并抑制其破坏有关，例如在豌豆茎中赤霉素促进 L-色氨酸转变为 D-色氨酸，后者是合成吲哚乙酸的前体物质。在许多矮生植物中，能引起吲哚乙酸氧化的过氧化物酶活性很高，在加入赤霉素后，过氧化物酶活性急剧降低。

有许多需要低温春化和长日照才能开花的植物，赤霉素可代替低温和长日照的作用，促使其在非诱导光、温条件下开花。例如天仙子、金光菊，如果未满足其对长日条件的需要是不能开花的，若用适当浓度的赤霉素溶液处理，可使其在短日条件下开花。用赤霉素处理二年生植物胡萝卜，可代替低温使其在当年开花。油菜在越冬期间，赤霉素的含量变化不大，但到越冬过程的后期，赤霉素含量升高。

赤霉素诱导α-淀粉酶的形成，这也是赤霉素促进种子萌发的原因之一。种子萌发时，胚中的赤霉素扩散到糊粉层，在糊粉层诱导α-淀粉酶的形成，糊粉层细胞是赤霉素反应的“靶细胞”。切去胚的大麦种子，因为没有赤霉素的来源而不能形成 α-淀粉酶。但如将去胚的大麦种子与赤霉素一起保温，可诱导 α-淀粉酶的形成，促进淀粉的水解。赤霉素还可诱导其它一些水解酶如蛋白酶、核糖核酸酶、果糖-1,6-二磷酸酯酶的形成。

三、细胞分裂素类

（一）细胞分裂素的发现

最先提出在植物体内可能存在促进细胞分裂物质的是 Wiesner

(1892年)。1913年Haberslandt发现韧皮部的扩散物质能够诱导马铃薯薄壁细胞的细胞分裂。1954年Skoog等在烟草髓组织中进行组织培养时，观察到在只含生长素的培养基上，髓细胞进行有限生长而不进行细胞分裂，如加入一块维管束组织，则可进行强烈的细胞分裂，这再次证明维管束中含有一种可扩散的促进细胞分裂的物质。Skoog和崔澂还发现：如果在培养基中加入酵母提取液，也能促进烟草髓组织的细胞分裂，后来证明在酵母提取液中促进细胞分裂的因子是DNA的降解产物，命名为激动素，它是腺嘌呤的衍生物，并非是植物组织中的内源生长物质。

植物组织中天然的细胞分裂素是1964年Letham从未成熟的甜玉米种子中分离出来的，称为玉米素，也是腺嘌呤的衍生物。它与激动素的不同之处是：玉米素在腺嘌呤的6-氨基上的侧链为异戊二烯基，而激动素为呋喃甲基。现在已从多种植物中鉴定出近30种细胞分裂素物质。人工合成的具有细胞分裂素活性的物质，也是腺嘌呤的衍生物。下面是几种常见的天然的和人工合成的细胞分裂素的结构式。

天然生产

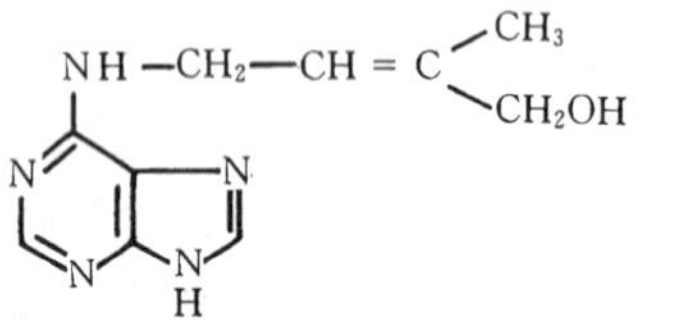

玉米素

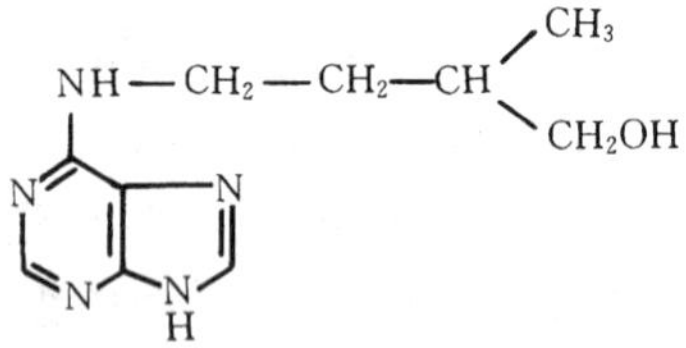

二氢玉米素

人工合成

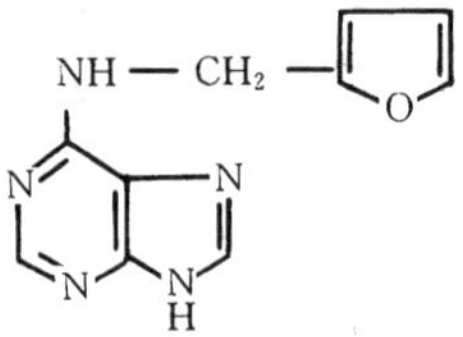

激动素

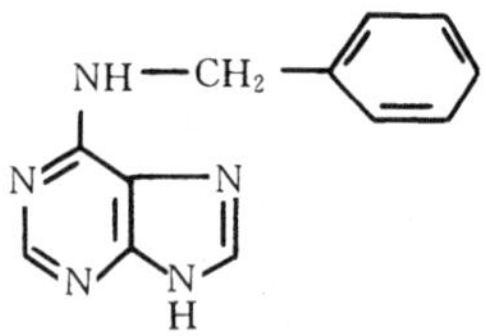

苄基腺嘌呤

(二)细胞分裂素的分布、合成与代谢

细胞分裂素广泛存在于高等植物中，其含量介于1～1 000ng/g

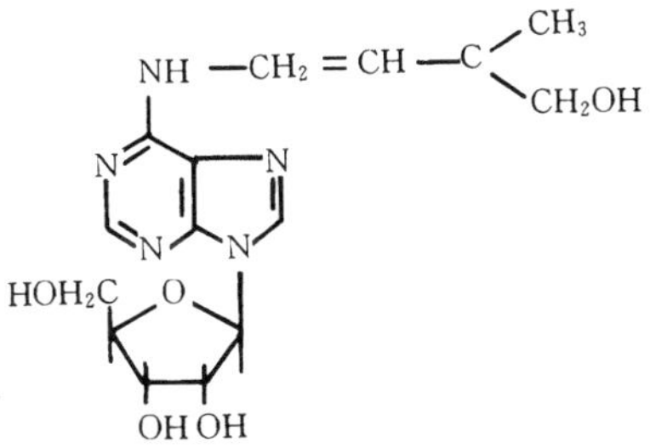

玉米素核苷

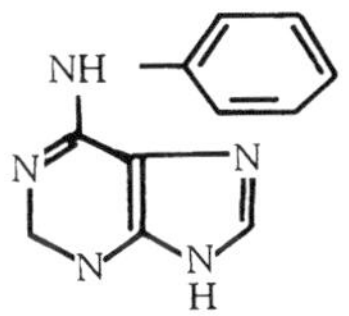

N^6-苯基腺嘌呤

(鲜重)。在幼嫩根尖、茎尖、幼叶、幼嫩的果实和种子、伤流液中，均检测到细胞分裂素。在根尖和根瘤中，细胞分裂素的含量特高，主要是玉米素和玉米素核苷。休眠芽中检测不到细胞分裂素，正在萌发的芽则含有较丰富的细胞分裂素。叶片中的细胞分裂素则因叶龄不同而有很大差异，幼叶中含量较高，进入衰老的叶则含量很低。有些昆虫的幼虫唇腺也能分泌细胞分裂素，所以当秋季叶片衰老变黄时，被这种昆虫侵扰的部位仍呈现绿色。

植物合成细胞分裂素的部位主要是根尖，其实验依据是：①许多植物如葡萄、向日葵、水稻、棉花和番茄的伤流液中均检测到细胞分裂素，而且在切去地上部 4 天后，伤流液中的细胞分裂素浓度仍不下降，说明是根中合成的细胞分裂素通过木质部向上运输的。②测定豌豆根尖各切段的细胞分裂素含量，结果表明，在根尖 0～1mm 切段的细胞分裂素含量最丰富，比 1～5mm 切段的含量高出 40 倍，而在距根尖 5mm 以上的切段中，细胞分裂素的含量甚微。③无菌培养水稻根尖，它可向培养基中分泌细胞分裂素。上述实验证明根尖是合成细胞分裂素的主要场所。近来的研究表明：茎端、萌发中的种子、发育中的果实也可能是合成细胞分裂素的部位。

根中合成的细胞分裂素随木质部汁液向地上部运输，但幼叶、幼嫩的果实和种子中的细胞分裂素很少向外扩散。

关于细胞分裂素的生物合成有两条途径。tRNA 的降解是产生游离细胞分裂素的来源之一，因为异戊烯基腺苷存在于 tRNA 中，但它不是产生游离细胞分裂素的主要来源，植物中某些种类的细胞分裂素以游离状态存在，但并未发现相应的 tRAN。从烟草中分离出能合成细胞分裂素的酶，这种酶称为异戊烯基磷酸酯-AMP-异戊烯基转移酶，它催化腺苷酸与异戊烯基焦磷酸酯合成游离的细胞分裂素。细胞分裂素的生物合成是在细胞的微粒体中进行的。

细胞分裂素的降解是在细胞分裂素氧化酶作用下进行的。在这种酶的作用下，细胞分裂素的6-氨基键断裂形成腺嘌呤、腺苷、腺苷酸与异戊烯基的片段。在烟草、玉米和蔓常春藤中已分离提纯出细胞分裂素氧化酶。嘌呤环在黄嘌呤氧化酶作用下，氧化分解形成尿酸、尿囊酸和尿素。细胞分裂素也可与葡萄糖结合形成糖苷，它是细胞分裂素的贮藏形式。

(三)细胞分裂素的生理作用

1. 促进细胞分裂　细胞分裂素的生理作用是多方面的，它的主要作用是促进细胞分裂。例如将胡萝卜根的薄壁细胞进行组织培养时，即使培养基中含有全部营养物质和其它生长物质，如不加入细胞分裂素，则细胞极少分裂；如加入细胞分裂素，则细胞分裂，组织块增大，形成愈伤组织。细胞分裂包括核分裂和胞质分裂两个过程，生长素促进核的有丝分裂，而细胞分裂素促进胞质分裂，因此在缺少细胞分裂素时胞质不分裂，形成多核细胞。

2. 诱导芽的分化　组织培养时，愈伤组织进一步分化出根或芽，取决于生长素和细胞分裂素的比值。当两者的比值低时，诱导芽的分化；两者比值高时，促进根的分化；比值处于中间水平，愈伤组织只生长不分化。毛叶秋海棠的叶经细胞分裂素处理后，不仅主茎基部能很快分化形成芽，而且整个叶缘也都有芽的形成。在生长的植株中，细胞分裂素能促进侧芽的发生，因而具有消除顶端优势的效应。例如豌豆幼苗第一真叶的腋芽处于潜伏状态，如果用细胞分裂素处理，则可转入生长状态。在腋芽处施用细胞分裂素，只促进这个腋芽的发育，对其上下的潜伏芽不产生效应；如果在茎顶端施用细胞分裂素，反而使侧芽生长受到抑制，这可能与细胞分裂素不易移动并能吸引营养物质的特性有关。

3. 延缓叶片衰老　延缓叶片衰老是细胞分裂素特有的效应。叶片衰老的外观表现是叶绿素破坏，叶片变黄。如果将离体叶片漂浮在细胞分裂素溶液中，可以很长时间保持绿色；如将细胞分裂素滴于离体叶片上，置于暗处，几天后可以观察到整个叶片都已变黄，唯独滴有细胞分裂素的部位仍保持绿色。细胞分裂素能延缓叶片衰老，一方面是细胞分裂素能抑制核酸酶和蛋白酶的活性，延缓核酸、蛋白质和叶绿素的降解；同时它能吸引营养物质向其应用部位移动。

4. 刺激块茎膨大　马铃薯块茎是马铃薯的地下匍匐茎顶端膨大而成。用细胞分裂素处理已停止生长的马铃薯地下匍匐茎顶端，能刺激其细胞分裂并使之膨大，最终形成块茎。

此外，细胞分裂素还能诱导某些短日和长日植物成花，促进坐果，减少脱落。

四、脱落酸

(一)脱落酸的发现

上述三类植物激素对植物生长都有促进作用，因此设想，植物生长发育的正常进行，可能依赖于促进植物生长的激素与抑制植物生长的物质间的平衡关系。1949 年汉伯格发现，在马铃薯块茎的皮层中，有许多抑制萌发的物质，在解除其休眠的过程中，这种物质的含量随之降低。韦尔林等依据汉伯格的这一设想，分析了槭树顶芽在不同季节抑制物质含量的变化规律，发现这种物质的含量在 10 月前后最高，冬季逐渐减少，5、6 月间含量最低。如果把这种物质的水溶液涂抹到生长旺盛的叶片上，28 天后，顶芽完全进入休眠状态。由于这种物质能引起休眠，故称为休眠素。与此同时，有人在研究棉花的蕾铃脱落时，发现棉铃中有促进脱落的物质，并从未成熟而将要脱落的棉铃中分离出了这种物质，命名为脱落素。研究证明：从棉铃中分离出的脱落素和从槭树休眠芽中提取的休眠素为同一种物质。1967 年在第六届国际生长物质会议上该物质被统一命名为脱落酸，简写为 ABA，其化学名称是 3-甲基 5(1′-羟基-4′- 氧-2′,6′,6′-三甲基 2′-环己烯 1′-基)-2,4-戊二烯酸，结构式如下：

(二)脱落酸的分布、合成与代谢

脱落酸存在于各类器官(根、茎、叶、芽、果实和种子)中。在正常情况下，脱落酸的含量在 10～50ng/g(鲜重)之间，但在受到逆境胁迫时，脱落酸的含量会迅速升高，如植物受 4～8h 干旱后，脱落酸含量升高 10～50 倍，重新灌水后，又会在 4～8h 内恢复到原来水平。

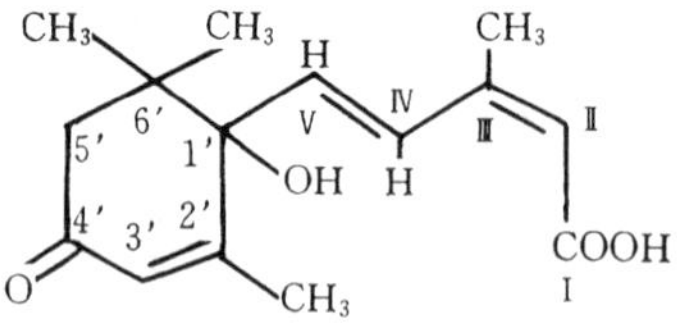

脱落酸(ABA)

脱落酸的合成部位是叶片和根系。根部合成脱落酸的部位是根冠,叶片合成脱落酸的场所是叶绿体,有实验证明果实也能合成脱落酸。叶绿体可能是合成脱落酸的主要场所。

脱落酸的合成途径可能有两条:一条途径是以甲瓦龙酸为起始物质,经过法尼烯基焦磷酸等中间过程最后形成脱落酸。用^{14}C标记的甲瓦龙酸处理鳄梨和番茄,发现^{14}C为脱落酸所吸收。甲瓦龙酸也是合成赤霉素的起始物质,通常在长日条件下有利于合成赤霉素,短日条件有利于形成脱落酸。合成脱落酸的另一条途径是被称为紫黄质的叶黄素的氧化,紫黄质经过光氧化或生物氧化形成叶黄氧化素,再进一步转化为脱落酸。紫黄质转化为脱落酸的过程需要强光照,而事实上在微光和黑暗条件下植物也能合成脱落酸,因此由紫黄质氧化形成脱落酸的途径在生理上的作用是有限的。

经^{14}C脱落酸的跟踪研究脱落酸的代谢,发现有三种不同的代谢产物:一是氧化降解为菜豆酸、二氢菜豆酸;二是与葡萄糖结合形成脱落酸葡萄糖酯,这种酯的活性很低,且结构稳定,不易被葡萄糖苷酶所水解;三是由顺、反型的脱落酸转变为反、反型的脱落酸,反、反型的脱落酸只有很小或没有生物活性。

(三)脱落酸的生理作用

1. 促进脱落　促进器官脱落是脱落酸的重要生理作用之一。衰老的叶片和成熟的果实中脱落酸含量升高,因而引起脱落。棉花幼铃脱落最多的时间是受精后的第 5～10d,而这段时间也是棉铃中脱落酸含量最高的时期,可见棉铃脱落与脱落酸含量关系密切(参看图 7-5)。外施脱落酸于葡萄、柑橘和苹果上,能有效地促进果实和花的脱落,但对叶片脱落效果较差,需要高浓度的脱落酸(2～4mmol/L)才有促进作用。

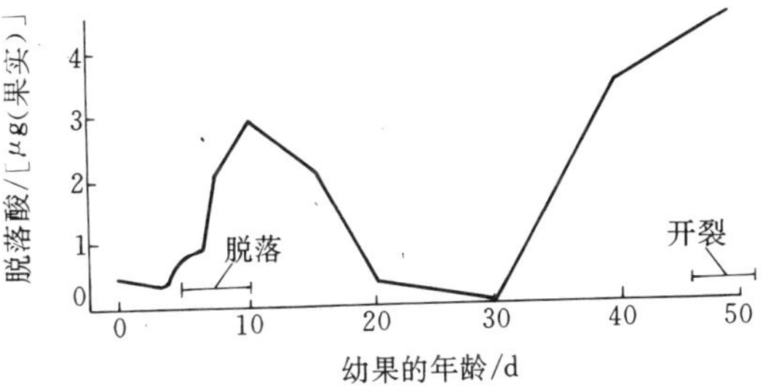

图 7-5　棉花果实中脱落酸含量的变化

2. 诱导休眠　脱落酸是诱导种子和多年生植物芽进入休眠状态的物质。有些植物如红松、槭、蔷薇和桃的种子外皮中含有脱落酸，经层积处理后，脱落酸含量下降，种子的休眠也随之解除。多年生植物休眠芽的形成与秋天日照时数缩短有关，因为短日照条件诱导脱落酸形成。在长日条件下的槭树幼苗，不会形成休眠芽，如果连续施用脱落酸，也会引起叶片脱落而形成休眠芽。

3. 促进气孔关闭　气孔运动受脱落酸的调节，例如在水分亏缺的条件下，叶片内会十分迅速地累积脱落酸，促使气孔关闭。外施脱落酸水溶液于叶片上，可在 3～9min 内引起气孔关闭，降低蒸腾速率，因此脱落酸被认为是一种内生抗蒸腾剂。

4. 增强抗逆性　近年来的研究发现，在干旱、水涝、高温、寒冷、盐渍、辐射、感病等逆境条件下，植物体内游离脱落酸的含量增加，从而提高植物的抗逆性。例如寒冷时，脱落酸含量增加，植物生长减慢，抗寒、抗病能力增强。用 7.5×10^{-5}mol 的脱落酸处理冬小麦、冬黑麦、苜蓿、胡萝卜的组织培养细胞时，喷射后第 4 天转入低温，愈伤组织的细胞可忍受－30℃的低温。

此外，脱落酸还具有抑制长日植物成花和促进某些短日植物成花的效应。

五、乙烯

（一）乙烯是一种内源植物激素

乙烯是一种结构简单的不饱和碳氢化合物，在常温常压下呈气态。

早在20世纪初就已经知道乙烯对果实有催熟作用。到20世纪30年代，已发现许多植物体内都含有乙烯，但它究竟是果实成熟的产物，还是促进果实成熟的植物激素，则无法确定，因为当时用来测定乙烯含量的生物鉴定法灵敏度低，无法检测到极微量的乙烯。60年代初，由于气相色谱仪的应用，可以检测出 10^{-12}mol 浓度的乙烯，从此证明了乙烯是健康植株的正常代谢产物，它不只存在于成熟的果实和趋向衰老的器官中，幼果和分生组织也含有乙烯。它有许多方面的生理作用，具备植物激素应有的性质，60年代被确定为植物激素。

(二)乙烯的分布、合成与代谢

乙烯广泛分布于植物的各个组织和器官中，如根、茎、叶、花、果实、种子和块根、块茎中均含有乙烯，其中以分生组织、萌发的种子和成熟果实中含量最高。在跃变型果实中，临近跃变前和跃变高峰期之间，乙烯释放量剧增；非跃变型果实如柠檬、柑橘等的乙烯释放量变化不大，约为 $0.05nL \cdot g^{-1} \cdot h^{-1}$；跃变型果实在跃变高峰期的乙烯释放量可达到 $10nL \cdot g^{-1} \cdot h^{-1}$。

合成乙烯的起始物质是蛋氨酸，其直接前体是ACC，即1-氨基环丙烷1-羧酸。用不同碳位标记 ^{14}C 的蛋氨酸饲喂苹果，证明蛋氨酸的第3与第4位碳形成乙烯。蛋氨酸的甲硫基(CH_3—S—)是可循环利用的。

(三)乙烯的生理作用

1. 促进果实成熟　乙烯是促进果实成熟的植物激素。像苹果、香蕉等有呼吸跃变的果实，幼果中乙烯浓度很低，但当细胞间隙中乙烯含量达到最高生理浓度时，恰恰是果实临近成熟之前，也是呼吸跃变发生之前。因此呼吸跃变和果实成熟是乙烯产生与累积的结果。

2. 促进脱落　在果实的自然脱落过程中，伴随着乙烯含量的增加，如果人为地将植物置于一定浓度的乙烯空气中，会促使花、果实和叶的脱落，施用高浓度的乙烯，幼嫩叶片也会脱落。在乙烯促进脱落的过程中，可以观测到离层细胞纤维素酶的合成，这种酶释放到细胞壁，引起细胞壁分解，最终引起脱落。

3. 抑制伸长生长　乙烯对根、茎的伸长生长均有抑制作用。用黄化豌豆进行的试验表明:乙烯抑制豌豆幼苗上胚轴的伸长生长、促进其加粗生长、上胚轴失去负向地性而横向生长。人们把这三种反应合称为“三重反应”,它是乙烯的一种特殊生理效应,可作为乙烯的生物鉴定法(图 7-6)。

此外,乙烯还具有促进衰老、抑制生长、促进次生物质分泌、诱导雌花分化等生理效应。

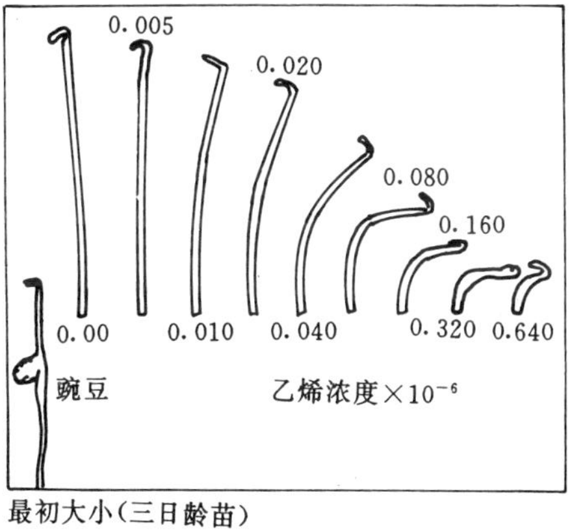

图 7-6 不同浓度的乙烯(303mL/h)对豌豆幼苗的“三重反应”

六、植物激素间的相互关系

1. 生长素与乙烯 低浓度的生长素促进植物伸长生长,高浓度的生长素抑制伸长生长,这与其诱导乙烯的生物合成有关,生长素浓度越高,诱导形成的乙烯也越多。高浓度生长素诱导形成的乙烯反过来又抑制生长素的生物合成,加速生长素的氧化,阻碍生长素的极性运输,从而引起一系列生长发育上的变化。

2. 生长素与赤霉素 生长素对离体芽鞘切段和去顶植株的伸长生长具有明显的促进作用,但对完整植株则作用甚微。赤霉素能有效地促进完整植株的伸长生长,但对去顶植株和离体芽鞘则效果不佳。但若同时用生长素和赤霉素处理去顶植株和离体芽鞘切段,比两种激素单独使用效果更佳。例如用生长素和赤霉素共同处理去顶豌豆幼苗,4 天后测量植株高度,两种激素共同处理的高度增长比对照增加9.3mm，而生长素与赤霉素单独处理的则分别比对照增加5.2mm和0.2mm。赤霉素处理去顶植株效果不佳，是因为缺乏内源生长素的配合。而用生长素处理对完整植株的伸长生长作用较小，对去顶植株和离体切段效果甚佳，说明只有在缺乏内源生长素的情况下外加生长素才起作用。

表7-1 生长素和赤霉素对豌豆幼茎伸长的影响

项目	完整植株				去顶植株			
	CK	1AA	GA	1AA+GA	CK	1AA	GA	1AA+GA
测量值/mm	9.2	11.3	29	23	7.9	13	8.1	17.2
比CK增加毫米数	0	2.6	19.8	13.8	0	5.1	0.2	9.3

3. 生长素与细胞分裂素　生长素与细胞分裂素的生理作用表现在相互促进和相互抑制两个方面。例如生长素能抑制侧芽生长，加强顶端优势；而细胞分裂素则促进侧芽生长，抑制顶端优势。生长素与细胞分裂素的比值高时，促进根的分化，两者比值低时诱导芽的分化。但在促进细胞分裂方面生长素与细胞分裂素是协同作用的，生长素促进细胞核的分裂，细胞分裂素促进细胞质的分裂，两者同时存在时，细胞才能正常进行分裂。

4. 赤霉素与脱落酸　赤霉素与脱落酸的生理效应是互相拮抗的。赤霉素促进种子和芽的萌发，脱落酸则抑制种子萌发，诱导芽的休眠，两者的作用正好相反。赤霉素能诱导α-淀粉酶等水解酶的合成，脱落酸则抑制α-淀粉酶的合成。合成赤霉素和脱落酸的前体物质都是甲瓦龙酸，在长日条件下诱导合成赤霉素，促进萌发生长；在短日条件下诱导形成脱落酸，促进休眠。

第三节　新近发现的植物生长物质

一、油菜素内酯

油菜素内酯是70年代从油菜花粉中发现的植物内源生长物质，属于甾类物质，与动物性激素具有相似的分子结构。后来发现高等植物中存在着一类以甾醇为骨架的天然甾类体，总称为油菜素甾类体，其中包括油菜素内酯、扁豆甾内酯、栗甾酮、扁豆甾酮、香蒲甾酮、茶甾酮等 15 种，其中以油菜素内酯的含量最高，生理活性也最强，所以一般以油菜素内酯作为油菜素甾类体的代表。

在高等植物中油菜素内酯是普遍存在的（花、果实、种子、茎叶），其中以花粉中含量最高，如油菜花粉中油菜素内酯的含量达 10^5～10^6ng/kg。

油菜素内酯已可人工合成，并开始在农业生产中试用，其主要生理功能有：

1. 促进植物营养生长　如用 0.01×10^{-6}浓度的油菜素内酯处理蔬菜，可使莴苣增产 30%，萝卜增产 15%，马铃薯增产 25%。在温室试验中，使菜豆和青椒增产 35%。

2. 提高结实率　用 0.01×10^{-6}浓度的油菜素内酯处理葡萄，着果率增加 156%，子房重增加 140%。用油菜素内酯处理小麦，使穗上部结实率增加 10%以上。

3. 增强抗逆性　油菜素内酯能明显增强植物的抗冷性、抗旱性、抗盐性和抗病性，所以油菜素内酯被称为逆境的缓冲剂。在棉花种子低温发芽试验中观察到，经油菜素内酯处理的棉花种子在低温发芽中无腐败死种现象，而对照有 1/3 的种子腐败死亡。油菜素内酯可提高对水稻纹枯病、黄瓜灰霉病、番茄晚疫病的抗性。

二、多胺

多胺（简称 PAS）是具有生物活性的低分子量脂肪族含氮碱，在高等植物中主要有腐胺（Put）、尸胺（Cad）、亚精胺（Spd）、精胺（Spm）和鲱精胺（Agm）五种。胺基数目越多，其生理活性越大。

在高等植物中多胺是普遍存在的，但不同的器官其多胺含量不同。一般来说，细胞分裂旺盛的部位，多胺的生物合成也最活跃，其含量也比较高。多胺能调节植物生长发育进程，其生理功能是多方面的，主要有：

1. 促进生长　例如休眠的菊芋块茎是不进行细胞分裂的，但如在培养基中加入 10μmol 的多胺，块茎细胞即分裂生长，并刺激形成层和维管束的形成。有研究表明，多胺促进生长与其能加快 DNA 的转录有关。

2. 调节光形态建成　短日植物苍耳的叶片在接受连续暗期处理后，结合态多胺尤其是精胺含量升高。草莓在花诱导阶段植株顶端开始累积多胺，在第一花芽出现前达到高峰。有实验表明，在烟草的组织培养中，如加入亚精胺合成抑制剂，花芽组织转变为营养组织状态，而营养芽在加入 0.5～5mol 亚精胺时能诱导出花芽。

3. 延缓衰老　衰老的外观表现是叶绿素破坏，叶片变黄，花冠萎蔫。这些衰老症状可被外源多胺所阻止。许多试验证明，多胺可延迟黑暗中的燕麦、豌豆和石竹叶片与花的衰老。多胺延缓衰老的作用的大小顺序是 Spm＞Spd＞Put＞Cad。多胺延缓衰老的原因，可能与其抑制乙烯的生物合成有关。

4. 增强抗逆性　多胺代谢对各种逆境条件十分敏感，干旱、高盐、低温、大气污染等不利影响，均可引起植物体内多胺的累积。例如燕麦在山梨醇等渗透胁迫条件下，1～2h 内就出现了丁二胺的累积。

三、玉米赤霉烯酮

玉米赤霉烯酮最初是从发霉的玉米种子中分离出来的，是玉米赤霉菌的次生代谢产物。

玉米赤霉烯酮的纯品为簇状白色结晶，不溶于水，而溶于碱性水溶液和甲醇、乙醇、丙酮、乙醚、苯、氯仿等有机溶剂中。

关于玉米赤霉烯酮的生物效应，国外的研究主要集中在动物和微生物方面。玉米赤霉烯酮对真菌具有调节有性生殖的作用，对动物有雌性激素的效应，可作为高效安全的生长促进剂。国内的研究始于70 年代末，孟繁静等对玉米赤霉烯酮在植物生长发育中的作用进行了较深入的研究，并证明它在高等植物中也是普遍存在的（根、茎、叶、花中），并与植物有性生殖有关。

玉米赤霉烯酮与植物的春化作用关系密切。小麦在低温春化过程中，玉米赤霉烯酮的含量与小麦春化的深度是同步变化的。冬小麦燕大 1817 的吸胀种子的玉米赤霉烯酮含量是 12.5ng（胚），在低温诱导的第 21 天缓慢增至 110ng（胚），至第 28 天猛增至 1 350ng（胚）。

玉米赤霉烯酮与植物的传粉受精过程有关，棉花、玉米从雌雄蕊分化到开花期间，玉米赤霉烯酮的含量呈上升趋势。近期还发现，玉米赤霉烯酮与花的性别分化有关，如用玉米赤霉烯酮浸泡菠菜种子，最终可见雄株明显增多。

在微青萍 6746 的培养中，添加低浓度的玉米赤霉烯酮有促进开花的作用。但如添加玉米赤霉烯酮合成的抑制剂，抑制了它在诱导条件下的开花，表明它同植物的成花诱导有关。

四、茉莉酸

茉莉酸，简称 JA，是茉莉花中香料油的主要成分，广泛分布于高等植物以及蕨类和藻类中，茎尖、根尖、幼叶和未成熟果实中含量较高，活性也比较强。机械损伤和病菌侵染也会提高植物体内茉莉酸的含量。

茉莉酸及其甲酯现已人工合成，并开始在农业生产中试用。茉莉酸的生理功能类似于脱落酸，它抑制植物生长，诱导气孔关闭，促进叶片衰老和脱落，提高植物的抗寒、抗旱能力。如茉莉酸甲酯处理水稻，引起气孔关闭，增强抗寒、抗旱能力。茉莉酸还可诱导瓜类的卷须攀绕，大蒜的鳞片形成。

第四节　植物生长调节剂及其应用

应用人工合成的生长调节剂调控植物的生长发育进程，是现代农业的重要增产措施之一。农业上常用的生长调节剂主要是生长素类、赤霉素类、细胞分裂素类、乙烯释放剂、生长抑制剂和生长延缓剂。

一、生长素类

人工合成的生长素主要有三类：即与生长素结构近似的吲哚衍生物如吲哚丙酸、吲哚丁酸；萘的衍生物如萘乙酸、萘乙酸钠等；苯的衍生物如 2,4-二氯苯氧乙酸(2,4-D)、4-碘苯氧乙酸(增产灵)等。

生长素的应用主要是：

1. 促进插条生根　插条基部经生长素处理后，基部切口处的细胞恢复分生能力，形成愈伤组织，然后分化出大量的不定根。如用 40

$\times 10^{-6}$浓度的 2,4-D 溶液浸泡茶树插条 12 小时后,发根率成倍增加,发根时间提早。用 0.5%的萘乙酸浸蘸猕猴桃插条 1 分钟,可使生根成活率成倍增加。用(100～200)$\times 10^{-6}$浓度的吲哚丁酸或 10×10^{-6}浓度的 2,4-D 溶液处理葡萄插条 12～24h,发根时间提早,发根数增多。

2. 防止器官脱落　生长素具有防止因营养失调而引起的器官脱落。在棉花生产中,用 10×10^{-6}浓度的萘乙酸或 1×10^{-6}浓度的 2,4-D 喷洒棉花植株,具有明显减少蕾铃脱落的效应。采前喷施 2,4-D,对防止大白菜在贮藏期间脱叶有明显效果。江南地区早春栽培的辣椒、番茄常因气温偏低而落花落蕾,用防落素或 2,4-D 涂抹花簇,可防止花蕾脱落,且具有促进果实膨大的效应。

3. 促进菠萝开花　用生长素促进菠萝开花,在生产上已得到广泛应用。定植二年的菠萝植物,仅有 25%左右开花。试验结果表明:凡是营养生长达 14 个月以上的植株,在一年内的任何月份,用(5～10)$\times 10^{-6}$浓度的萘乙酸或 2,4-D 处理,二个月后就能 100%开花,而且开花结果整齐。如用生长素分期分批处理菠萝植株,可使菠萝分期分批成熟,这既保证了市场需要,也避免了因集中成熟而进行贮藏保鲜的损失。

4. 诱导单性结实　生长素最早应用于促进番茄坐果和获得无籽果实。用 10×10^{-6}浓度的 2,4-D 溶液蘸涂番茄的花簇,可使子房不经受精作用即膨大形成无籽果实。在西瓜、草莓、茄子上也可采用类似的处理而获得相同的效果。

5. 控制发芽　窖藏马铃薯容易发芽抽条而造成损失。用含 1%萘乙酸甲酯的粘土粉剂均匀地撒在块茎上,随后放入密封窖里,可防止其萌动发芽,这既可减少窖藏期间的干物质损失,又可保持薯块的品质。

6. 影响性别分化　瓜类是雌雄异花植物,但其花原基在分化的初期却是雌雄不分的,以后根据雌雄蕊的发育状况,逐步定型为雌花或雄花。黄瓜经生长素处理后,可增加雌花的数量,降低雌花着生节位。

二、赤霉素类

生产上应用最多的是赤霉酸,简称 GA_3,商品名为 920,是微生物的发酵产物。目前也有应用 GA_4+GA_7 的。赤霉酸为固体粉末，难溶于水，易溶于乙醇、丙酮等有机溶剂，它在低温和酸性条件下稳定，遇碱中和失效，不能与碱性农药混用。

赤霉素的应用有：

1. 促进茎叶伸长　在杂交水稻制种中，用赤霉素处理不育系，可使穗颈节伸长，促使穗子抽出叶鞘，可大大增加杂交稻制种产量；在麻类生产中，用赤霉素处理，可增加植株高度，纤维长度也相应加长，提高了麻类产品的产量和质量；在蔬菜生产中用赤霉素处理芹菜、莴苣等，使植株高度增加，产量增加 50%。

2. 打破休眠　赤霉素能有效地打破种子、块茎和芽的休眠。用 $(0.5\sim1)\times10^{-6}$ 浓度的赤霉素溶液浸泡马铃薯块茎 10～15min，可打破当年收获的马铃薯的休眠，促进萌发，以便进行二季栽培；银杏的种子发芽率很低，用赤霉素处理，可解除休眠，提高发芽率；用赤霉素处理人参、四季豆、瓜类的种子，也能打破休眠，促进萌发。

3. 防止脱落　在苹果、梨的花期喷洒 $(10\sim20)\times10^{-6}$ 浓度的赤霉素，可减少花的脱落，增加坐果率；柑桔花期喷洒 $(20\sim50)\times10^{-6}$ 浓度的赤霉素，大大提高坐果率；棉花盛花期用赤霉素涂抹花、铃，能显著减少花铃脱落。

4. 诱导单性结实　赤霉素也能促进未受精的子房膨大，发育成无籽果实，这在葡萄、草莓、番茄和辣椒等作物上得到了证实和应用。

5. 促进大麦淀粉糖化　啤酒生产以大麦为原料，因为大麦在发芽后形成淀粉酶，使淀粉糖化。但大麦发芽要消耗大量养分，且需要较多的设备和劳动力。赤霉素能诱导 α-淀粉酶的形成，从而完成糖化过程，这既节约粮食、降低成本、缩短生产时间，又保证了产品质量。

6. 提高苹果的果形指数　用 GA_4+GA_7 处理苹果，可增加果实重量，提高果形指数，使果顶五棱明显，并抑制果锈产生。

三、细胞分裂素类

常用的有激动素(KT)和 6-苄基腺嘌呤(6-BA)，主要应用于园艺生产。

1. 促进种子萌发　未经低温处理的桃树种子，在 50～200mg/L

的 6-BA 中浸泡 24 小时，几天后即萌发生长。

2. 促进侧枝发生　国光苹果幼树施用 6-BA 后 5～7d，新梢即萌发，一般可发 5～6 个副梢。

3. 促进花芽分化　如在新红星苹果幼树上施用 300mg/L 的 6-BA，可使花增加 80%。用 100～300mg/L 的6-BA喷洒金光菊，可在非诱导条件下提前开花。

4. 贮藏保鲜　柑橘采前 3 天用 800mg/L 的 6-BA 喷洒树冠，果实耐贮藏不亚于常规防腐剂处理。芹菜、甘蓝、菠菜、莴苣等用 5～10mg/L 的 6-BA 处理，可延长贮藏保鲜时间。在水仙花、紫罗兰等的切花保鲜上也有明显效果。

5. 提高嫁接成活率　用 6-BA 溶液涂抹嫁接部位，可使嫁接成活率显著提高。

四、乙烯释放剂

生产上使用的乙烯释放剂是乙烯利，其化学名称是 2-氯乙基膦酸，在 pH 高于 4.1 时进行分解，释放乙烯。

乙烯释放剂在农业生产上的应用主要有：

1. 促进果实成熟　利用乙烯利处理促进果实成熟，在生产上已得到广泛应用。用$(100\sim1000)\times10^{-6}$浓度的乙烯利浸泡番茄青果 1 分钟，沥干后置于 25～28℃温度下，2～3d 后即转红。用$(500\sim1000)\times10^{-6}$浓度的乙烯利处理田间植株上的青果，使番茄果实成熟提早 5～7d。在辣椒生长后期，当有 1/3 辣椒果实转红时，用$(200\sim1000)\times10^{-6}$浓度的乙烯利喷洒，4～6d 后全部转红，可提早采收。

2. 促进脱落　在梨树盛花或末花期，用$(240\sim480)\times10^{-6}$浓度的乙烯利喷洒，可达到疏花、疏果的效果。用适当浓度的乙烯利喷洒棉花，可加速老叶脱落，改善棉株间的通风透光条件。

3. 促进瓜类雌花分化　在瓠瓜 5～6 片真叶期用150×10^{-6}浓度的乙烯利处理，主蔓 10～11 节开始着生雌花，并一直连续到 20～22 节。在黄瓜 4 片真叶展开时，用150×10^{-6}浓度的乙烯利处理，可使雌花分化节位降低，多开雌花。

4. 促进次生物质分泌　用乙烯利稀溶液涂抹橡胶树干割胶线附近，1 天后分泌胶乳量增多，总干胶产量增加 20%～40%。用乙烯利处理安息香，可使产脂量增加7～9倍。乙烯利处理还可使漆树、松树、印度紫檀等植物次生物质分泌量增加。应当注意，乙烯利处理使当年次生物质分泌量增加的同时，会使树势减弱，从而影响来年的产量，应特别注意加强水肥管理。

五、生长抑制剂和生长延缓剂

已经商品化的生长抑制剂和生长延缓剂有200多种，在我国应用较广的有下列数种：

（一）三碘苯甲酸

三碘苯甲酸是一种抗生长素，不溶于水，易溶于乙醚、热酒精，代号TIBA。三碘苯甲酸能抑制分生组织的细胞分裂，消除顶端优势，促进侧芽生长，使分枝增多。大豆开花初期用125×10^{-6}浓度的TIBA溶液处理，可使大豆植株矮化，分枝增多，提高结实率。用TIBA处理番茄，可使仅有3片真叶、3cm多高的番茄幼苗出现花芽。由于我国碘的缺乏，三碘苯甲酸尚未进行商品化生产。

（二）矮壮素

矮壮素是一种胆碱的衍生物，化学名称为2-氯乙基三甲基氯化铵，代号CCC。矮壮素是一种抗赤霉素的生长延缓剂，在小麦拔节始期喷施3000mg/L的矮壮素，可使节间缩短，茎杆粗壮，叶色加深，抗倒能力增强。棉花现蕾期用10～50mg/L的CCC溶液喷施，使棉株主茎和侧枝缩短，株型紧凑，通风透光好，减少蕾铃脱落。

（三）缩节胺

缩节胺又名助壮素，化学名称为1,1-二甲基哌啶鎓氯化物，代号Pix。纯品为无味白色结晶，易溶于水。

缩节胺是赤霉素生物合成的抑制剂，其主要生理功能是抑制细胞伸长生长，使植株矮化，节间缩短，株型紧凑。在棉花上施用可防止枝条徒长，果枝缩短，叶色加深，减轻株间郁闭程度，降低蕾铃脱落率；花生上施用可增加花生荚果产量；葡萄上施用能增加果实含糖量。

（四）比久

比久又名阿拉，化学名称为二甲基氨基琥珀酰胺，代号B_9。比久商品样为淡黄色，溶于热水。它是抑制生长素生物合成的生长抑制剂，抑制顶端分生组织的细胞分裂，使顶端生长减缓。在花卉上施用，使植株节间缩短，茎杆粗壮，抗倒，花朵增加；马铃薯初花期施用，可促使养分向块茎中输送，增加块薯产量。由于 B_9 有致癌效应，1990年起已禁止在果树上应用。

（五）其它一些生长抑制剂

当前在我国农业生产中使用的生长抑制剂还用：马来酰肼，又名青鲜素，可抑制洋葱、大蒜、马铃薯在贮藏期间发芽，抑制大白菜、芹菜、萝卜的抽苔。因其有潜在的致癌效应，有些国家已禁止使用；防落素，又名坐果灵，可用于防止番茄、辣椒、茄子的落花、落果，抑制大白菜、花椰菜贮藏期间脱叶；调节膦，又名蔓草膦，可防止柑橘生理落果，并抑制芽、梢生长；整形素，可用于疏花、疏果，促进块根、块茎膨大。

第八章 植物的生长与运动

从种子萌发到幼苗的形成以及根、茎和叶的长大，是植物营养体的生长过程。植物营养体的生长是植物生长发育的基础，又是农业产量的基础。如以营养器官为收获对象，则营养器官的生长直接影响产量；若以生殖器官为收获对象，由于生殖器官的形成和发育所需要的养料绝大部分靠营养器官提供，所以，营养器官生长的好坏对生殖器官生长的影响很大。深入研究和了解植物生长的生理生化变化规律，对有效地控制植物生长，提高作物产量和品质是十分重要的。

第一节 种子萌发

种子萌发是一株雏形植物重新恢复其生命活动的起始，并不是一个新有机体生命的开始。从形态上可见幼胚恢复生长，幼根幼芽突破种皮并向外延伸；在生理上则是幼胚从滞缓的代谢开始启动并进入旺盛生长。在农业生产中，往往通过一些综合措施创造良好条件，使种子能迅速发芽，达到苗早，苗全和苗旺，为农作物的生长发育和高产、优质奠定良好的基础。

一、外界条件对种子萌发的影响

有生活力的种子，在适宜的条件下即可萌发。种子萌发需要：足够的水分、适宜的温度和充足的氧气。有些种子萌发还受光、暗的影响。

（一）水分

种子萌发的第一步就是吸水。干种子的含水量一般只有其总重量的 10％～12％。干种子吸水后，种皮先软化以增加物质的通透性，外界的氧气易于透入内部，种子内累积的二氧化碳也易于排出，利于幼胚进行呼吸作用，胚根与胚芽可迅速突破种皮。由于细胞内自由水增多，细胞质呈溶胶状态，其中的酶活性大大提高，代谢活动增强；同时，水分还直接参与贮藏物质的水解，并促进可溶性物质的输送，为幼根和幼芽的生长提供足够的营养与能源。

种子萌发所需吸收的水量往往与种子内的贮藏物有关。凡含淀粉较多的种子，如禾谷类种子，一般吸水量达到干种子重量的30%～50%左右即可萌发；如含蛋白质较多的豆类种子，由于蛋白质分子具有许多亲水基因，如—OH、—NH_2、—COOH等，所以吸水要达到干种子重量的100%～120%甚至更高才能萌发；而花生、向日葵等油料种子由于含疏水性强的油脂，萌发时吸水不如蛋白质种子多。

种子吸水过程可分三个阶段：急剧吸水、停滞吸水、再急剧吸水（图8-1）。第一阶段急剧吸水是由于干种子细胞内含物和细胞壁等

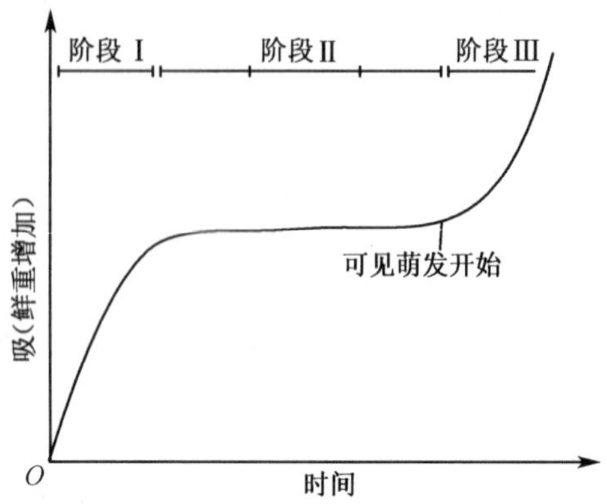

图8-1　种子萌发吸水的三阶段模式图

阶段Ⅰ：吸涨吸水

阶段Ⅱ：吸水停滞，种子内代谢活动增强

阶段Ⅲ：胚根突破种皮，胚迅速生长，吸水增多

亲水胶体物质引起的吸胀吸水，这是一个非生理性的物理过程；第二阶段是暂时停滞吸水时期，此时细胞内部活跃地进行着为萌发做准备的各种代谢活动，如线粒体的修补、某些酶类（包括呼吸酶、水解与合成酶）的活化，以及为胚生长所必需的核酸与蛋白质的合成；第三阶段是再度急剧吸水，此时胚根长出，胚体迅速增大，细胞的分裂、伸长生长都需要大量水分。研究证明，失去活力的种子吸水只能进行第

一阶段，休眠种子只停留在第二阶段，不能进入第三阶段。

种子吸水的速率和吸水量常因种子的化学成分和结构不同而有较大差异。比如，蛋白质种子吸水快而多，淀粉种子则吸水慢而少。棉籽外表有短绒，种皮硬且有蜡质，透水性差，种子吸水慢；亚麻种子表层有胶质，亲水性强，吸水快。

土壤温度影响着种子的吸水速率，土温高吸水快。同时，土壤水分往往被土壤胶体颗粒所吸附，且土壤溶液又具有一定的渗透势，所以种子在土壤中吸水要比在纯水中慢。在农业生产中，为了加速种子的萌发，播种前先行浸种催芽；当土壤墒情不足时，常常进行播后镇压，以使土壤与种子有良好的接触，达到保墒与促萌发的目的。

土壤水分过多，使土温下降，且土壤空隙为水所充满，使土壤通气不良，对种子正常萌发不利。一般作物种子萌发所需要的土壤水分条件，往往以土壤饱和含水量的 60%～70%为宜。

(二)温度

影响种子萌发的温度有一定范围，即所谓最低温度、最适温度和最高温度，常称为种子萌发温度三基点。最低温度和最高温度是种子萌发的极限温度。低于最低温度和高于最高温度，种子都不能萌发。在短时间内使种子萌发达到最高百分率的温度，称萌发的最适温度。

种子萌发的温度三基点，因植物种类和原产地生态条件不同而差异很大。凡原产于北方高纬度地区的耐寒性植物的种子，其萌发温度三基点较低；而原产于低纬度的南方喜温植物种子的萌发温度三基点较高(表 8-1)。

表 8-1　不同农作物种子萌发对温度的要求

作物种类	最低温度/℃	最适温度/℃	最高温度/℃
大、小麦类	0～4	20～28	30～38
高粱、谷子	6～7	30～33	40～45
大　　豆	6～8	25～30	39～40
玉　　米	5～10	32～35	40～45
水　　稻	8～12	30～35	38～42
棉　　花	10～12	25～32	40
黄瓜	15	25～30	35

大多数作物种子在 15～30℃范围内均可发芽良好。杂草种子的最低

和最高发芽温度的变幅很大，有些杂草种子甚至在冰土中也能萌发，这正是某些杂草分布很广的原因之一。

一般种子在低温条件下吸水缓慢，细胞内部酶活性低，呼吸微弱，有机物转化和运输缓慢，萌发出土的时间相应延长，使幼苗瘦弱，容易遭受病虫侵害。在最高萌发温度下，细胞内各种酶活性钝化或遭破坏，物质分解与合成过程失调，种子也很难正常萌发。

种子萌发的最低温度和最高温度是农业生产中决定播种期的重要依据。为了达到苗全、苗壮，春播作物要求在温度高于其萌发最低度时播种为宜；而在夏末秋初播种的作物，则要求低于其萌发的最高温度时才能播种。

在最低温度以上，种子萌发随温度的升高而加快。如棉花种子在12～13℃时约需1个月才出苗，15℃需两周，20℃需7天，25～30℃下仅需3～5d即可出苗。在最适温度下，虽然种子萌发快，但幼苗并不一定健壮，因为此时种子的呼吸作用强，消耗有机物多而供给幼胚生长的物质相应减少，使幼苗生长瘦弱，抗逆性差。在生产上应注意掌握比萌发最适温度稍低、使种子萌发快且幼苗生长健壮的温度。

许多果树和林木诸如核桃、桃、苹果、红松等的种子，往往处于休眠状态而不易萌发，在生产中往往采用“层积处理”以促萌发，即将种子与湿润砂土相间分层，置于0～5℃低温下数日至数月后再行播种，可明显提高发芽速度并可获得齐苗。

（三）氧气

种子休眠期间呼吸微弱，需氧量少。在种子萌发时，幼胚活跃生长，呼吸大大加强，需要充足的氧气供 应。在缺氧条件下，即使温度适应，大多数植物种子都不能正常萌发。在生产中，如遇土壤板结或水分过多，造成土壤通气不良，萌发种子就会进行无氧呼吸，使种胚中毒受害，甚至导致烂种。

一般作物种子需要空气含氧量在10%以上才能正常萌发，但不同种类的种子，萌发时的需氧量亦有差异，这与种子所含的物质成分有关，也与该物种的发育环境有关。比如，长期生长在水田中的水稻种子，其萌发要比长期生长在旱地的麦类种子需氧量少得多；含淀粉多的麦类种子萌发比含脂肪较多的棉花种子萌发需氧量少。当土壤空气含氧量下降到5%以下时，多数作物种子都不能萌发。在农业生产中，往往根据植物种子的特点和萌发时需氧量的多少来决定播种深度。比如，花生和棉花等油料种子萌发时需氧量较多，因此播种不能过深，否则影响出苗甚至造成烂种。如果播种后遇雨，需要及时松土排水，以改善土壤通气条件，促使种子萌发，培育壮苗。

（四）光

大多数种子的萌发对光没有反应，在光下或暗中均可萌发。但有些植物的种子需要接受光的刺激才能萌发，称需光种子，如美国莴苣、烟草等；而还有一类种子萌发却受光的抑制，在黑暗下容易萌发，称需暗种子，如茄子、番茄、苋菜和瓜类种子。实验证明，需要光刺激才能萌发的莴苣种子，白光与红光（660nm）有同样促进萌发的作用，而红光所引起的促进作用又可被远红光（730nm）所抵消。如果用红光和远红光交替处理种子多次，种子的发芽情况决定于最后使用的光（表8-2）。红光和远红光对种子萌发的逆转作用，能对同一种子反复多次。已知红光和远红光对种子萌发以及其它多种光形态建成的调控，是由于植物体内存在一种色素（称光敏素，详见第九章）的原故。

表8-2　红光（R）与远红光（FR）反复照射对美国莴苣种子萌发的影响（26℃下）

照射	发芽率/（%）
R	70
R+FR	6
R+FR+R	74
R+FR+R+FR	6
R+FR+R+FR+R	76
R+FR+R+FR+R+FR	7
R+FR+R+FR+R+FR+R	81
R+FR+R+FR+R+FR+R+FR	7

有研究表明，赤霉素和激动素能代替红光，促进莴苣和烟草种子在暗处萌发，但这种代替作用都不能为远红光照射所抵消；尿素对某些需光种子萌发有促进作用，硫脲可代替光，促进莴苣种子萌发。

喜光种子萌发时的需光程度又与品种不同、环境条件变化以及种子的生理状况有关。如莴苣种子在10℃吸涨时，不论光、暗条件均可发芽，而在 20～25℃下吸涨，仅在有光条件才能萌发。

二、影响种子萌发的内在因素

(一)种子的休眠

一般情况下，只要满足种子萌发所需要的适宜外界条件，就能正常萌发，但有些虽具活力的种子，在合适的萌发条件下仍不能萌发，此时称种子处于休眠状态。种子休眠有两种情况：一种是种子具备发芽能力，但由于未获得发芽所需的基本条件，被迫处于静止状态，称强迫休眠或外因性休眠，一旦外界条件合适即可萌发；另一种是即使外界条件合适，种子也不萌发，称深沉休眠，这主要是由于内在的生理条件造成的，因此又称生理休眠或成熟休眠。

1. 种子休眠的意义　种子休眠是植物发育过程中的一种生长暂停现象，是植物在长期进化中获得的一种对环境条件和季节性变化的生物学适应性。种子萌发的难易与该植物历代所处的环境条件有关。比如在温暖多湿的热带地区，种子具有较易发芽的特性；而在干湿冷暖交替的地区，种子往往需要通过一定的休眠期才能萌发。禾谷类作物种子的休眠期较短，很多果树、林木、药材和某些农作物种子的休眠期较长，难萌发，田间杂草种子的休眠期参差不齐，造成根除杂草的困难。因此，研究种子休眠问题，不仅具有理论意义，也有重要的实际意义。

2. 种子休眠的原因　种子休眠的原因有下述几方面。

①种胚外包被组织的影响。种皮、果皮及种子、果实外面其它附属物往往是种子萌发的障碍物，使种子在成熟后的一段时间内处于休眠状态。如豆科、锦葵科、藜科和茄科等多数种子具有坚硬致密或附有脂类的种皮和或果皮，阻碍水分渗入，常称这类种子为硬实种子；有些植物如椴树、苍耳等的种子，种子能透水，但不能透气，由于种子内部呼吸所产生的二氧化碳无法排出，气体交换受阻而使胚的

生长受到抑制;有的种子,如苋菜,虽能透水透气,但由于种皮太坚硬,幼胚不能突破种皮而难以萌发;又如桃、李等果树种子的种皮外部有木质化坚实的内果皮,强烈地约束着种子萌发。在生产中,常可采用机械破伤、加热或冷热交替处理、高频电波、红外线照射等方法或用化学方法(硫酸、过氧化氢、氨水等)处理种子以破坏种皮,消除其萌发的障碍。

②种胚未成熟。有些植物如人参、银杏及欧洲白蜡等的种子,在脱离母株时,种子还进行着生长,或是组织分化尚未完成。在贮藏期间,保持一定的温度和湿度,幼胚即可从胚乳吸取营养,进行充分的生长分化,直至胚发育完成以后才能萌发(图 8-2)。新采收的人参种子的种胚很小,几乎完全没有分化,当在20℃下 3～4 个月后,胚生长迅速,此时胚乳中的营养物质向胚中不断转运,促进幼胚发育。

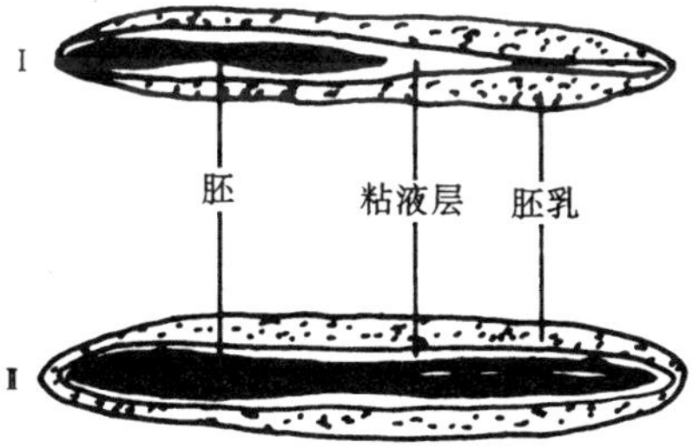

图 8-2　欧洲白蜡树的种子

Ⅰ 刚收获的　Ⅱ 在湿土中贮藏 6 个月

③种子未完成熟。有些种胚虽已发育完全,但在适宜的条件下仍不能萌发,必须经过一阶段休眠,在此期间,幼胚内部发生某些生理生化过程,称后熟。一些蔷薇科植物和很多林木种子的休眠都属于这类情况。生产上多采用如前所述的层积处理使其完成后熟过程。在层积过程中,可以发生多种变化如种皮透性改变、贮藏物质的转化、促进发芽物质的出现和发芽抑制物质的消失等。

④抑制萌发物质的存在。有些植物的果实、种子中有抑制萌发的物质,如氨、氰氢酸、芳香油类、植物碱和有机酸类等。有些氨基酸如色氨酸、丙氨酸和甘氨酸等累积过多也能抑制种子萌发。还有些种子内有脱落酸,也是促使种子休眠的一个原因。

不同植物的不同部位存在抑制萌发物质，如向日葵的花盘、果皮和种子的胚乳中就有抑制萌发物质；西瓜、黄瓜和苹果等则存在于果肉果汁中；水稻、荞麦存在于种皮中；菜豆存在于子叶中等。

抑制物对种子萌发的抑制作用是没有专一性的，如蔷薇科植物的种子中有扁桃甙，在降解时释放出氰氢酸，可抑制蕃茄种子萌发；有些种子内含挥发性抑制物，在干燥或贮藏过程中可逐步释放，因此这些种子若与其它种子一起贮存时，则可抑制其它种子萌发。比如，小麦种与堇菜籽贮藏在一起，小麦的萌发受到抑制。

抑制物质对萌发的抑制作用并不都是绝对的，在一定条件下，某些抑制物可转变为促进因素。比如，在种子萌发时，色氨酸可以转化为吲哚乙酸，对萌发起促进作用。在有些种子中同时存在抑制物（如脱落酸）和促进物（如赤霉素，细胞分裂素等），这些物质在种子内部相对含量的变化，可以调节着种子的休眠和萌发，如落叶松种子经过层积后，脱落酸含量下降而赤霉素含量增加，因而促进萌发。

（二）种子的寿命与贮藏

种子寿命是指种子从完全成熟到丧失生活力所经历的时间，即种子的生存期限。在农林业生产中，种子寿命是一个很重要的问题。

不同种类的植物，其种子寿命的长短不一。在自然条件下，杨、柳和榆等种子的寿命很短，通常只有几天到几周，这类种子称短命种子。有些植物种子寿命可达百年以上，称长命种子。如在我国东北地区的泥炭土地层中挖出的古莲子，经考证约有一二千年的历史，当播种后，有的还能发芽、长绿叶。大多数农作物种子的寿命，在一般的贮藏条件下约 1～3 年，如花生种子寿命仅一年；稻、麦、玉米等两年；瓜类种子寿命较长约 3～4 年；豆类种子如绿豆、蚕豆的寿命可长达 6～11 年。

种子寿命的长短，与环境中的水分、温度和氧气等条件密切相关。一般来说，干燥、低温和缺氧条件延长种子寿命，而高温、多湿和氧气充足的条件下，种子呼吸强烈，消耗养分快，且呼吸释放出较多的热量，加速胚细胞原生质变性，种子生活力很快丧失。可见，贮藏种子时，需要合理控制各个影响种子寿命的因素，以达到延长种子寿命的目的。

（三）种子活力与种子萌发的代谢调控

1. 种子活力　种子的发育、收获、加工、运输和贮藏等多种因素，决定着种子质量的优劣。近年应用“种子活力”的概念，这是指种子的健壮度，包括迅速整齐的发芽潜力和以后的生长潜势和生产潜势。种子活力不同于种子生命力（即种子成活与否）和种子生活力（即种子的发芽力）。

往往用发芽率不能全面表示种子质量的优劣，因为有时在室内测得较高的种子发芽率，但在田间受多种逆境的干扰，比如土壤条件不适，或病虫害等，都会导致成苗率不高，所以当发芽率与成苗率相差较小时，才表明种子活力高。

种子活力的变化幅度不大，有时难以察觉和检测，只有当活力变化到一定程度时，才会表现出生活力的变化，了解到这一点，在生产实践中甚为重要。比如，根据种子活力的变化，及时控制贮藏库的贮藏条件，并在播种前进行种子活力的检验，有利于掌握出苗率。

种子活力影响着多种特征性的变化，如发芽期间的酶促反应、呼吸强度、种子发芽和幼苗生长的速度和整齐度以及在逆境条件下种子的出苗能力等。因此，凡是高活力的种子在播种后具有迅速一致的萌发潜势，出土幼苗有旺盛的生长能力和较强的抵抗病虫害的能力，所构成的群体结构好，有可能获得高产；低活力的种子虽然也可以发芽，但不一定成苗或成弱苗，容易造成减产。在生产上，有时唯恐种子活力差，采取大播量、多间苗的做法，这显然是落后的。先进的措施是实行精量播种，这就需要选用高活力种子。

虽然影响种子活力的内、外因素很多，但决定种子活力的是该品种的基因型。活力可表现在杂交的子代中，并遗传到后代。

提高种子活力常用的方法有水分调控，如浸种、闷种、干湿锻炼、催芽等，也有用化学药剂处理种子，有促进萌发，提高抗逆性的效果，例如，水稻用磷酸钼浸种可以提高产量，氯比钙可提高小麦种子发芽率，还有用 AMP 处理棉籽可提高抗寒性。使用种衣剂（包含有杀菌剂、杀虫剂、驱鼠药、激素及营养物等）可提高种子萌发率和植株生长势。

虽然种子活力已被认为是种子质量的重要分析内容，但至今还没有一个理想检测活力的方法，现常用的物理或化学方法都存在检测的灵敏度、重复性和标准化的问题。在生产中由于陈种子的活力下降而造成损失的例子时有发生，因此，深入研究各类种子的有效贮存年限和对种子活力的检测是十分重要的。

2. 种子萌发及其代谢调节　种子萌发包括复杂的生理生化变化，涉及到贮藏物质的动员、降解物质的运输、核酸和蛋白质等大分子物质的新合成、细胞器的发育、新细胞的形成以及能量转换等一系列重要环节。

作物种子中含有大量的淀粉、脂肪和蛋白质，这些都是人类营养的主要来源，也是发酵工业和某些轻工业的原料。因此，研究种子的萌发过程，对发展农业和相关工业都很重要。

①贮藏物质的转化。种子萌发过程中物质代谢有如下特点。

种子萌发过程中有机物的代谢，包括：

降解：胚乳或子叶中的贮藏物质，在酶的催化下分解为简单的化合物，并运输到正在生长的幼胚中，以供幼胚生长；

合成：胚利用降解产物合成新细胞和组织所需的各种蛋白质、核酸等。

种子萌发过程中有机物的转变，在种子的不同部位表现出不同的特点。如在胚乳或子叶中以分解为主，其重量不断下降，而正在生长的胚根、胚芽和胚轴中则以合成为主，其重量不断上升。从总体来看，种子萌发时的物质代谢方面是水解大于合成，同时还有强烈的呼吸作用，所以萌发种子的总干重是明显下降的。只有当幼苗长出绿叶可以进行光合作用时，总干重才重新增加。可见，若保证种子萌发所需要的最适外界条件，就有利于物质转化和输送，促进幼胚的生长，提高成苗率和幼苗的抗逆能力。

种子萌发过程中主要贮藏物质的转变。根据种子内贮藏物质的种类和数量，常将种子分为淀粉种子、油料种子和蛋白质种子。种子萌发时，这些有机物在相应酶的作用下被水解为简单可溶的物质供利用（参阅第六章）。

②长寿命 mRNA。种子萌发时，所有代谢过程都需要酶的参与，其中有一部分酶是在萌发前早已具备的，还有一部分酶是在种子吸

涨时陆续新形成的，如 α-淀粉酶和一些蛋白质水解酶。指导这些酶合成的是 mRNA。种子萌发时至少存在三种 mRNA：一种是在种子形成时转录，并主要在种子形成时起作用，当种子干燥时则大部分分解并残留极少量在干种子中，种子一旦吸水，便很快消失，这种称残留 mRNA；另一种是在种子形成后期被转录，但此时不行使翻译作用，待种子进入萌发早期阶段才表现翻译活性，常称之为保留 mRNA，又名长寿命 mRNA；第三种是种子萌发后期在 RNA 聚合酶的参与下而成的新生 mRNA。

长寿命 mRNA 广泛存在于单子叶植物（大麦、小麦、黑麦和裸麦等）和双子叶植物（豆类如菜豆、豌豆、大豆、绿豆和豇豆等）的种子里。种子萌发初期的蛋白质合成和一般代谢所需的酶蛋白和某些结构蛋白，基本上是由长寿命的 mRNA 编码的。

③ATP 合成及能荷对种子萌发的调控。种子萌发是需能过程，ATP 的供应是种子萌发的一个重要调节因素。已经证明，种子萌发前 4 小时 ATP 含量与种子大小、幼苗生长的重量和长度成正相关。当种子失活或活力下降时，其 ATP 水平也相应降低。此外，ADP 和 AMP 对代谢过程也有影响，尤其是萌发初期，蛋白质合成受高水平的 ADP 和 AMP 的控制。有学者提出用能荷概念作为组织或细胞能量状态的指标，强调 ATP、ADP 和 AMP 间的平衡状态是细胞代谢的基础。能荷的定义可用以下公式表示：

$$\text{能荷(E. C.)}=\frac{(\text{ATP})+0.5(\text{ADP})}{(\text{ATP})+(\text{ADP})+(\text{AMP})}$$

由公式可见，能荷是指腺苷酸库（即细胞内的三种腺苷磷酸 ATP、ADP 和 AMP 的总和）中磷酸酐键的相对饱和度。一般能荷值可在 0～1 之间变动，若能荷为 1，则表示腺苷酸库的全部腺苷酸为 ATP；若为 0，则全部为 AMP。能荷的大小说明腺苷酸库中有多少相当于 ATP 的磷酸酐键的能量。通常有生理意义的能荷值为 0.3～0.9，低于 0.5，表明细胞处于衰老或静止状态。有人观察到莴苣种子在空气中发芽时，ATP 上升很快，E.C. 值很快超过 0.5，同时长出幼根；转入氮气中以后，ATP 很快下降，E.C. 值降到 0.5 以下，生长亦告停止。

可见，种子萌发时 ATP 骤然上升是有重要意义的。ATP 上升，提高了种子的能荷值，而能荷对蛋白质合成、多种酶活性以及糖酵解的速度均起调节作用，所以当能荷值达到一定水平时，启动了糖酵解和氧化磷酸化过程，从而代谢活动活跃，种胚得以正常生长发育。

此外，在种子萌发过程中内源激素也发生变化。如大麦种子萌发时，胚细胞形成赤霉素，促进糊粉层中 α-淀粉酶、蛋白酶等水解酶的形成，催化胚乳中大分子物质的水解；玉米种子萌发时，束缚态生长素含量降低，自由态生长素含量相应增高；落叶松种子经层积处理后，种子吸水萌发时，赤霉素含量逐渐增高，生长抑制剂的含量下降；细胞分裂素对烟草、莴苣种子的萌发起促进作用。因此，人们认为天然激素或多或少地参与并调节着种子的萌发过程。

第二节　植物的生长与环境

种子萌发后，由于细胞分裂和新产生的细胞体积加大，幼苗迅速长大。又由于细胞的不断分化，形成了各种组织和器官，最后长成植株。

植物的生长是一个体积和重量不可逆的增加过程。丧失活力的干种子，虽能吸水膨胀，体积也会增加，但当干燥后，仍可恢复原状，这种可逆的体积增加不能称为生长。种子萌发时，幼胚处于暂时异养阶段，由于种子大量吸水，引起鲜重和体积都增加。但在绿叶形成之前，因呼吸消耗大量有机物，此时总干重反而减少，不过，胚内部有原生质的增加和新细胞的形成，仍属生长现象。

植物营养体生长的好坏，对产量影响很大，因此，掌握植物的生长规律及其与外界条件的关系，以便更好地调控营养体的生长，为丰产创造条件。

一、细胞生长是植株生长的基础

（一）细胞生长三时期

植物体的生长是以细胞生长为基础的。细胞的生长过程是从细胞分裂开始的，经过伸长与扩大，最后定型。细胞生长全过程可分为三个时期，即分裂期、伸长期和分化期。

1. 分裂期（又称分生期） 分生组织的细胞都具有分裂能力，通过有丝分裂，细胞的数目不断增多，由于此时的细胞体积甚小，外观上还看不出有明显的生长表现。

从母细胞分裂结束形成的细胞到下次再分裂成两个子细胞之间的时期，称为细胞周期。在细胞分裂之前，首先需完成 DNA 的复制才能分裂。DNA 的复制是在两次细胞分裂之间的间期进行的，称此期为 S 期。当细胞完成分裂后，并不马上进行 DNA 复制，要经过准备复制阶段（称 G_1 期）；在 DNA 复制完成后也不立即进行细胞分裂，而是要经过准备分裂阶段（称 G_2 期），当此期完成后，细胞便进入分裂期（称 M 期）。因此，细胞周期包括分裂期和分裂间期（或称细胞生长时期），分裂间期又包括复制前期、复制期和复制后期。

植物激素对细胞分裂起调节作用。小麦胚芽鞘和烟草茎髓的离体培养试验表明，赤霉素、细胞分裂素和生长素对细胞分裂的影响有着顺序性。其中，赤霉素首先起作用，它促进细胞分裂周期从 G_1 到 S 期的过程；由于细胞分裂素也促进 DNA 的合成，所以它在赤霉素之后对细胞分裂起作用；生长素的作用较晚，因为生长素促进核糖体 RNA（即 rRNA）的形成，而 rRNA 是在新蛋白质合成之前，而这个过程是在较后发生的。此外，B 族维生素（如硫胺素）也影响细胞分裂。当缺乏维生素时，细胞分裂即告停止，胚或根的生长受抑制。

总之，分生期在形态和生理上的特点是：细胞数目增加、细胞小、充满原生质，没有液泡、细胞核大、细胞壁薄、氮素代谢旺盛，具有高度合成核酸和蛋白质的能力。在此时期最明显的生物化学变化是 DNA 含量急剧增加并维持较高水平，随后开始有丝分裂。

细胞分裂是需能过程。细胞分裂不但细胞核进行有丝分裂，其它细胞器如质体和线粒体等也都进行复制。

2. 伸长期（又称扩张期） 根尖或茎端的分生组织具有细胞分裂的机能，可以产生新细胞，其中除一部分仍保留分生能力外，一部分转入静止状态，在一定条件下，这些细胞可以重新进入细胞周期，其中大部分细胞则过渡到细胞伸长期。

进入伸长期的细胞体积迅速增加。例如，豌豆距根尖 5～6mm

的部位，其细胞体积比分生组织的细胞增加 20 倍。其体积显著增大的原因是此期的细胞内出现大量小液泡，这些小液泡随后合并为一个大液泡，细胞质和细胞核被挤压紧贴着壁，此时细胞壁的结构物质如果胶质、纤维素和半纤维素等含量急剧上升并不断填充到细胞壁，由于细胞壁的可塑性大而渐渐拉长，导致细胞水势下降，从而大量吸水，细胞伸长；同时，细胞代谢活动很强，为细胞增大提供了物质和能量。若以单个细胞相比，伸长期细胞的呼吸作用比分生细胞增大 2～6 倍；伸长细胞的蛋白质合成强度比分生细胞增大 6 倍；此外，酶活性亦加强，如蔗糖酶活性增加 25 倍，二肽酶活性增加 6 倍，磷酸酯酶活性增加 4 倍。

伸长期间，内源激素亦参与作用。已知五大类激素中，有的对细胞伸长起促进作用，有的则抑制。细胞分裂素、赤霉素和生长素的促进作用最明显。生长素通过影响细胞壁的可塑性而使胞壁松弛，从而促进细胞的伸长（见第七章）。乙烯和脱落酸均抑制细胞的伸长生长。

3. 分化期　当细胞完成伸长生长后便进入分化期。在此期间，薄壁细胞可分化成不同类型的组织，如机械组织、输导组织、分泌组织或保护组织等，进而构成各种器官。此时的细胞体积已趋定型，细胞壁增厚。各种组织或器官的细胞形态和结构，在执行功能中，既有分工，又有结合。

此期的细胞生长停止，代谢水平下降，呼吸作用减缓，有些细胞内开始形成叶绿体，可以进行光合作用，每个细胞的干物质含量继续增加，分化成导管的细胞内原生质逐渐消失，形成具有特殊功能的输导组织。

细胞的分化过程是复杂的生物化学变化，包括一系列基因表达的调控活动。试验证明，将丁香茎髓的愈伤组织进行培养时，发现在具备必要的养分和生长素条件下，蔗糖浓度影响着分化的方向，当蔗糖浓度较低（1.5％～2.5％）时，仅分化木质部，较高浓度（4％以上）时，仅分化韧皮部，只有在中等浓度（2.5％～3.5％）时，才能同时分化成木质部和韧皮部，且在木质部与韧皮部之间还有形成层。试验还发现，用生长素处理也导致木质部的形成。可见，维管束和器官的分化与培养基中的成分有关。诱导愈伤组织分化出根和芽，取决于培养基中生长素和细胞分裂素含量的比值(见后)。

上述细胞生长的三个时期实际上并没有明显的界限,有时可相互重叠。若水分充足,可延长伸长期,推迟分化期;相反,如果缺水则缩短伸长期,分化期提前,促进衰老。同时,这三个时期的生长是不可逆的。植物遇旱缺水,细胞提前进入分化期,若随后再追加灌溉,植物细胞也不会逆转再伸长,干旱条件下植物矮小,正是这个道理。

环境条件,特别是光照与水分,对细胞生长影响较大。在弱光、高湿条件下,利于细胞伸长,不利于细胞分化;在强光、缺水条件下,则有利于细胞的分化,不利于细胞的伸长。

(二)植物的生长大周期

在植物生长过程中,不论是细胞、器官或整株的生长速率,都表现出慢—快—慢的规律,即开始时生长缓慢,以后逐渐加快,达到最高点后,生长速率又减缓以至停止。生长的这种规律总称生长大周期。若以总重量或总长度以纵坐标表示,横坐标表示生长时间,制图,整个生长周期呈S形曲线,称生长曲线(图 8-3)。图中的实线为总长度变化曲线,如同S形,虚线为增长度变化曲线,为一条抛物线,前者为生长曲线。

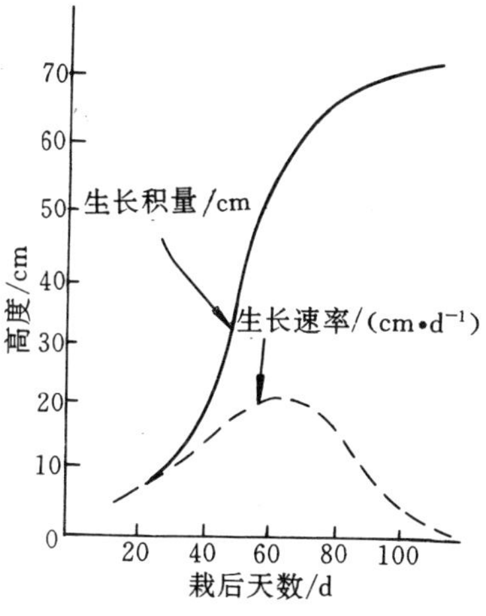

图 8-3 大麦植株的生长曲线

植株一生的生长,也具有生长大周期的生长特性,但由于整体的生长情况比较复杂，还不能简单地从细胞生长的角度来分析，这主要与光合面积的大小及生命活动强弱有关。在生长初期，生命活动虽较强，但受种子内贮藏物质的限制，幼苗的光合面积较小，根系还不甚发达，合成干物质较少，限制了生长速度；以后随着植株光合面积和根系的不断扩大，合成大量有机物，整株的生命活动加强，生长旺盛；由于植株在生长后期逐渐衰老，根系生长缓慢，光合速率降低，整株的生长最终停止。

至于植物的生长速率表现出大生长周期的原因，可以从细胞的生长情况来分析。一般说来，开始生长时，细胞处于分裂期，此期以原生质增多为主，体积加大甚缓慢，因此外观上未见明显的增大；当细胞进入伸长期，由于细胞迅速吸水，体积亦增大较快，当进入伸长期后期，细胞生长减缓，最后停止生长。

了解植物或器官的生长大周期，是有一定的实践意义。由于植物的生长进程是不可逆的，无论采取促进或抑制生长的措施，必须在植物或器官生长最快的阶段到来之前进行处理才能奏效，如果在生长速率已开始下降，器官及株型已基本建成才采取措施，往往效果甚小或完全不起作用。同时，同一植株不同器官的生长速率不同，通过生长大周期的时间也不一致，所以，在控制植物的某一器官生长时，应同时注意到对其它器官的影响。例如，小麦拔节期间、穗分化的同时，正逢茎基部第一节至第三节间和中部叶片迅速伸长期，此时保证水肥供应对促大穗会有显著效果，但水肥过量，容易造成基部节间过长和中部叶片过大而导致倒伏。

二、植物生长的周期性

植株或器官的生长速率随昼夜或季节发生有规律的变化，这种现象称植物生长的周期性。植物生长有周期性的变化，是植物长期适应环境的表现。植物生长的周期性有昼夜周期性和季节周期性。

（一）生长的昼夜周期性

所有活跃生长的植物器官，都显示出生长速率的昼夜周期性。这是指生长速率按昼夜的不同条件而发生有规律的变化。影响植物昼夜生长的因素主要是温度、光照和植物体内的水分状况。在一天内，由于昼夜间的光照强度和温度的变化甚大，植物的生长速率也相应地发生变化。一般来说，植物在缺水的情况下，其生长速率与温度的关系最密切。例如玉米植株在水分供应适宜时，在温暖的白天其生长速率较黑夜为快，在中午，轻度的水分亏缺也会降低生长速率。所以，玉米在一天中的生长速率会出现两个高峰，一个在午前，另一个在傍晚。

（二）生长的季节性周期

所有多年生植物的营养生长，都或多或少地表现出明显的季节周期性变化。温带多年生木本植物，每年春季开始萌芽，夏季茂盛生长，秋季生长逐渐停止，叶黄脱落，进入休眠；次年春季，休眠芽复苏生长，周而复始，年复一年。这种随季节变化进行的生长规律称生长的季节周期性。

春天开始，日照延长，气温回升，为植物幼芽或种子的萌动生长提供了适宜的条件；到夏季，光照与温度进一步延长，当水分供应充分时，植物旺盛生长，并在营养器官上开始孕育着生殖器官；秋季来临，日照明显缩短，气温下降，植物体内代谢活动发生变化。成熟的叶片作为感受器官感受秋季的短日信号之后，形成某些抑制物或激素，并转移到顶芽或侧芽中，导致植物对低温发生种种生理上的适应。例如，大量有机物从叶中转移到生殖器官、根、茎和芽中并贮存下来；枝条和越冬芽中的淀粉转化为糖和脂肪；组织含水量下降；原生质转变为凝胶状态；内源激素如生长素、赤霉素、细胞分裂素等由游离态转变为束缚态，而脱落酸含量逐渐增加等。植物整体的代谢活动大大降低，最后发生叶枝脱落，进入休眠。多年生落叶木本植物的芽进入休眠时，从秋天到冬天，其休眠程度日益加深，抗寒性也随之提高；从冬季到春季，休眠逐渐解除。一年生植物完成生殖生长后，种子成熟后，营养体即告死亡。

一些果树的根、茎、叶、花、果实和种子并不是同时生长的，而是此起彼伏，交互生长。例如，成年梨树一年内可分 5 个相互重叠的生长时期（图 8-4）：①利用贮藏物质的生长期，一般是从早春至开花（约自 2 月中旬至 3—4 月间），在此期间，根群首先生长，随后枝叶开始生长；②利用当时代谢产物的生长期，在此期间，绿叶生长旺盛，光合作用强；③枝条充实期，也称果实发育盛期；④贮藏养料期，这期是在果实采收后至落叶前，此时地上部的代谢物向根部输送；⑤冬季落叶后的休眠期。图 8-4 是梨树的周期性生长的动态示意，可代表落叶树生长周期性的一般规律。

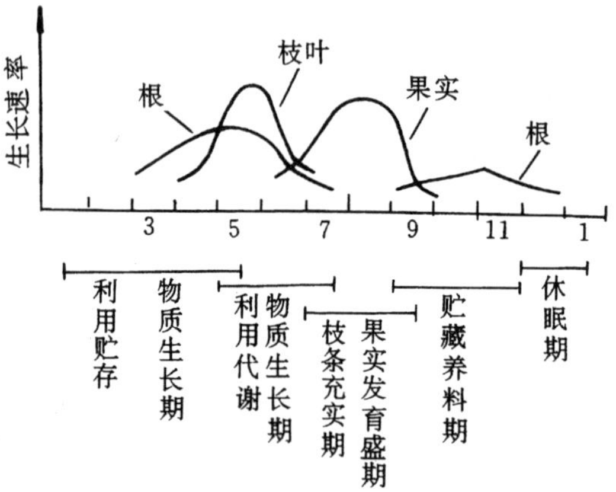

图 8-4　梨树的周期性生长动态示意图

植物在秋末冬初虽然生长停止，温度虽已逐渐降低，但光合作用仍在进行，利于累积物质，为次年春季的生长打下基础。

（三）近似昼夜节奏运动——生物钟

植物很多生理活动具有周期性（或称节奏性）的变化，这些变化很大程度上决定于环境条件的改变。当然也不尽然，例如，菜豆初生叶的昼夜运动，叶片在白天横向展开，夜间下垂（图 8-5）。即使把植物放在没有昼夜变化的稳恒条件下，叶子的升起与下降运动，仍然以接近 27 小时的周期有节奏地运动。看来，植物体内似乎存在着一个周期性的计时器在调控着叶片的昼夜运动。由于这个周期性运动并不正好是 24 小时，所以称为近似昼夜节奏，也称生理钟或生物钟。

植物的近似昼夜节奏有如下几个特点：

①节奏的启动需要一个信号。在菜豆叶子的运动中，这个信号就是暗期跟随一个光期。节奏一旦开始，在稳恒的条件下周期仍然继续出现，其周期长度接近 24 小时。据分析，一般介于 22 至 28 小时之间。

②节奏是自由运转的，即植物有一个自然周期，无需在每个循环

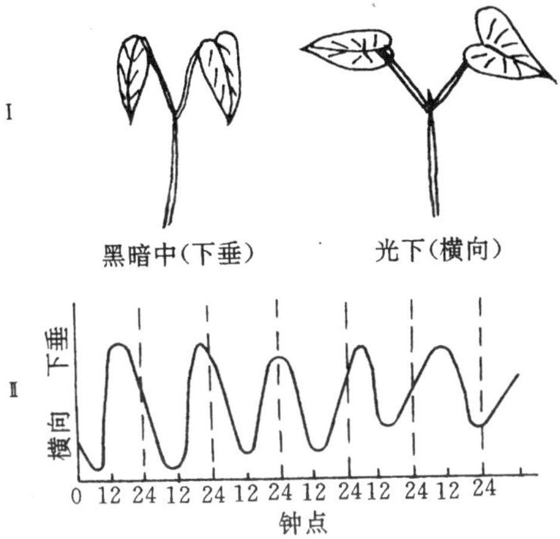

图 8-5　菜豆初生叶的昼夜运动

Ⅰ 菜豆叶在自然条件下的位置　Ⅱ 菜豆叶在不变化条件(在微弱光及20℃)下的运动高点代表垂直的叶(左上),低点代表横向的叶(右上)

重新被启动。在稳恒条件下,植物可以继续运转几个循环,此后便渐渐消失。消失的原因可能是由于各种代谢过程彼此失调而引起的。当原有的节奏消失后,如用短暂的光刺激打断连续黑暗,这种内生昼夜节奏又可被重新拨动。外界条件的重拨还对内生昼夜节奏起约束作用。在自然条件下,一般靠黎明的"光"和黄昏的"暗"为信号。由于地球自转为 24 小时,所以可以把自由运转的内在节奏约束到正好 24 小时,使其与自然界的节奏变化同步。可见,外界信号对内在节奏实际上起诱发、重拨和约束作用。

③节奏周期的长度,对生理范围内温度的变化不敏感。实验证明,大多数植物的内生节奏周期长度的温度系数,通常是 1.0～1.1 之间,一般化学变化的温度系数为 2 左右。菜豆叶运动的周期长度,在15℃时为 28.3 小时,20℃时为 28 小时,25℃时为 28.0 小时,可以看出,温度变化对叶片运动周期长度的影响不大,它并不是以一般的化学变化为基础。显然,生物钟是一个复杂的生理过程,植物借助于生物钟准确地进行测时过程。研究证明,在植物界近似昼夜节奏的例证很多,如小球藻的细胞分裂、膝光藻的发光现象、多种藻和真菌孢子的成熟与散发、气孔的开闭、伤流液的流量和其中氨基酸的浓度和

成分、细胞分裂、胚芽鞘的生长速度等。

许多生物靠测量日长来适应季节的变化。利用对日照长度的测量来控制生理反应的现象称光周期现象。已知很多植物的开花对日照长度就非常敏感(见第九章)。

三、外界条件对生长的影响

影响植物生长的主要外界条件有温度、光和水分等。

(一)温度

植物生长要在一定的温度下才能进行。温度对植物的生长影响也有最低、最适和最高的温度三基点。温度对植物的影响主要反映在对代谢过程的影响,如温度可影响光合、呼吸、蒸腾等过程;也影响有机物的合成和运输;气温影响土温,从而影响根对水肥的吸收和运输。可见,温度的变化,直接影响各种重要生理过程的速率,从而影响植株的生长。

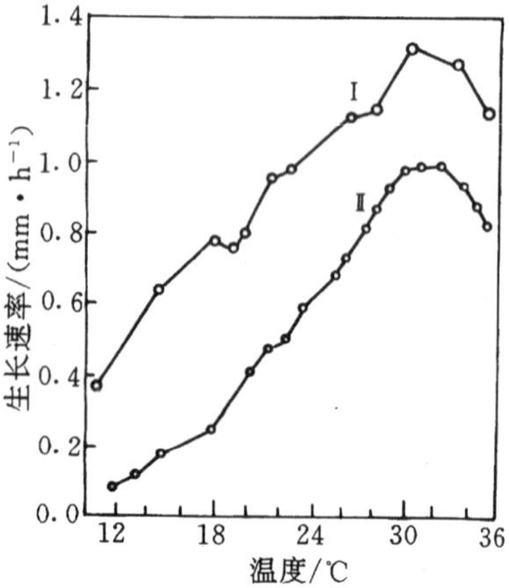

图 8-6 温度对豌豆根和玉米胚芽鞘生长的影响

Ⅰ 豌豆根 Ⅱ 玉米胚芽鞘

通常植物生长的温度范围是 0～35℃,在此范围内,随着温度的升高,生长加快,温度超过40℃时,生长开始减慢。

温度对很多代谢活动都存在三基点。由于生长是多种生理机能高度协调统一的结果,所以单纯维持生命的条件,还不能满足健壮生长的要求,说明生长的温度范围比维持生命的温度范围小得多。

一般说来,高等植物在低于0℃时不能生长;高于0℃时,生长开始缓慢地进行,随着温度的增高,生长逐渐加快,最适温度下,生长最剧烈,更高的温度,生长反会缓慢下来(图 8-6)。若温度再高,生长就会停止。

不同植物生长的温度范围不同,这与原产地的气候条件有关。原产于热带地区的植物,生长温度的三基点较高;原产于温带地区的植物，生长温度的三基点较低(表 8-3)。

表 8-3 几种农作物生长温度三基点

作物	最低温度/℃	最适温度/℃	最高温度/℃
水　稻	10～12	30～32	40～44
大小麦	0～5	25～31	31～37
玉　米	5～10	27～33	44～50
大　豆	10～12	27～33	33～40
棉　花	15～18	25～30	30～38

生长的最适温度是指植物生长最快的温度，但并非植物生长最健壮的温度。因为在最适温度下，植物体内的物质消耗太多，因此常比最适温度较低的温度下的生长弱些。植物生长最健壮的温度要比最适温稍低的温度称协调最适温度。

生长温度三基点随器官和生育期而异。一般根生长的温度三基点较低，芽的较高；地上部的高于地下部的。例如，苹果根系生长的最低温度为0℃，最适温度为 13～26℃，最高温度为28℃，而地上部生长的温度三基点高于这个范围。很多春播的一年生作物，其生长的最适温度与生育期有关，幼苗的最适温度较低，以后逐渐增高，果实和种子成熟时最高。最适温度的这种变化与季节的温度变化是一致的。

光合作用的温度范围比生长要求的温度范围大，而呼吸作用的温度范围比生长的更大。当温度达到生长的最低温和最高温时，生长就停止，而其它生理过程如呼吸、物质转变等过程仍继续进行，这说明生长对各种条件的要求比其它生理过程严格得多。同时，植物生长的最适温度与最低温度之间相差可达 25～30℃，而最适温度与最高温度之间相距仅为 5～10℃，这说明当超过最适温度时，高温对植物生长的有害作用显现较快。在塑料薄膜保温育苗过程中，要密切注意，防止温度过高，以免发生热害。

凡维持植物生命的最低温度或最高温度称生存的最低温度或生存的最高温度，二者合称为生存的极限温度。在生存的极限温度中，植物暂时不死(图 8-7)。生存的极限温度随物种而异，如苹果和梨的生存最低温度较低，可以在华北和东北等北方地区栽培；柑橘和杨梅的生存最低温较高，故以南方为主要产区；桃树因品种而不同，北方品种的生存最低温度比南方品种低，因此，它们的分布区域差异较大。

不同器官生存的极限温度也不同。一般来说，营养器官生存的极限温度幅距较大，而生殖器官的则较小。所以，根、茎和叶较耐低温；而花、果易受冻害；花蕾比花耐冻；雄蕊比雌蕊耐冻。

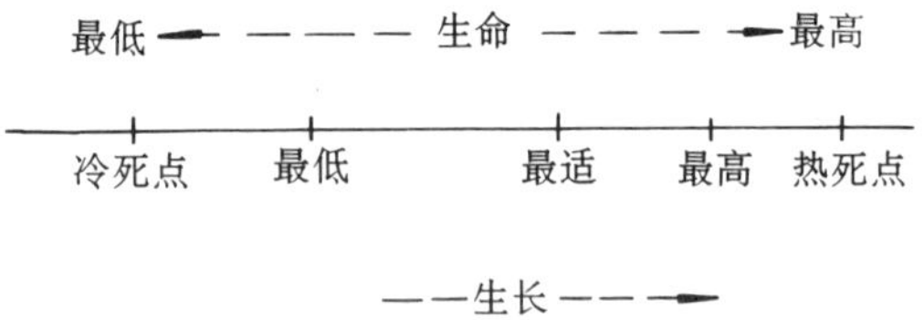

图 8-7　生长的温度三基点与生命的最低点、最高点的关系

在自然界中，温度是一种周期性变化的物理因素。植株的生长速率、生长积累以及发育进程，都受季节或昼夜温度变化的控制。这种季节或昼夜温度变化对植物生长发育的效应称温周期现象。

人工气候室的试验资料表明，在白天温度较高、夜间温度较低的周期变化中，植物的营养生长最好。如番茄植株在日温为26℃、夜温为20℃的条件下生长，比昼夜恒温在25℃下生长更快。在自然条件下，恰恰也是日温较高、夜温较低的周期性变化。实际上，昼夜温度变化对植物生长是有利的。番茄在昼温 23～26℃，夜温在 8～15℃左右时，生长最快，果实产量也最高。这是因为白天温度较高，有利于光合作用，光合产物多；而夜间温度降低，呼吸作用减弱，有机物消耗减少，利于物质的累积，变温条件下，产量可增加 10 倍。番茄虽是喜温作物，但如果在昼夜都处于26.5℃的恒温条件下，反而生长不好，形成的果实少，产量降低。

块根和块茎作物与番茄类似，在昼夜温差大的条件下比恒温下生长好。例如，马铃薯在日温20℃，夜温 10～14℃时，块茎产量最高。因为夜温低，可使地上部生长慢，但土温仍较高，有利于有机物向根部运送，使根生长更快，所以夜温低于昼温有利于干物质积累，促使块根或块茎的生长膨大。北方或西北高原的小麦千粒重比南方高，产量也高，这与当地昼夜温差大有关。

可见，植物生长出现温周期效应的主要原因是温度直接影响了生理代谢过程而影响生长。当温度高时，呼吸速率比光合速率增加更快，因为能进行光合作用的仅限于绿色的光合器官，而无论是地上部或地下部，所有器官都要进行呼吸作用，在恒温条件下，呼吸消耗的营养物质更多，限制了植物的生长。同时，较低的夜温利于根系生长和合成细胞分裂素，从而更能促进整株植物的生长速率。试验表明，分别生长在10℃和20℃下的葡萄根，在其伤流液中均含有细胞分裂素，而生长在30℃下的则无细胞分裂素活性。昼温高、夜温低的周期性变化是一种正常的自然现象，所以植物生长的温周期现象是对环境的适应表现。对温室或大棚栽培的作物，应注意调节昼夜温度的变化，以利培育壮苗。

（二）光照

光对植物生长的影响表现在两个方面：一是光对植物生长的直接效应；一是光通过影响光合作用和物质运输而影响植物的生长。

光是绿色植物正常生长的必要条件，是植物进行光合作用能量的来源，又是叶绿素形成的条件。光合作用形成的产物是植物生长的物质基础。所以，光对植物生长的间接作用主要是影响光合作用。

实际上，只要营养供应充分，植物在黑暗中亦能生长，而且在暗中的生长速度比在光下还快，这说明光对植物生长过程本身是有抑制作用的，这种抑制作用在一定范围内随光强度增加而增大，这是因为强光使吲哚乙酸氧化酶的活性提高，从而使更多的吲哚乙酸分解，细胞伸长受阻，同时，强光中富含紫外线，紫外线能抑制淀粉酶的活性，从而抑制了有机物的转化和运输。高山空气稀薄，短波光容易透过，紫外光尤为丰富，因此高山植物生长受抑制，个体矮小。此外，在强光下植物蒸腾强度大，细胞伸长不充分，提前进入分化期而影响了生长。强光使气温升高，当高于植物生长的最适温度时，生长反而减缓，所以在强光下生长的植物机械组织发达，不易倒伏。但对一些蔬菜来说，若纤维含量高，反而不够鲜嫩，影响食用品质。

光还可以促进组织分化。在暗中生长的植物，植株不可能有正常的器官分化和形态建成。如图 8-8 所示，生长在光下和暗中的马铃薯幼苗，二者在形态上全然不同。在暗中生长的幼苗，叶小而不展开，缺叶绿素，不能进行光合作用，细胞壁薄，细胞长而大，植株含汁液多，节间长，机械组织不发达，茎端呈钩状弯曲，根系不发达，由于缺乏叶绿素，幼苗表现出典型的黄化现象，这种幼苗称黄化幼苗。

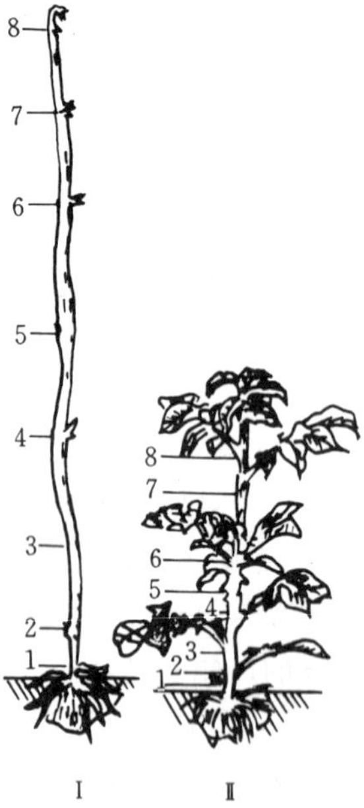

图 8-8 马铃薯的幼苗

Ⅰ 黑暗中生长的幼苗

Ⅱ 光下生长的幼苗

1～8 指茎上的节顺序

在栽培条件下，一般很少发生完全黄化现象。但当植物群体株间相互荫蔽时，发生部分黄化特征却是常见的。例如，田间的稻、麦幼苗在生长旺盛时期，下部叶片往往因照光不足而发黄，但茎秆生长仍较正常。若种植过密，株间郁闭，严重缺光，使茎杆迅速伸长，节间过长，机械组织不发达，容易导致倒伏减产。在一些蔬菜栽培上，往往采用遮光措施，促使其发生黄化，则可提高食用价值。例如韭黄和蒜黄的培植以及大葱培土以增多葱白，均是利用了植物的黄化现象而进行生产的。

光解改变植物的生长特性，不一定都是通过影响光合作用等间接影响生长的，而是光对生长的直接影响。这种光对植物形态建成的直接作用，称为光的形态建成。光的范型效应是一种低能反应，只需曝光很短时间，便可发生作用。实验证明，黑暗中生长的豌豆黄化幼苗，每昼夜只需曝光 5～10min，即使光源很弱，已足以使黄化幼苗转变成正常苗。而在如此短暂时间内，光合作用的产物是微不足道的，所以此时光的作用是对生长的直接作用。

不仅光强对植物的生长有影响，而且不同波长的光对生长的速率和形态建成也有不同效应。实验发现，使黄化苗转变为正常苗的最有效光波为红光（660nm）。红光能促进叶片伸展，抑制茎的过度伸长，蓝紫光也能抑制生长，阻止黄化，而远红光（730nm）能逆转红光的效应(表8-4)。现已证明,光对植物形态建成的影响与光敏素有关(见第九章)。虽然短时间的低强度的光照(红光或白光)使植物形态趋于正常,但与自然光照下生长的健壮绿苗相比还是有差别的。由于光线不足,茎叶细长,机械组织不发达,容易倒伏。所以要获得健壮的绿苗,必须要有长时间的较强光照。

表8-4　红光—远红光对黄化苗的相互逆转作用

处理(5～10min)	结果
红光	黄化苗→正常苗
红光—远红光	黄化苗
红光—远红光—红光	黄化苗→正常苗
红光—远红光—红光—远红光	黄化苗

(三)水分

植物正常的生长过程,无论是细胞分裂或是细胞伸长,都必须要在细胞原生质水分充足的状态下进行。风干种子的含水量仅为10%～12%,若无充足的水分、适宜的温度和通气条件,干种子不能萌动。植物生长愈旺盛,需水也就愈多。

当植物体内水分亏缺时,会导致酶的水解作用加强,合成作用降低。而植物生长又需要合成新的原生质和细胞壁组成成分,所以缺水对植物生长会有明显影响。此外,植物缺水,光合作用受阻,水解作用和呼吸作用加强,使有机营养亏缺,所以植株长得矮小。

水分过多,加速植物枝、叶伸长生长,但延缓组织分化,使茎、叶柔软,机械组织不发达。同时,水分过多也影响土壤通气状况,降低土温,不利于根系生长,使植物地上部徒长,而根系不发达,又容易造成倒伏或发生落花落果现象。

在自然条件下,温度、光照和水分对植物生长的影响是十分复杂的,这些因素之间既相互促进,又彼此制约,而植物的生长又是体内各种生理活动的综合表现。因此,在生产上需要根据实际情况,既要注意主导因素,又要了解各因素之间的相互影响,还要掌握各种环境条件对生长与个别生理活动的特殊作用,才能抓住主要矛盾,采取合理措施,使植物生长良好。

(四)通气状况

植物借助于呼吸作用获得能量来维持生活，所以氧气的供应也是一个重要因素。植物地上部经常处在含氧量为21%的空气中，不会感到缺氧。但地下部经常处于含氧量为20%以下的土壤环境中，而且土层越深，含氧量越少。据分析，水稻在淹水时，数厘米深的土层里已经几乎没有氧气，所以根系常发生缺氧。一般来说，不同植物根系生长的合适氧分压平均介于10%～15%左右，而只有土壤结构良好，耕作与灌溉合理，才能保证维持这个水平。

水稻及某些沼译植物与旱地作物不同，它们对土壤缺氧有特殊的适应本领，亦可在较长时间进行无氧呼吸来维持生活，并且有较发达的通气组织贯穿在整株植物体内。虽然在水层下的水稻种子可以在较低的氧分压下靠无氧呼吸进行萌发，但只要胚芽鞘露出水面，即可保证整体内的适当氧含量。尽管如此，水稻种子的健壮萌发和幼苗生长仍然需要良好的供氧条件。实践证明，胚芽鞘在缺氧条件下的伸长比在有氧条件下增加近一倍，但真叶、胚根和次生根不能形成，说明正常生长必须要有氧的供应。所以在水稻育秧时，需要及时排水，才能获得壮秧。

可见，土壤中的水分和通气状况是互相制约的，只有当土壤结构良好，才有可能保证维持合适的墒情和通气条件，有利于植物生长。

第三节　植物各部位生长的相关性及其调节

高等植物各器官在生理机能上既有一定的分工，又各有相对的独立性。植物有特殊的生长区域，并在植物整体中有一定的布局。器官的出现有主次、依从的关系，彼此之间既相互联系，又相互制约，因此任何一个器官在生长过程中都受其它器官的影响。例如，根的数量与活力受叶的光合产物的影响，花果的数量取决于营养体的大小等。植物体各部分间这种相互制约和相互促进的现象称为相关性。

生长相关性的机理有多种多样。有的是由于有机营养物质供应与分配的结果；有的是由于一种器官比其它器官消耗更多的水分与矿质盐类所引起；还有的是受植物内源激素调节的。在农业生产中，常利用水肥管理，合理密植以及修剪、打顶、去群尖等措施来调整植株各部位生长的相关性，以达到收获器官高产优质的目的。

一、地上部和地下部的生长相关性

（一）根冠比

根与茎、叶彼此之间在生长过程中表现相互依赖又相互制约的关系。“根深叶茂、本固枝荣”即表示地上部和地下部相互促进和协调生长的关系。一般说来，根系生长旺盛的植物，其地上部枝叶也繁茂；而地上部生长良好也会促进根系生长。二者依赖于营养物质和生长调节物质的相互交换。通常用根冠比来表示二者间的生长关系。根冠比就是指地下部重量与地上部重量（鲜重或干重）之比。

植物茎叶与根系的生长，需要大量的无机物和有机物。地上部进行光合作用所产生的糖类及其它代谢产物如维生素、生长素等输送到地下部供生长和呼吸等需用；根系吸收水、肥、合成某些有机物如氨基酸和细胞分裂素，通过维管束的木质部向地上部输送，供地上部的生长需要，“壮苗先壮根”正是这个道理。可见，根冠之间经常保持适当的比例；但另一方面，二者进行生长都需要消耗糖类、氮素与其它营养元素，因而二者之间也存在竞争性制约。此外，根冠比也随植物的生育期和栽培措施而有变动。

（二）影响根冠比的重要条件

1. 土壤水分与土壤通气状况　水分和氧气是细胞正常生长所必需的。植物地上部生长会消耗大量的水分，主要依靠根系供应，土壤中有效水的供应量直接影响枝叶的生长，所以凡是能增加土壤有效水的措施，必然有利于地上部生长，而地上部生长旺盛，消耗大量光合产物，使输入根系的光合产物减少，又会削弱根系生长，使根冠比减小。干旱时，由于根系的水分环境比地上部好，所以根仍能较正常地生长，而地上部却由于缺水，生长受阻，其光合产物就可能相对多地运往根部，对根生长有利，使根冠比增大。在水稻栽培中的经验是“旱长根、水长苗”正是这个道理。

土壤中的水分与通气状况是相互制约的。以水稻为例，当土壤含水量低于田间持水量的40%时，稻根生长停滞，吐水现象消失，甚至根尖表面容易木栓化；当土壤含水量达田间持水量50%时，根系可缓慢生长，但地上部生长与光合作用均受抑制，其生物产量与经济产量仅为淹水栽培的1/2～1/3；当土壤含水量达田间持水量的70%～80%时，地上部叶片与分蘖生长仍明显受抑，但光合速率已达淹水栽培下的水平，因此，有利于茎叶内糖类的积累和促进根系的生长，此时，水稻的根系与根毛均显著多于淹水条件下栽培的。

2. 光照　有机物是细胞生长的物质基础，糖类是各种有机物转化与合成的基本原料。但根系自身不能合成糖类，必须由地上部供给，所以凡能增加糖类含量的措施，就有利于根系生长，从而根冠比加大。例如，当增加光照强度（表 8-5），则光合产物增多。

表 8-5　光照强度对黑麦地上部及地下部生长的影响

光强	冠重/g	根重/g	根冠比
低	1.40	0.64	0.46
高	2.11	1.12	0.53

3. 矿质营养　氮肥是细胞生长必需的物质。当氮素供应多时，根部合成大量氨基酸运往地上部，参与地上部的蛋白质合成，使茎叶生长旺盛，同时糖分消耗也多，减少了对根部的供应，影响根系生长，使根冠比减小；当缺氮时，根系所需的氨基酸仍可保证供应，但运向冠部的少了，使冠部蛋白质合成受阻，地上部生长减慢，同时所消耗的糖类的量少，输送至根系的相对增加，使根系生长正常或接近正常，因而根冠比增大（表 8-6）。由于氮肥过多，对根系生长不利，而在干旱时，地上部蒸腾失水多，抗旱力差，所以干旱地区更不宜多施氮肥。

表 8-6　氮素水平对胡萝卜根冠比率的影响

处理＼分析	整株鲜重/g	地上部		地下部		根冠比	根部含糖量［%（占鲜重）］
		鲜重/g	百分率/(%)	鲜重/g	百分率/(%)		
低浓度	38.5	7.46	19.4	31.04	80.6	4.16	6.01
中浓度	71.4	20.64	29	50.50	71	2.45	5.36
高浓度	82.45	27.50	33	54.95	67	2.00	5.23

磷在糖类物质转化与运输中起着枢纽的作用，所以增加磷肥，有利于枝叶中的糖类物质向根部运输，促根生长，因而使根冠比增大；

相反，缺磷时，根系生长缓慢，根冠比变小。因此，根菜类如萝卜、甜菜等多施磷肥为宜。

其它营养元素，如当土壤缺铁时，地上部叶绿素形成受阻，光合效率下降，输入根部的糖类物质相应减少，根系呼吸作用减弱，从而影响根的生长，使根冠比下降。此外，硼可促进糖类物质的运输，所以当土壤缺硼时，根细胞分裂受阻，使根冠比变小，增施硼肥，可以改善根的生长状况。

4. 温度　根系生长的最适温度略低于地上部。当气温稍高时，利于冠部生长，使根冠比减小；当气温较低时，不利于冠部生长，但对根部糖的供应量相应增加，使根冠比增大。

从深秋到初冬，气温逐渐下降，越冬作物如小麦地上部生长逐渐缓慢以至停止，但根部还在继续生长，所以适当低温有利于增加根冠比。春季气温逐渐增高，春播作物根系生长较快，地上部生长也在加快。可见根冠比随季节而有变化。

甜菜、甘薯和马铃薯等以收获地下器官为主的作物，在栽培过程中，根冠比对产量的影响很大。以甘薯为例，在生长前期，以茎叶生长为主，需要大量叶片进行光合作用，若再有充足的氮肥供应以促进地上部生长，此时，根冠比值较低；当生长进入中期以后，茎叶生长缓慢或停止，薯块迅速长大，根冠比提高；到生长后期，薯块中以淀粉积累为主，此时若茎叶生长仍然旺盛，则要消耗大量光合产物，不利于薯块生长，因此应减少氮肥供应而适当增加磷、钾肥，以利于光合产物的运输和淀粉的积累，促进薯块膨大，使根冠比达到最高值。

5. 植物内源激素　赤霉素与细胞分裂素均在根尖合成，然后向地上部输送，可促进地上部芽或侧枝的生长。若根系处于逆境条件下，则影响激素的合成，也会影响地上部生长。例如，番茄在淹水条件下，其伤流液中赤霉素量减少，枝叶生长速度亦降低；向日葵淹水后，根中合成细胞分裂素减少，这可从分析伤流液反映出来。向日葵在开花后，根系活动减弱，根部向上输送的细胞分裂素明显减少（图 8-9），说明植物内源激素的变化调节地上部的代谢过程，从而影响生长发育。

6. 修剪或摘心　果树的修剪对根系生长是有影响的。例如当秋

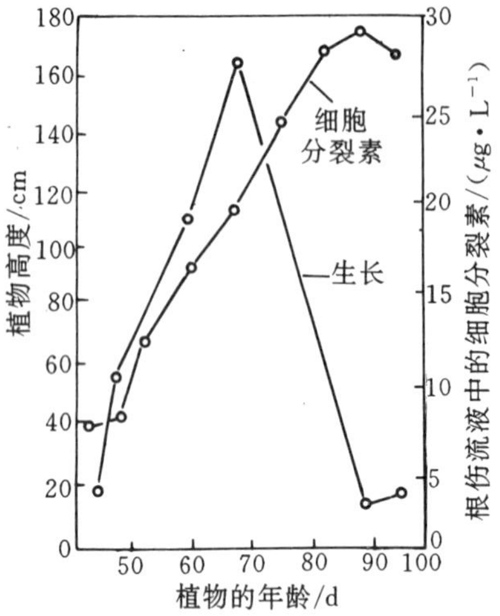

图 8-9　向日葵生长与根系细胞分裂素的含量变化

（分析地上部切除后 24 小时内的伤流液）

梢停止生长时，叶部制造的代谢产物供应地下部，根系仍在生长，若在此时修剪，会严重抑制根的生长，有时甚至会诱发抽出冬梢，大量消耗养分，不利于翌年开花结果，所以进行冬季修剪不宜太早，一般在腊月进行为宜。

此外，如摘除植物地上部消耗养料的组织和器官，可促进根系生长。例如棉花整枝，番茄摘心，及时除去某些地上部以削弱其生长优势，可促进根部生长，使根冠比增大。

二、主茎与侧枝的生长相关性

主茎的顶芽生长抑制侧芽生长的现象叫做顶端优势。顶端优势的表现有以下三种类型，即侧芽生长的抑制、分枝生长速度的调节和分枝角度的控制，这三种情况都受主茎尖端生长的控制。

不同植物的顶端优势表现有所不同。松柏科植物主干顶端优势很强，接近顶端的侧枝生长缓慢，而远离顶端的侧枝生长较快，形成尖塔形树冠；玉米、高粱、向日葵、烟草和麻类等植物也有明显的顶端优势；稻麦的顶端优势较弱，它们在营养生长时期可以产生大量分蘖。

产生顶端优势现象的原因，主要可从以下两方面考虑：

(一)内源激素的影响

由于植株顶端形成的生长素通过极性传导向基部运输,使侧芽附近的生长素浓度加大,而侧芽对生长素的反应较顶芽敏感,因此,侧芽生长受到抑制。离顶芽愈近,生长素浓度愈高,抑制作用也就愈明显。实验证明,人工摘除向日葵或蚕豆顶芽后,侧芽就萌动生长。若用外源生长素涂抹在摘去顶芽的枝梢断口上(图 8-10),侧芽的生长仍然被抑制,表现出顶端优势。

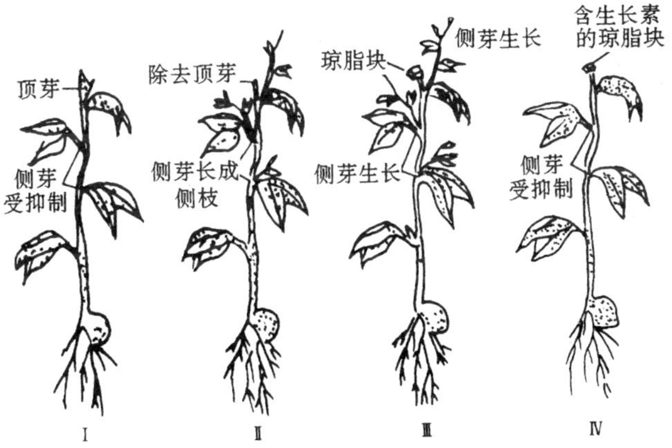

图 8-10　顶端优势示意图

Ⅰ 顶芽抑制侧芽生长　Ⅱ 去顶芽、侧芽生长形成侧枝　Ⅲ 去顶芽处放置琼脂块,侧芽生长　Ⅳ 去顶芽处放置含生长素的琼脂块,抑制侧芽生长

近年研究发现,顶端优势强弱与不同内源激素的相互作用有关。试验证明,如果用细胞分裂素处理侧芽,则可促使侧芽萌发生长,而且经过细胞分裂素处理后的侧芽,再用生长素处理枝条顶端,则生长素不起抑制侧芽生长的作用。如用赤霉素处理枝条顶端,可加强生长素的作用,从而加强顶端优势;但在去掉顶芽的植株上,赤霉素不能代替生长素抑制侧芽萌发生长。一般认为顶芽形成的生长素能保持植株的顶端优势,而根部形成的细胞分裂素则促进侧芽萌发,从而消除顶端优势。在完整的植株中,茎顶端分生组织中含生长素很多,成为细胞分裂素的一个“库”。当去顶后,或人工加细胞分裂素于侧芽上,侧芽中的细胞分裂素量增高,就可以促进侧芽顶端的细胞分裂,

使之成为一个活跃的分生组织，需要有生长素来维持较高水平的代谢活动和生长速率。此外，叶片形成的脱落酸运至侧芽，也能抑制侧芽的萌发生长。可见，顶端优势受着植物体内多种激素的平衡调节。在不同植物中，影响顶端优势的激素种类可能是不同的。

(二)顶芽与侧芽对营养物质竞争的能力不同

在植物顶端内生长素含量高，代谢活动旺盛，输导组织发达，成为营养物质的“库”，因而在一定程度上顶芽夺取侧芽的营养物质。从解剖实验得知，侧芽的维管束发育不良，并且与主茎之间的联系也差，实际上，侧芽处于有机物的运输主流之外，得不到充分的营养物质供应；相反，顶芽内产生生长素，代谢旺盛，输导组织发达，于是顶芽便成为生长中心，是竞争能力很强的代谢库，顶芽比侧芽得到更多的营养物质，从而加强了顶端优势，在营养不足的情况下，这种表现更为突出。例如，亚麻植株在缺乏营养时，可见侧芽生长完全受抑制；当营养充足时，侧芽可进行伸长生长。

总之，顶芽与侧芽之间，由于内源激素的调节和营养物质的分配，才能使植物维持顶端优势或削弱顶端优势。

顶端优势在生产中应用甚广。根据生产的要求，有时需要维持顶端优势，或是削弱顶端优势，视不同植物的不同情况而异。例如，果树修剪整形，利于侧枝发育；棉花整枝打顶减少蕾铃脱落；蔬菜育苗移栽促进根系发育；用人工合成生长调节剂(三碘苯甲酸)消除大豆顶端优势促使侧芽生长，增加分枝并提高结荚率等。另外，麻类和向日葵则需要及时除去侧芽，维护植株的顶端优势。目前在国外的烟草栽培中已普遍喷施青鲜素(MH)以抑制烟草的顶端优势，免于植株徒长而影响烟叶品质。

三、营养器官与生殖器官的生长相关性

植物在整个生长发育过程的前期，只有根、茎和叶这些营养器官的生长，常称为营养生长。到一定时期，植物才开始分化出花芽，随后进行开花结实等一系列生殖器官的生长过程，常称为生殖生长。营养生长与生殖生长间既有相互依赖，又有相互制约的关系。

营养器官的良好生长为生殖器官生长打下基础，因为生殖器官生长所需的养料主要靠营养器官供给，如果营养器官生长不良，必然

会使生殖器官的正常生长受到影响；但若营养器官生长过旺，也会影响生殖器官的形成和发育。例如水稻生长前期肥水过多，造成茎、叶徒长，延缓了穗分化过程；后期水肥过多，造成植株贪青晚熟，影响粒重。棉花、果树等作物也因枝叶徒长，营养器官耗去过多营养而抑制花芽的分化与形成，或不能正常开花结实，甚至引起花果严重脱落。在水肥（特别是氮肥）缺乏的情况下，营养器官生长不良且提前衰老，从而使生殖器官发育异常，造成减产。

生殖器官的生长也会影响营养器官的生长。例如，一次结实的一年生作物（如玉米）和多年生的作物（为竹子），在开花结实后，整株即告衰老死亡。就是具有多次结实特性的植物（番茄、四季豆等），虽然开花后不致死亡，但开花结实后常出现营养器官生长势和生长量均下降的现象。

可见，营养器官与生殖器官生长的关系，实质上主要是植物体内营养物质的产生和分配的关系。它们之间既相互依赖又相互制约，合理地调整这些关系，将有利于植物营养器官和生殖器官的生长协调发展，从而可望提高产量。

植物从营养生长转向生殖生长是有条件的。花芽的分化是在营养生长的基础上，在一定的环境条件下，植物体内部完成了某些生理生化过程的结果，不经过这些变化，植物就不能正常发育。这里所指的条件，主要是温度、日照和营养状况等（参阅第九章）。

第四节　植物细胞的分化与组织培养

一、极性与再生作用

高等植物有一个主轴，植物的各个器官沿主轴顺序地进行生长和分化。主轴的首尾两端，无论在形态上和生理上都存在明显差异，通常是首端生芽而尾端生根，这种现象称为极性。极性在植物中是很普遍的现象，即使是单细胞植物（如伞藻），其头端生出伞状帽，尾端生出假根。多细胞的高等植物，早在受精以后的胚胎形成过程中，就表现出明显的极性，胚的一端分化成幼根原基，另一端则分化出茎尖生长点。极性的表现是随后进一步分化的第一步。往往细胞不均等分裂导致极性的发生。例如受精卵的不均等分裂形成大、小不同的两个细胞,小的将来形成胚,大的则成为胚柄。又如根表皮细胞在进行纵向分裂时成为两个大、小不等的细胞,大者随后发育成表皮(图 8-11),而小细胞分化为根毛。单子叶植物气孔的保卫细胞也是表皮细胞不均等分裂发育而成的。

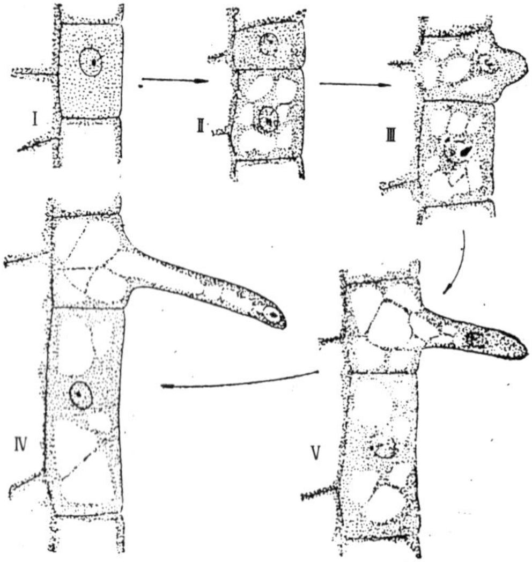

图 8-11 细胞不均等分裂与分化

示根表细胞(Ⅰ)进行不均等分裂(Ⅱ)形成两个大小不等的细胞,小型细胞进一步分化成根毛(Ⅲ Ⅳ Ⅴ)

试验表明,若将柳树枝条悬挂在潮湿的环境中,无论是正挂还是倒挂,原来形态学的上端总是长芽,形态学下端总是生根,这种现象是茎有极性的表现(图 8-12)。

再生作用是指植物的离体部分(如根、茎或叶)在适宜条件下具有恢复植物体的失去部分,并再次形成一个完整新个体的能力。上述柳树枝条实验正是极性在再生作用时的表现例证。

极性产生的原因主要是生长素在茎中是极性传导的,集中运向形态学的下端,所以诱导愈伤组织发生根,而生长素含量少的上端长出芽。此外,由于不同器官生长素的极性运输强弱不同,一般是茎大于根，根大于叶，所以不同器官的极性强弱亦不同。

再生作用在农作物、园艺作物及林木繁殖中，常常利用来进行无性繁殖，例如扦插、嫁接等。植物具有不同程度的再生能力，在大田生产中，甘薯、森林苗木的扦插，都是利用植物的再生作用来繁殖的。此外，葡萄、茶、月季等也都用扦插繁殖，但需注意枝条的极性，应将形态学下端插入土中，否则不易成活。

Ⅰ　　　　Ⅱ

图 8-12　柳枝的极性

Ⅰ正放：上端出芽，下端生根

Ⅱ倒置：下端为原上部，仍出芽，上端为原基部，仍长根

二、分化、脱分化与再分化

从细胞水平来看，生长不仅包括细胞体积的增大，也包含有细胞分裂。来自同一合子或遗传上同质的细胞转变为形态上、功能上以及化学组成上异质的细胞称为分化。分化是一切生物所具有的特性。

植物的分化可以在器官、组织和细胞三种水平上表现出来。例如整株植物的上端分化出芽，下端分化出根；在植物的茎上分化出叶和侧芽，根上分化出根毛和侧根；薄壁细胞分化成木质部和韧皮部等。植物分化是一个复杂的过程，在不同水平上进行分化，使植物各部分在形态、结构和功能上都存在着异质性。

当将植物的组织、器官或细胞从母体上分离下来，在适宜条件下进行培养时，已停止分裂的细胞又可重新分裂并增殖生长，此时细胞逐渐失去其原有的分化状态，称脱分化。细胞脱分化的结果往往产生愈伤组织。

在有些情况下，可以从愈伤组织直接分化出根和芽，这个过程称再分化。目前，已可以从许多植物培养的细胞获得再生植株。

三、细胞全能性与组织培养

植物细胞全能性是指每一个植物细胞中都具备能产生一个完整机体的全套基因。在适宜条件下，任何一个细胞都可以发育成一个新个体。一个单细胞生物,细胞就是它的完整个体,具有全套的遗传信息和功能,因此,这个细胞是全能的。多细胞高等植物的受精卵无疑是全能的,它可以分裂、繁殖和分化成各类细胞,并能发育成一个完整的植株。研究证明,已分化的细胞在结构上和功能上虽已转化为专一的细胞(如叶肉细胞、韧皮细胞等),但这些典型的体细胞也都具有全能性。早在60年代前后,有人从胡萝卜根韧皮部切取一块已经停止分裂的薄壁组织,在人工培养基上进行培养,一段时间后形成愈伤组织,其中还形成了一些类似胚胎结构的细胞,这些细胞(或细胞群)称胚状体。胚状体一端分化成根原基,另一端分化成芽原基。从愈伤组织或是胚状体最终都可分化出具有根、茎和叶的小植株,若将其移栽至盆钵中,这个小植株可以长出肉质根并开花结实,从这个小植株结的种子,又可繁殖后代,并与正常开花的后代完全一样(图8-13)。

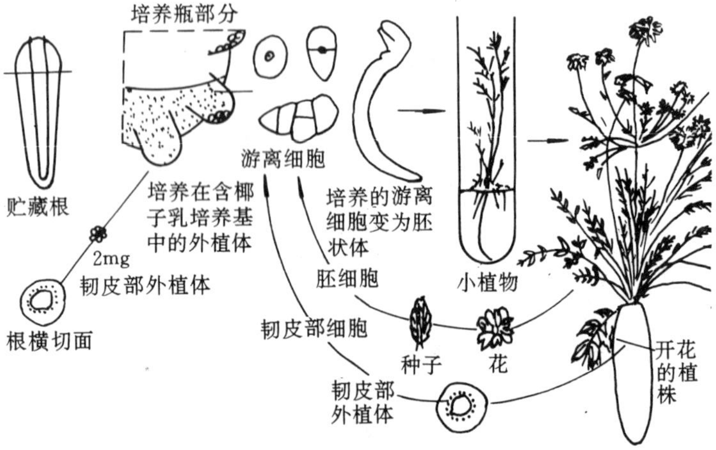

图 8-13 由胡萝卜根的韧皮部细胞长成植株的示意图

尤其重要的是,他们发现体细胞分化的全过程和胚囊内结合子发育成胚的过程基本一致。这个重要发现证明已分化的体细胞仍然保留有全能性。从个体发育的角度看,整株植物的每个细胞都来自受精卵的分裂,核、质在两个子细胞间是对等的,因此,各个细胞应具备相同的基因,也就是繁殖成子代的全套遗传基因,这正是细胞全能性的基础。细胞全能性的揭示,不仅在理论上为研究细胞的生长分化、形态建成以及代谢活动提供了有力依据,而且在生产上亦具有重要实际意义。

(一)根、芽分化

在愈伤组织分化出根与芽的过程中，激素有明显的作用。实验证明，生长素类有利于愈伤组织形成根，腺嘌呤或细胞分裂素有利于形成芽。在培养烟草愈伤组织时产生根与芽往往决定于生长素与激动素之间的比例，当生长素与激动素的比值高时，容易生根，比值低时容易生芽。在分析愈伤组织与分化组织的内源激素含量时发现，愈伤组织中细胞分裂素与生长素的比值为 0.17，而分化组织则达14.57，高出近 86 倍，这说明内源激素之间的搭配与协调，影响着组织的分化。

在器官发生的过程中，许多酶活性明显提高，如 α-淀粉酶，核酸酶、多酚氧化酶和过氧化物酶等，RNA 聚合酶的活性也有变化。有研究表明烟草愈伤组织培养中，在形成芽之前有一个累积淀粉的过程，随后又在器官形成过程中消耗掉；而在不形成芽的条件下，愈伤组织无累积淀粉的过程出现，因而认为淀粉是为器官形成提供能量的必要条件。此外，还发现烟草愈伤组织形成芽时，RNA 与 DNA 以及组蛋白与 DNA 的比值增加。在生长素诱导秋海棠叶片形成根的过程中，RNA 中腺嘌呤与鸟嘌呤的比值降低，而在 6-BA 诱导形成芽的过程中，腺嘌呤与鸟嘌呤的比值增高，因此推测，形成不同器官可能需要合成不同类型的 RNA。

(二)维管组织分化

已经证明，维管组织的诱导与分化中，植物激素有重要作用。芽可以诱导愈伤组织分化出木质部和韧皮部，若以生长素代替芽可以产生相同的效果。

木质部和韧皮部的分化与糖浓度有关。有实验指出，当有生长素存在时，糖(蔗糖和葡萄糖)的浓度控制木质部和韧皮部的形成。低浓度糖促进形成木质部，高浓度糖促进形成筛管(韧皮部)，中间水平(2.5%～3.5%)则促使木质部和韧皮部连同形成层的产生(表 8-7)。

细胞分裂素对维管束的形成也是必需的，它有利于木质素的前体——苯丙烷的合成，因而认为细胞分裂素影响分化过程中木质化的程度。

表 8-7 不同浓度蔗糖和生长素对丁香愈伤组织分化维管细胞类型的影响

蔗糖/mol	生长素	蔗糖与生长素的比值	愈伤组织内细胞类型
2.9×10^{-2}	2.9×10^{-6}	10^4	形成层,少量木质部
5.8×10^{-2}	2.9×10^{-6}	2×10^4	形成层,木质部
8.7×10^{-2}	2.9×10^{-6}	3×10^4	形成层,木质部,韧皮部
11.6×10^{-2}	2.9×10^{-6}	4×10^4	形成层,韧皮部

(三)组织培养

组织培养是在含有营养物和植物生长物质等培养基中培养离体植物组织(器官或细胞)的技术。组织培养的理论依据是植物细胞具有全能性。组织培养是在无菌条件下进行的,以防止培养基中有机物的腐败变质。组织培养可用以研究培养部分(称外植体)在不受植物其它部分干扰下的生长和分化规律,并可用各种培养条件影响其生长和分化,以解决和探讨理论上和生产上的问题。近年来,组织培养技术飞速发展,已在生物学的各个领域如细胞学、遗传学、育种学、生物化学、药物学以及农业、园艺、森林等学科中应用。目前利用组织培养技术成功地使水稻、辣椒、烟草、大白菜、甘蓝、茄子等花药或花粉获得单倍体植物;大豆叶片离体培养,再生植株开花结实,并在田间试验得到第二代种子;黄瓜子叶原生质体育出黄瓜胚状体和再生植株,以及紫红胡萝卜髓组织诱导的愈伤组织中分离的原生质体,诱导成植株等。组织培养技术已成为研究生长和分化的重要手段,并且开始应用于实践。如花药培养应用于单倍体育种;用茎尖培养作无病毒植株的繁殖;珍贵植物和经济植物的快速繁殖以及药用植物的工厂化生产等。可见,组织培养的研究和发展对生产实践有深远的意义。

第五节 植物的运动

植物虽然不像动物那样可以整个身体发生位移,但其个别部分,特别是生长区域,也会发生有限度的位移和方向的改变。植物体的器官在空间产生位移的现象称植物的运动。高等植物的运动可分为生长运动和紧张性运动两大类。

一、生长运动

生长运动是指由于生长所引起的运动，例如根尖向土壤中转动延伸或茎尖转头运动等。生长运动多是植物受外界条件的影响而引起的。由于外界条件对植物的作用不同，生长运动又可分为向性运动和感性运动两类。

（一）向性运动

是指植物受单方向因素的刺激而发生定向的生长运动。根据外界因素的不同，向性运动又有向地性、向光性、向水性和向化性之分。

1. 向地性　播于土壤中的种子，不论其位置和方向如何，萌发长出的幼苗，其根总是向下生长，称根有正向地性生长；其茎向地上生长，所以称茎有负向地性或背向地性生长；大多数植物的叶片呈水平方向展开，称横向地性。禾本科植物倒伏后能再直立起来，正是由于茎具有负向地性生长的原故。如果将植物以水平方向置于回转器水平轴的一端，使回转器以每小时 1～10 周的速度缓慢均匀地旋转，这样可消除重力的单向作用，又不致发生离心力作用，植物的茎和根都会继续直向生长，不发生向地性运动。这说明向地性产生的原因是由于茎或根感受重力刺激的结果。

试验证明，重力刺激的感受部位是植物的根、茎、和胚芽鞘的尖端。当将植物横放时，其尖端组织内的生长素集中在这些器官的下侧，从用^{14}C标记的吲哚乙酸的示踪试验中也得到证实。重力作用所产生的电势差，使器官上侧带负电荷，下侧带正电荷，而吲哚乙酸向带正电荷的一侧移动，因而集中分布在下侧，背地的一侧生长素分布较少，生长素较多一侧的细胞生长速度较生长素较少一侧的为快，这个效应使茎向上弯曲，呈负向地性（图 8-14）；而根对生长素较茎敏感，因此靠地一侧反而比背地一侧生长慢，所以使根向地弯典，呈正向地性。

研究表明，植物感受重力反应的受体是一些特殊的淀粉粒，人们常称为平衡石。平衡石原指甲壳类动物体内的一种器官中控制平衡的砂粒，将植物根冠中的特殊淀粉粒(图 8-15)作为重力感受体，起着平衡石的作用。在胚芽鞘尖端和茎的内皮层细胞中都存在有淀粉颗粒，在重力的作用下，这些颗粒沉于细胞底部，由于平衡石的移动对原生质产生压力，因而存在一定的电势差，影响激素的不平衡分布。

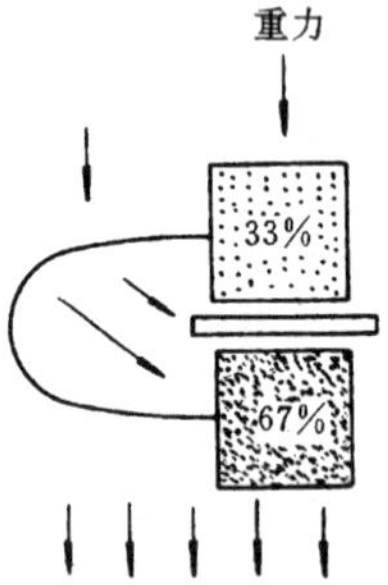

图 8-14　在重力影响下燕麦胚芽鞘尖生长素的重新分配

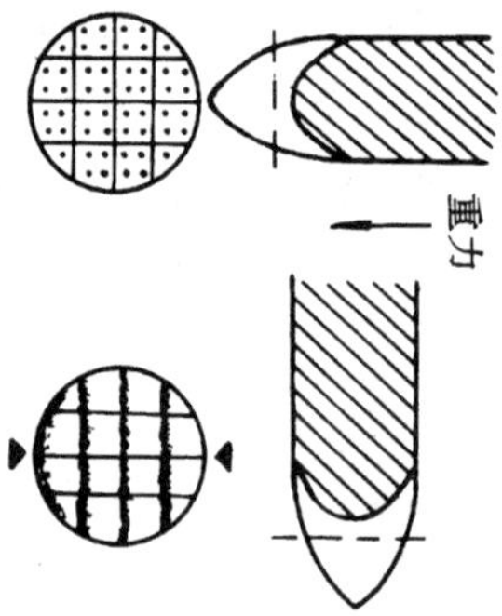

图 8-15　含有作为平衡石的淀粉粒的根冠示意图

箭头表示重力，下方圆圈示上图的横切面，小黑点示淀粉粒的分布，左：垂直，右：横向

近年有研究指出，在根冠中产生一些生长抑制物质——主要是脱落酸。在横向根中这些抑制物自根冠向根尖以上的部位转移，可以抑制根的伸长。在重力影响下，分布在横置根下半部的抑制物质较多，对下半部生长的抑制效应大于对上半部的，因而根发生正向地性弯曲。

有研究强调指出，重力所引起的是多种激素和无机离子的再分布，其中钙在细胞中的再分布也可能是引起胚芽鞘发生负向地性弯曲的重要步骤。

2. 向光性　是指植物随光的方向弯曲的能力。通常，幼苗或幼嫩植株多向光源一方弯曲，称为正向光性；植物的根是背光生长的，称负向光性；叶片通常与光源呈垂直方向生长，称横向光性。叶片的横向光性有利于叶子最大限度地吸收阳光制造有机物，这也是植物长期适应的特性。有的植物的向光性非常敏感，例如向日葵和棉花茎的顶端能随日光而转动；禾本科植物胚芽鞘尖端约 0～50μm 处是对光最敏感的部分，只要这部分受光，其下部即可产生正常的向光性弯曲。除去尖端或尖端罩以锡箔或黑纸以遮光，其下部虽然照光也不发生弯曲。

植物向光性与生长素分布不均有关。生长素的发现正是受早期研究植物向光性的启发。用燕麦胚芽鞘作试验，若给以单侧光，下端用琼脂块收集生长素（图 8-16），结果发现，向光面内生长素较少，而背光面较多。若以不照光处理作对照，发现两侧生长素的含量相等，表明在光的影响下，生长素自照光一侧转移到背光一侧，促使背光一侧的细胞伸长快，从而表现向光性弯曲。植物只有在生长中才可能表现向光性弯曲，停止生长或衰老部分就没有向光性弯曲。

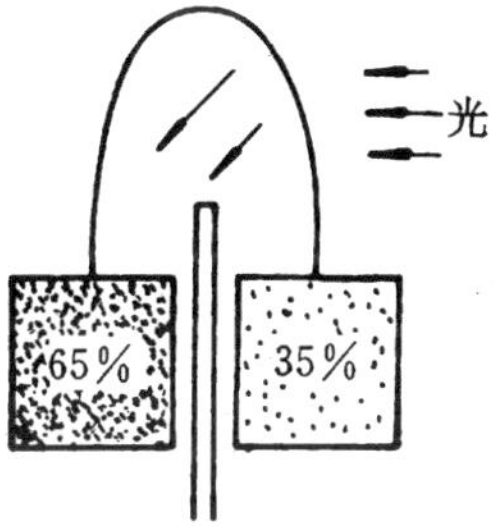

图 8-16　燕麦胚芽鞘尖的一侧受光时生长素重新分布

光质对植物的向光性有重要影响。研究发现，蓝紫光所产生的向光性反应最强，黄光的作用最弱，红光则居二者之间。在检查引起燕麦芽鞘弯曲的作用光谱时发现，其与β-胡萝卜素以及核黄素的作用光谱很相似（图 8-17），据此人们推测这两种物质可能是光的直接受体。

3. 向水性和向化性　当土壤干燥而水分分布又不均匀时，根总是趋向较潮湿的地方生长，称向水性。向化性是指由于某化学物质从某一方向作用而引起的生长运动，例如根有朝向肥料较多的土壤生长的特性。由于根有这两种向性，往往可以采用水、肥措施来影响根的生长。如玉米蹲苗时宜适当限制土壤上层水分的供应；水稻深层施肥利于根向深处生长，根深且分布广，对吸收水肥有利。

在研究豌豆属植物根的向水性时发现，若将整个根冠切去或用烟黑涂抹在根尖上，虽然根仍然生长，但却失去了向水性，因而认为根冠是根向水性的敏感区。

（二）感性运动

感性运动是指没有一定方向的外界因素引起的运动，发生反应

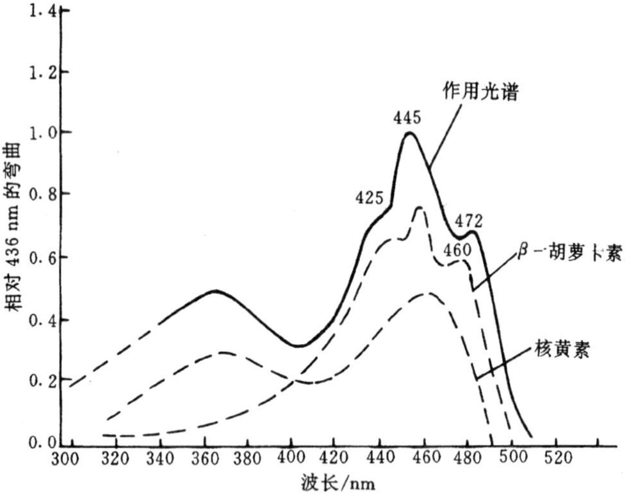

图 8-17　燕麦胚芽鞘弯曲的作用光谱和β-胡萝卜素及核黄素的吸收光谱

与刺激的方向无关。感性运动中有些是属生长性运动，有的是由于膨压改变而引起的非生长性运动。发生感性运动的植物器官，大多具有上下对称结构，如花瓣的上表面生长较迅速，花瓣就向下弯曲，即发生偏上性生长；若下表面生长较迅速，花瓣即向上弯曲，称偏下性生长。由于这种运动通常受着夜晚到来的刺激，所以称为感夜运动。感夜运动可以由于温度的变换或因光强度的变换而引起。例如将番红花或郁金香从冷处移入温室内，几分钟后花就开放。花的这种感温运动是由于温度变化使花瓣基部内、外侧的生长速度不同而引起的。实验表明，郁金香花在温度从7℃上升到17℃时，其花瓣基部内侧生长比外侧快，花就开放；当从20℃下降到10℃时，外侧生长比内侧快，花就闭合；此外，蒲公英的花序、睡莲的花辨在晴朗的天气开放，在阴天或晚上闭合；烟草、紫茉莉、晚香玉等则在阴天或晚上开放。花的感夜运动有很重要的生物学意义，可使植物在适宜的温度下进行授粉并保护花器官内部，免受不良条件的不利影响。一般植物在白昼开花，但有些植物如烟草借助于夜间昆虫传粉，则在夜间开花。这表明感夜运动也是植物对环境条件的一种适应性。

二、紧张性运动

叶片具有叶褥的植物如含羞草、合欢树的复叶和小叶在白天光线不足或是傍晚时，就会合拢，叶柄下垂，到白天光强时，又复张开，这就属于感光性紧张运动。含羞草的运动最引人注目。这种植物不仅在夜晚将小叶合拢，叶柄下垂；即使在白天，当部分小叶受到触动或其它刺激（如烧灼或电触）时，小叶也会合拢，而且这种刺激可以迅速地依次传递到邻近小叶，若刺激的强度大时，则可传递到整个复叶的小叶，复叶叶柄也随即下垂，经过一段时间，整个植株又能自行恢复原状。叶片下垂是由于复叶叶柄基部的叶褥中某些细胞紧张度发生变化引起的。叶褥的上半部及下半部组织中的细胞结构不同（图 8-18，图 8-19），上部细胞的胞壁较厚，下部的较薄，下部组织的细胞间隙也比上部的大。当外界因素刺激时，叶褥下部细胞的透性迅速增大，水分和溶质从液泡中渗出，且排入细胞间隙，因而下部组织的细胞紧张度下降，细胞疲软，上部组织仍维持紧张状态，复叶叶柄即由叶褥处弯曲而产生下垂运动，这种由于感受震触而引起的运动，常称为感震运动。

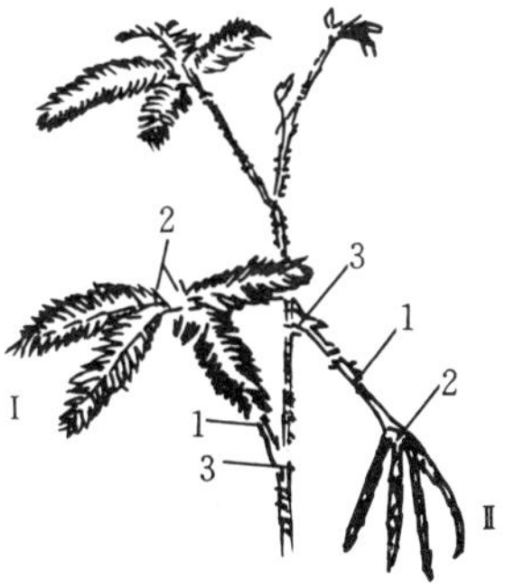

图 8-18　含羞草

Ⅰ　未受刺激的叶子

Ⅱ　受刺激后向下的叶子

1—总叶柄　2—小叶柄　3—叶褥

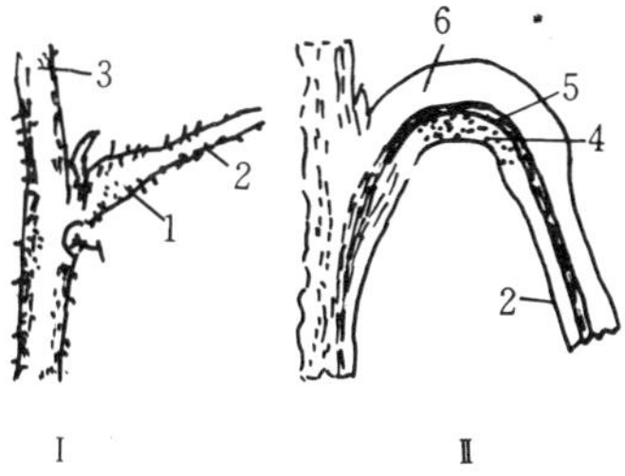

图 8-19　含羞草反应机理

Ⅰ　具叶褥的叶柄基部

Ⅱ　通过叶褥的切面

1—叶褥　2—叶柄　3—茎

4—疲软的细胞　5—维管束

6—保持紧张状态的细胞

实验指出，如用红光照射含羞草，小叶闭合迅速，若再用远红光照射，则小叶又重新张开，因此认为叶褥细胞紧张度的变化可能与光敏素有关（见后）。在光的刺激下，激发了在质膜上与光敏素蛋白结合的光敏素基因，随之改变结构而影响膜的透性。

第九章　植物的成花生理

被子植物从种子萌发开始，进行营养器官的生长，逐渐建立起一个具有根、茎和叶三种营养器官的植物体。植物经过一定阶段的营养生长以后，在适宜的外界环境条件的影响下，就转入生殖生长阶段，进行花的形成、受粉受精、果实和种子形成与成熟等一系列生殖生长过程。植物从营养生长转入生殖生长是植物个体发育史上的一个重大转变。无论是一年生、二年生或多年生植物在开花之前都必须要达到一定的生理状态，其后才能感受外界条件，最后达到开花。开花之前达到的生理状态称花熟态，植物未达到花熟态之前的时期称幼年期，处于幼年期的植物，即使满足其成花所需的外界条件，也不能形成花。植物幼年期的长短，不同种类的植物间差异甚大，例如日本牵牛在萌发的第二天，当子叶完全展开时，在适宜的日照长度下就能形成花。但大多数植物的幼年期都相当长，如抱子甘蓝为 11 周，一般果树为 3～15 年不等，有些树木的幼年期更长。

本章所讲植物的成花生理是指植物花的形成，包括花诱导以及其后的花原基分化形成花器官。花诱导是指导致形成花原基所必需的一系列生理生化变化过程，是决定花器官能否形成的重要步骤。但目前，对花诱导过程的本质尚不甚清楚，因此，仅能以花芽开始分化作为植物步入生殖生长的标志，而实际上，真正的转变应在花芽开始分化以前的更早阶段。目前，人为地将分生组织形成花原基之前所进行的所有反应以及分生组织分化成可辨认的花原基的全过程称为花发端。

在自然条件下，花器官的诱导主要受低温和日照时数的影响。其它如营养状况等也很重要，植物必须在良好的营养生长基础上，才有可能正常地进行生殖生长。

第一节 外界条件对花诱导的影响

一、低温与花的发端

(一)春化作用与植物反应类型

早在19世纪人们已注意到植物开花有时需要经过低温。1918年就有人在用黑麦做实验时发现,无论是在黑麦萌发期或随后的生长期间,必须要经历一阶段低温才能开花,而春黑麦则不需要。1928年李森科将萌动的冬小麦种子用低温处理,在春季播种,可在当年抽穗开花,他称这种方法为春化处理,用低温促使植物开花的作用称春化作用。低温处理的作用是对植物开花的诱导过程,在诱导之后即有花的发端。

我国北方农民早就有了这方面的经验,往往冬麦地里有缺苗的现象时,在实践中采用"闷罐法",即将萌动的冬麦种放入密闭的罐中,在0～5℃低温下放置40～50d,即可用于春季补种用,可以保证冬麦种能正常抽穗开花。

许多二年生植物如芹菜、萝卜、胡萝卜、大白菜、甘蓝等和一些多年生草本植物也都需要低温诱导才能开花结实。植物开花对低温的需求大致可分两种类型:一类植物对低温的要求是绝对的,这类植物若在高温下可连续进行营养生长多年而不见开花,如二年生和多年生草本植物属于此类;还有一类植物对低温的要求是相对的,低温可促进这些植物开花,若不遇低温,开花延迟,但最终也能开花或勉强形成花,如毒麦对春化作用反应不敏感,低温处理2～4周的和不进行低温处理的,达到抽穗的天数一样(图9-1)。多花黑麦草和多花黑麦草与黑麦草的杂种对春化作用的反应表现有量的需要,随低温处理时间加长,到抽穗需要的天数逐渐减少,也就是说,低温定量地促进它的开花,而未经低温处理的,达到抽穗的天数最长,最终都开了花;黑麦草对低温诱导是绝对需要的,如果不给予一定时间(约二周)的低温就绝对不能开花。

在系统发育过程中,不同植物形成了不同的发育特性,因而所要

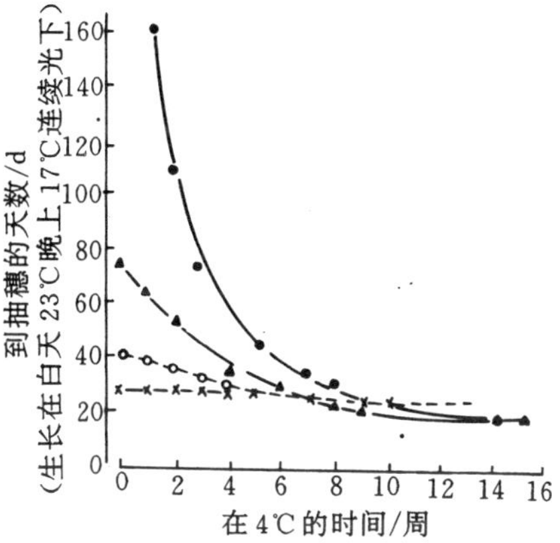

图 9-1　黑麦草属(*Lolium*)四种品系对春化作用的不同反应

×——×毒麦　◦……◦多花黑麦草　▲——▲多花黑麦草与黑麦草杂种
•——•黑麦草

求的春化温度有所不同。根据作物原产地的不同情况,可将冬小麦分为冬性和半冬性类型。我国华北地区一带的秋播小麦为冬性品种,黄河流域一带栽种的为半冬性品种,华南一带只能播种要求温度较高的春性品种。不同类型的植物所要求的低温范围不同,需要经过低温处理的时间也各异(表 9-1)。

表 9-1　不同习性小麦通过春化需要的温度和天数

类　型	春化的温度范围/℃	春化天数/d
冬　性	0～3	40～45
半冬性	3～6	10～15
春　性	8～15	5～8

一般说来,冬性愈强,要求的春化温度愈低,所要求春化的天数也愈多。

一些多年生木本果树如苹果、桃和梨等,它们的花芽分化开始于前一年夏季,但其分化时间甚长,同时也需要经过冬季的低温,到次年春季才开花。低温对果树可能有促进分化和打破休眠的双重作用。

(二)春化进行的时期和感受低温的部位

春化作用一般在营养体的生长时期进行,有些作物还可以在种子吸涨萌动期间感受低温。据报道,冬小麦也可以在受精后5天的幼胚中进行。但胡萝卜、甘蓝、芹菜和甜菜等作物只能在幼苗长到一定大小时,才能进行春化。例如,甘蓝茎的直径超过0.6cm、叶宽5cm的幼苗才能进行春化。

已经证明,感受春化作用的部位是茎生长锥。若将芹菜或甜菜种植在较高温度的温室中,由于得不到所需要的低温,最终不能开花结实;若将通以冷却流水的橡皮管缠绕在茎的尖端,使茎尖经受低温而植株的其它部分仍在高温下,这样的植株再在长日条件下即可开花结实;相反,若将芹菜整株置于低温下,而茎尖端部分受到高温处理,即使随后仍处于长日条件下,仍不见开花。用甜菜进行的实验也获得同样的结果。

另外,还发现椴花的叶柄在适当的低温处理后可以再生花茎。但如果在低温处理后立即切去叶柄基部1/2cm,就不能形成花茎,这表明叶柄感受低温的部位是局限在再生茎的部分,这也是活跃的进行有丝分裂的部位。一般认为,春化过程只发生在细胞分裂的组织或即将进行分裂的细胞内。

(三)进行春化作用所需的条件

低温是进行春化作用的主要条件。低温持续的时间和有效温度的范围,随植物种类或品种而不同。对大多数植物来说,通常以1～7℃为最有效的温度,但某些谷类作物在0℃～－6℃也有春化效果。

在春化作用完结之前,如将春化植物放在25～40℃高温下,则低温的效果减弱或消失,这现象称去春化或春化解除作用。春化效应消失的程度与高温处理的天数成正相关;与低温处理的天数成负相关。当将去春化植物返回到低温下,又可重新进行春化,可见低温效应是可以累加的。解除了春化的植物再恢复春化的现象称再春化现象。一般来说,当植物的春化过程完成后,再遇高温不能逆转或解除,春化效应是稳定的。

在植物的春化过程中,除了需要一定天数的低温条件外,还需要有足够的养分、水、氧气以及作为呼吸底物的糖类。春化过程的前期,如果缺少氧气和呼吸底物，对正常开花尤其不利。

（四）春化作用的生理生化变化

1. 春化作用与代谢　植物通过春化后，虽然在形态上看不出明显的变化，但却在生理状态上发生了深刻变化，并以此为基础，进行随后的发育过程，这就要有适宜的光照条件。

就植物整体而言，其代谢过程甚为复杂，在体内时时进行着各种既有联系又相互制约的代谢变化。人们对春化过程中的代谢活动还不十分了解，不过，研究者们也曾从各种角度对春化过程进行过分析。

有报道认为春化过程中的呼吸速率比未春化的高，但也有试验结果发现二者的呼吸速率无显著变化。有试验用氧化磷酸化解偶联剂——2，4-二硝基酚处理春化过程中不同时期的冬小麦，发现2，4-二硝基酚在抑制氧化磷酸化的同时，也强烈地抑制了春化作用，并且这种抑制效应，在春化前期处理的最明显。还有分析指出，冬性谷类作物在春化过程中，其体内的氧化酶系统发生变化，在前期是细胞色素氧化酶类起主导作用，随后则是抗坏血酸氧化酶或多酚氧化酶的活性提高。

还有报道发现在春化过程中核酸特别是RNA在体内的含量和性质均有变化，但这些变化与花发端间的确切关系尚待进一步研究。

近年来，用电泳分析经春化作用之后的冬黑麦，发现冬黑麦经春化以后有新蛋白质组分形成，未经春化的则没有这个组分。研究春化过程中出现的新蛋白质的性质与功能，将有助于对春化过程中生理生化机理的了解。

2. 春化作用与春化素、赤霉素以及其它激素的关系　若将已通过春化作用的二年生天仙子的叶片嫁接到未经春化的同种植物上，能诱导后者开花，因此人们推测，植物在低温诱导期间可能形成某种特殊物质，通过嫁接进行植物间的传递，使未春化的植物也完成春化作用而开花。曾有学者将其命名为春化素（vernalin）。以后在许多嫁接实验中都曾获得同样的结果。多年来，经大量研究证明确有某种物质存在，但至今尚不能确定这是哪类物质。

自发现赤霉素以来，有人用赤霉素处理，可引起一些需低温的植物如二年生天仙子、白菜、甜菜和胡萝卜等无需经受低温就能开花。一般情况下，这些植物不经低温阶段只能进行莲座状叶丛的生长，不能抽苔开花。实验证明，未经春化处理的胡萝卜，若每天给予10μg赤霉素连续处理4周后，即能抽苔开花，说明赤霉素对某些植物有代替低温的作用；还有实验发现，如用赤霉素合成抑制剂处理植株，则会同样抑制春化，可见，赤霉素与春化作用间有一定的关系。但也有不同的实验结果。看来，赤霉素与春化作用的关系尚需作进一步的研究加以验证。由于赤霉素可以引起大多数植物茎伸长，因此有人提出赤霉素是“成茎素”，而植物开花还需有一含氮物质（名为成花素）与赤霉素协同起作用，但赤霉素并非春化素。

近年来，有研究发现在高等植物体内可以自行生成玉米赤霉烯酮*。证明植物在春化阶段体内出现玉米赤霉烯酮含量高峰，此高峰的出现即标志着春化作用的完成；外施玉米赤霉烯酮有部分代替低温的效果。研究还发现在光周期阶段和传粉受精时，也出现玉米赤霉烯酮的含量高峰。看来该物质在植物生殖生长过程中起了某种调控的作用，有关问题正在进一步探讨中。

（五）春化作用在农业生产上的应用

1. 春化处理　农业生产中人为给予萌动种子以低温处理，使之完成春化作用的措施称为春化处理，如使用闷罐法（将萌动种子置于罐中，密封后将其埋入土中，一定时间后取出作为补种用）正是我国农民长期积累的实践经验。在育种工作中利用春化处理，一年可培育3～4代冬性作物，加速育种过程。有时，为了避开“倒春寒”的影响，冬小麦可以先经春化处理，适时晚播，这样可以防止寒害，也可使之提前抽穗成熟，所以可利用春化处理以调整播种期。

2. 调种引种　由于不同地区的气候条件不同，我国北方纬度高，南方纬度低，所以在引种时必须事先了解该品种对低温的要求。例如北方作物品种引种到南方，由于当时不能满足其对低温的要求，导致

---

* 李季伦等. 玉米赤霉烯酮的研究. 北京农业大学学报，1980，1：13～28
孟繁静等. 冬性植物体内类玉米赤霉烯酮与春化作用的关系. 植物学报，1986，28(6)：622～627
孟繁静等. 冬小麦越冬茎尖中的玉米赤霉烯酮. 中国科学(B)1988，12：1261～1266

植物最终不能开花，只能进行营养生长而造成损失。

3. 控制花期　在园艺作物生产中常利用解除春化效应以控制某些作物的开花。例如，洋葱在前一年所形成的幼嫩鳞茎，在冬季或冷藏中就可以通过春化而提前开花，从而影响次年形成大鳞茎。在生产中，常在春季给予植物高温处理以解除其春化，即可防止它在生长期抽苔开花。在花卉栽培中，若用低温处理，可使一、二年生草本花卉改为春播，在当年开花。例如，若用 0～5℃低温处理石竹以诱导其通过春化，可促进其花芽分化。

二、光周期与花的发端

植物通过春化阶段后，诱导了花原基的形成，但花原基能否继续分化、开花，还与随后植物所接受的日照长短有关。一般来说，需要低温春化的植物，在春化作用之后，还需要接受一定时间的长日照，才能完成花芽的分化。也有些植物在整个生育期间，虽然对低温没有特殊要求，但仍需要一定时期的适宜日照诱导才能分化出花芽。

（一）光周期现象的发现

人们很早就发现了许多植物的开花有明显的季节性。1920 年有科学家首次提出植物的开花与日照长度有关。他们观察到美洲烟草与其它品种的烟草不同，栽种在美国华盛顿附近的植株在夏季长日照下，株高可达 3～5m，但却不开花；而生长在冬季温室里的植株，高度不及 1m 即可开花。通过大量实验证明，植物的开花与昼夜的相对长度（即光周期）有密切关系。在大自然中，一昼夜间光暗交替的现象称光周期，光照长短对植物开花的效应称光周期现象。现已证明，植物必须经过一定时间的昼夜长度后才能开花，否则，一直处于营养生长状态。

光周期现象的发现，使人们认识到光起着一种“信号”的作用。光周期不仅与植物的开花有关，同时对茎的伸长、块茎和块根的形成、芽的休眠、叶子的脱落、花色素的形成等都有影响。

（二）植物的光周期反应类型

当人们了解到光周期与植物开花有密切关系后，可以通过人工延长或缩短光照的办法，广泛地检查了日照长度对植物开花的影响，发现不同类型植物的开花对日长有不同的反应。当时科学家们曾假设以12小时为界，将要求每日的光照条件长于12小时才能开花的植物称长日照植物(缩写为LDP)，要求每日短于12小时日照的植物称短日植物(缩写为SDP)。以后的进一步研究发现，长、短日植物之间的区别，不是在于它们对日长要求的绝对数值，而是它们对日长的要求有一定的最低或最高极限。换句话说，长日植物对日照时数的要求有一个最低限，它们在比此极限再短的日照时数下就不能开花；短日植物对日照时数的要求有一个最高限，若在比此极限更高的日照时数下则不能开花。这最低或最高的极限是诱导植物开花所需的极限日照长度，称为临界日长，每种植物对日照时数的要求有其自身的临界日长，不一定长日植物所要求的日照一定比短日植物的长。例如，长日植物菠菜的临界日长为13小时，这就是说，它们需要在长于13小时光照下才能开花，少于13小时则不能开花；短日植物北京大豆的中熟品种，它的临界日长为15小时，它开花需要的日长不能超过15小时，这是它接受日照时数的最高限。有些植物对日长的要求是极严格的，这样的植物称绝对的长日植物或绝对的短日植物(参见表9-2)。

表9-2　某些长日植物和短日植物花芽分化所需要的临界日长

植物名称		24小时周期中的临界日长/h
长日植物		
毒麦属		11
天仙子	28.5℃	11.5
	15.5℃	8.5
菠菜		13
白芥菜		约14
短日植物		
大豆：曼德临早熟品种		17
北京中熟品种		15
比洛西克晚熟品种		13～14
烟草		14
一品红		12.5
瘤突苍耳		15.5

可见，长日植物是指那些在一天中所感受的日长等于或长于临界日长条件下开花或促进开花的植物，小麦、大麦、胡萝卜、白菜、天仙子等均属此类；短日植物是指那些在一天中所感受的日长等于或短于临界日长条件下开花或促进开花的植物，烟草、晚稻、大豆、菊花和苍耳等均属于此类。还有一类植物对日长要求范围很广，在任何日长条件下都能顺利开花，称为日中性植物(缩写为 DNP)，如番茄、黄瓜、茄子、黄豆以及其它一年四季都能开花的植物。

除上述三种不同光周期反应的植物类型外，还有些植物，它们的成花诱导与花形成这两个过程明显分开，如大叶落地生根的开花需要长日照下完成其花诱导作用，随后再需要短日照的条件完成花器官的形成，这类植物在连续长日照下或连续短日照下均保持营养生长状态，称长短日植物(缩写为 LSDP)；与此相反的是短长日植物(缩写为 SLDP)，如风铃草，它们开花需要在先短日照，随后长日照的条件。此外，还有些植物如甘蔗的某些品种，只有在 12.5 小时的日照下才开花，再长或再短的日照都不能使其形成花芽。

植物开花对光周期的要求与其原产地生长季节的光周期密切相关，该地区的光周期又与纬度和季节有关。北半球不同纬度地区昼夜长度的季节变化如图 9-2 所示。从图中可见，在北半球不同纬度地

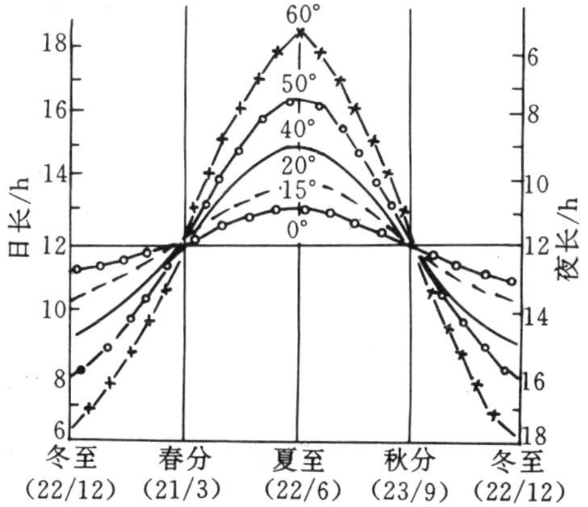

图 9-2　北半球不同纬度地区昼夜长度的季节变化

区，在一年中白昼最长，黑夜最短的一天是夏至，纬度愈高，昼愈长，夜愈短。相反，冬至是一年中白昼最短、黑夜最长的一天，纬度愈高，昼愈短夜愈长。春分和秋分的昼夜长度相等，各为 12 小时。在多种气象因子中，昼夜长度的变化是季节变换最可靠的信号。植物在长期适应过程中，对昼夜长度发生反应，所以可在一年内特定的时期开花。

要特别提出的是，植物开花的光周期反应并不是固定不变的。目前已发现不少由于温度、光照强度或大气成分等因素的变化而改变了植物的光周期反应的例子。例如，绝对的短日植物美洲烟草、草莓、牵牛属、紫苏属和秋海棠属等，只有在 20～25℃的温度范围内需要短日，在15℃或更低的温度下，在长日甚至在连续光下，最终也能形成花。图 9-3 所示，不同温度对绝对短日植物（秋海棠栽培种）在短日下或长日下形成花芽的影响。从图中可见，这种植物在15℃时对日长

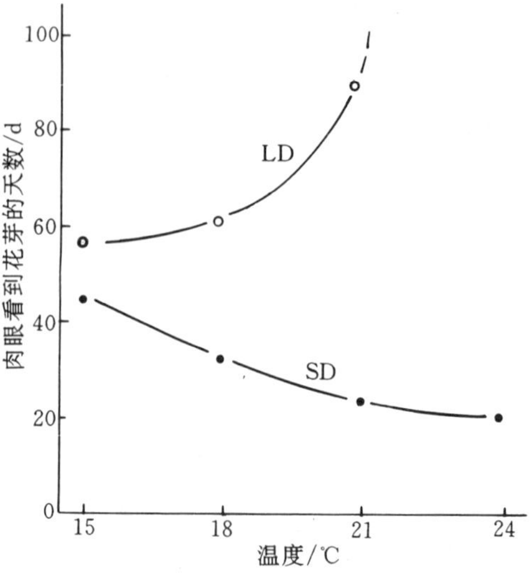

图 9-3　温度对秋海棠栽培种光周期反应的影响

的反应不敏感，随着温度上升，在短日下能形成花芽所需的天数愈来愈短，而在长日下则愈来愈长。当温度达到20℃以上时，在长日下能见到 的花芽所需的天数无限增加。可见，只有在21℃以上时，这种植物才表现出绝对短日植物的特性。

由此可见，所谓的长日植物或短日植物，只在一组给定的条件下才有效，而当条件改变时，很可能就完全不同。植物对环境条件反应的多样性，显然和它们的进化过程相适应。例如，一种澳大利亚的多年生草本植物菅草，在澳大利亚北部的热带地区是严格的短日植物，这样的日长反应使它们在雨季结束后的秋季开花；而在澳大利亚南部生长的同种植物却多是长日植物，可在冬春雨季即将结束时开花；而生长在干旱内地的是日中性植物，由于没有明显的雨季，无论什么时间下雨，它们都能开花。

（三）光周期诱导的一些问题

1. 光周期诱导　引起植物开花的适宜光周期处理，无需继续到花分化为止。植物只需要一定时间适宜的光周期处理，以后即使处于不适宜的光周期下，最后也会进行花芽分化。换句话说，花芽的分化不是出现在适宜光周期处理的当时，而是在处理后的若干天，因此，光周期的作用是个诱导过程。这种能产生对花芽分化有诱导作用的光周期处理称光周期诱导。不同植物需要适宜光周期诱导的周期数（即光周期处理的天数）是不同的。如苍耳、日本牵牛、毒麦和菠菜等只需要一个诱导周期，即 1 天。大多数植物需要几天或十几天，例如天仙子需要 2～3d，大麻 4 天，苎麻 7 天，胡萝卜 15～20d，这都是最低限的诱导周期数，少于这个数字就不能诱导花的发端，多于这个数字则诱导花发端的效果更好，花形成提前，花的数目增多（表 9-3）。

表 9-3　短日光周期诱导对短日植物盐蒿和洋麻花发端的影响

短日光周期数	盐蒿		洋麻从短日光周期处理到现蕾的天数/d
	现蕾植株/(%)	平均每株现蕾节数	
2	0.0	0.0	未现蕾
3	18.2	0.4	未现蕾
6	100.0	35.7	未现蕾
8	100.0	46.7	18
10	100.0	45.5	14
12	/	/	12
21	/	/	12

各种植物光周期诱导需要的天数也因植物年龄及环境条件变化

而有差异。在许多植物中，常出现随年龄增加诱导所需天数减少的现象。

2.感受光周期的部位和开花刺激物质的传导　在开花受光周期调节的植物感受光周期后，茎生长锥由分化叶原基开始转化为分化花原基，因此发生开花反应的部位是在茎端分生组织。但有实验证明，植物感受光周期的部位是叶片，而不是茎端分生组织。短日植物——菊花的实验正是一个很好的例证。如图9-4所示，在试验前先将

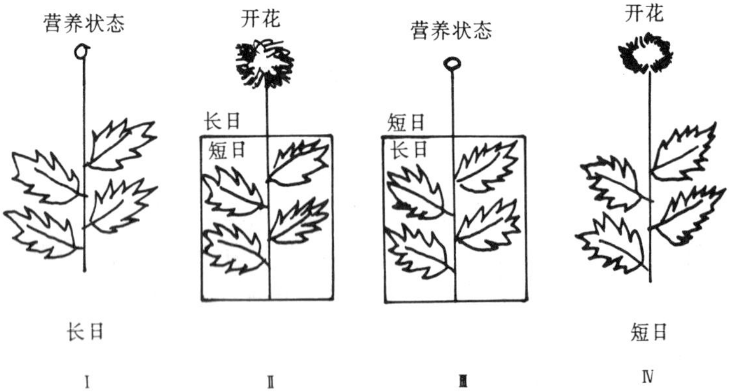

图9-4　菊花叶片及茎顶端接受不同光周期处理对开花反应的影响
图中Ⅰ、Ⅲ均不开花，Ⅱ、Ⅳ均开花（说明见书后）

植株上部的叶片去掉，然后分四种处理：①全株植物处在长日条件下；②叶子处在短日条件下，即每天用黑罩套将叶子遮罩一段时间，使成短日条件而茎端在长日下；③叶片处于长日条件下，而茎顶端在短日下；④全株处于短日条件下。

实验结果表明，短日植物菊花，只要其叶片处于短日下，其余任何部位，包括茎生长锥，无论处于长日或短日条件下，都可开花；若叶片处于长日下，即使茎生长锥处于短日下，也不能开花。这充分说明感受光周期诱导的是叶片。

叶片对光周期的敏感性随年龄而变化。小叶和衰老叶的敏感性较差，当叶片长到最大限度时，其对光周期的敏感程度最高。有些植物如苍耳、毒麦的小叶片（几平方厘米）在适宜的光周期诱导下亦导

致花的发端。

由于感受光周期的部位是叶片，而形成花的部位是茎端分生组织，因此在最初感受部位和最终发生反应的部位之间隔着叶柄和一小段茎，当叶片感受光周期诱导后，必有信息自叶传导到茎端而引起花的发端。因而有人提出并经嫁接实验证明在植物体内存在开花刺

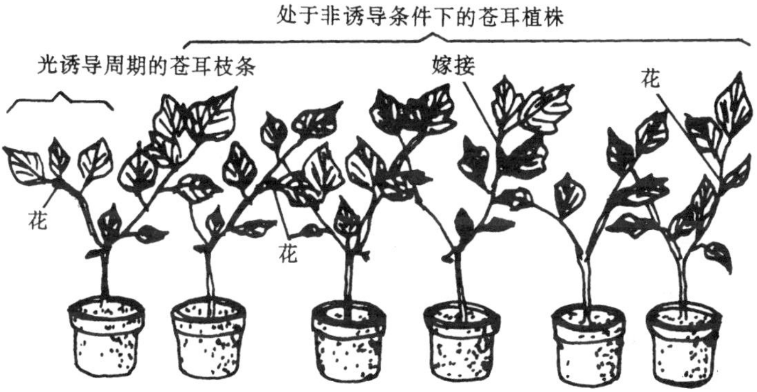

图 9-5　苍耳开花刺激物的嫁接传递

第一株的叶片在短日下诱导，其余均在长日下，结果均开了花

激物质并可传导(图 9-5)。用一株双枝苍耳与其它几株嫁接，只要其中一株的一个枝接受短日诱导，而第一株的另一枝和其它几株都保留在长日条件下，所有植株都能开花，这证明了植株间确有开花刺激物通过嫁接而传递并发挥了作用。

在嫁接实验中，通常把处于非诱导条件下保持营养生长状态的个体称受体植物，把在诱导条件下开花的个体称供体植物。经研究证明，作为供体和受体的植物可以是同种植物，也可以是不同种或不同属的植物，还可以分别属于不同光周期反应类型的植物。因此推测，在所有光周期反应类型中的开花刺激物质可能是相同的。

前苏联学者柴拉轩称这种开花刺激物为成花素，以后，他又加以修正，认为有一种含氮物质(称开花素的)与赤霉素结合为复合物起刺激开花的作用，关于这个问题还有待深入研究。

3. 光周期中光期与暗期的重要性　光周期诱导开花所需的光照强度可以很弱，一般认为只需 50～100lx。日出与日落时的光强度约

为 200lx，因此光周期中所用的光期、暗期和通常说的白天、黑夜不完全一样。所谓光期是指对光周期反应有效的光照时间。在自然条件下，1 天 24 小时的光、暗循环中，光期长度和暗期长度是互补的，因此，有临界日长，相应地就会有临界夜长或称临界暗期。临界夜长是指光暗周期中短日植物能开花的最小暗期长度或长日植物能开花的最大暗期长度。短日植物在短于临界夜长条件下不能开花，在长于临界夜长条件下可开花或促进开花；而长日植物在长于临界夜长条件下不能开花，在短于临界夜长条件下可开花或促进开花。

有实验表明，暗期有更重要的作用。这点可以用试验得到证明：有人采用人工光源，选择不同长度的光、暗组合对短日植物大豆品种进行实验，发现只要在暗期低于 10 小时，就不能形成花，说明它的临界暗期是 10 小时，当暗期长度长于临界暗期就可开花。

暗期对植物开花的重要性还可通过暗期中断试验得到证明。如果用短时间的黑暗打断光期，并不影响光周期诱导，但如果用短时间光照（闪光）打断暗期，则使短日植物继续营养生长；相反的话，却诱导长日植物开花。若在长光期中插入一短暂的暗期，对开花反应没有什么影响（图 9-6）。间断暗期处理称暗期中断，可消除长暗期的作用。

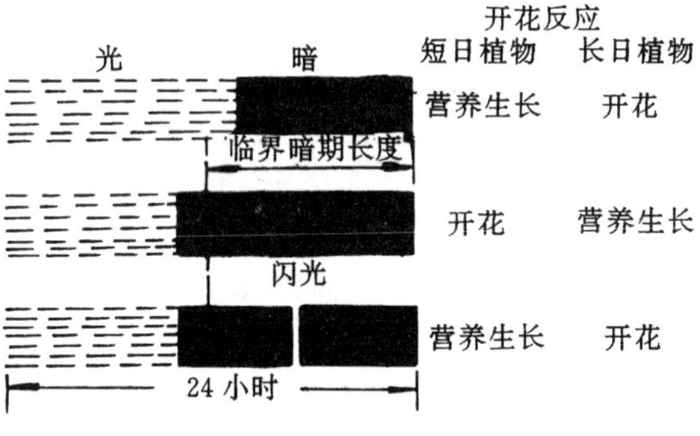

图 9-6　暗期中断对短日植物和长日植物开花的作用

上述试验也说明暗期需要的是连续黑暗。例如，水稻在暗期中对光的反应非常敏感，只需 3～5lx 的弱光，就会延长或停止它的发育，如果在暗期中间插入 3～5min 的光照，即可完全消除这个暗期的诱导作用。因此，在实践中，可利用半夜照明来控制植物的开花。

暗期中断的效果，取决于在暗期期间所施加的光强度、时间和光相分布。一般植物对接近暗期中间的光间断最敏感，但不同植物稍有差别。例如短日植物瘤突苍耳，在16小时的长暗期中，以暗期开始后的第8小时进行闪光抑制开花效果最好；而长日植物大麦在暗期开始后约8.5小时闪光促进花发端的效果最好（图9-7）。暗期中断所需的光照强度和时间长短，也与植物种类有关。一些短日植物如大

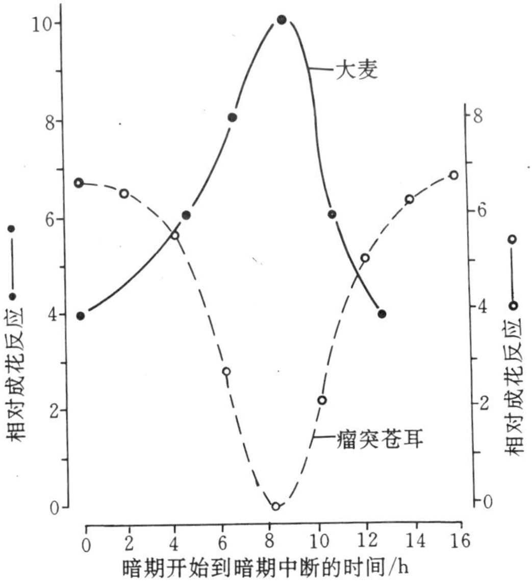

图 9-7　暗期中断时间和开花反应

豆、苍耳、紫苏等，只要有几分钟的低强度的光照就可阻止其开花；而长日植物对暗期中断不如短日植物那么敏感，通常需要较长时间的光照时间。

以上说明暗期的重要性，但并不是说光期不重要。只有在适当暗期以及昼夜交替条件下，植物才能正常开花。光期的作用主要是与光合作用形成花发育所需的营养物质有关。例如，短日植物开花要求长暗期，但如果光期缩短到不及2小时，也不能开花，这是由于光合作用时间太短造成营养不良的结果。光期的作用除与光合作用有关外，

与光质也有关系，如用长日植物天仙子进行光质试验时，发现在16小时光期中，如给予对光合最有效的红光，并不开花；如与远红光或蓝光结合使用，则开了花，这表明光合作用的效应与光周期效应之间有差异。又如对短日植物大豆品种用固定的16小时暗期和不同长度的光期进行各种组合试验时，发现光期从4小时增到11小时，开花反应随光期延长而增强；当光期超过11小时时，所形成的花就减少；当光期增加到20小时或更多时，花的形成完全被抑制(图9-8)。这

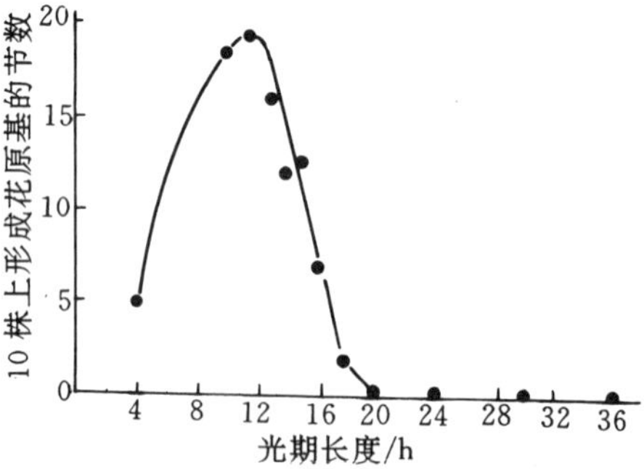

图9-8　光期长度对大豆品种花原基形成的作用

表明光期长度对花发端本身也有关系。但在自然条件下暗期长度大于10小时，只能和小于14小时的光期配合。可见，植物开花实际上是由暗期长度所控制的。因此，称短日植物为长夜植物，称长日植物为短夜植物或许更为确切。

用不同波长的光来间断暗期的试验表明，无论抑制短日植物开花，或诱导长日植物开花，都是红光最有效。如果在红光照射后立即再照以远红光，夜间断的作用可被远红光所抵消，这种反应可以反复逆转多次，开花与否取决于最后照射的是红光还是远红光。对短日植物来说，红光抑制植株开花，远红光促使植物开花；对长日植物来说，红光促使植株开花而远红光抑制植株开花(图9-9)。红光与远红光的这种效应与植物体内有称光敏素的一种色素的转化有关。

4. 光敏素及其与开花的关系　其内容将从下述三方面讨论。

①光敏素的发现。40年代就有人在进行暗期间断试验中发现，如在暗期中间用各种单色光对植物进行闪光处理，根据达到同样开

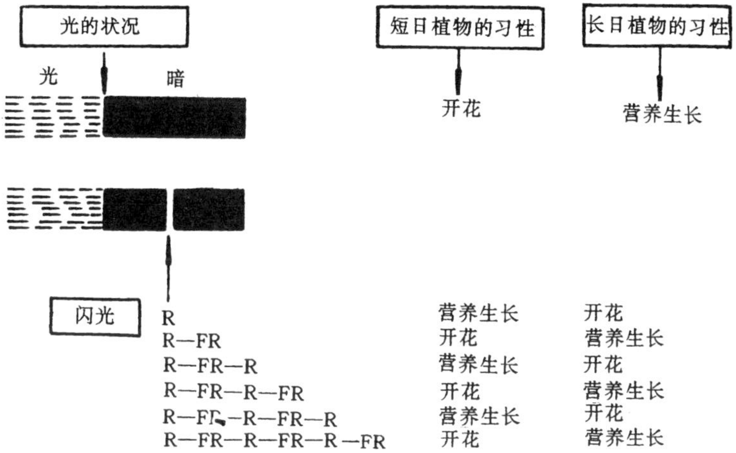

图 9-9　红光(R)和远红光(FR)对短日植物和长日植物开花的可逆控制

花水平所需的不同波长光的能量,可以绘出作用光谱曲线,发现阻止短日植物(如大豆或苍耳)开花的作用光谱和促进长日植物(如冬大麦)开花的作用光谱很相似,并证明在红光区(600～660nm)最有效。又在喜光的莴苣种子发芽试验中发现,莴苣种子发芽为红光所促进,但用远红光可以消除红光的作用;若用红光和远红光交替照射多次,发芽的效果则决定于最后照射的光质,这点和红光与远红光在中断暗期控制开花有类似的效果。因此,当时设想植物体内的这种能吸收红光的色素,可以在体内发生吸收红光和远红光的两种可逆的转换。经过约 10 年的探索,研究者们终于从黄化燕麦幼苗中提取纯化了一种色素,称光敏素。光敏素吸收红光后,转变成吸收远红光形式,以 P_{fr} 表示,当受远红光照射时,又转变为吸收红光形式,以 P_r 表示。

目前已经证明,除真菌以外,它广泛存在于藻类、苔藓、地衣、蕨类、裸子植物和被子植物中。高等植物的很多器官如根、茎、叶、芽鞘、下胚轴、花、果和种子中都有光敏素存在,只是含量甚低,其浓度约为 10^{-7}～10^{-8}mol,黄化幼苗中的含量较高。

②光敏素的理化性质。光敏素是由蛋白质与色素基团两部分组成的。分子量约为 125 000D。色素基团类似藻胆素,是由 4 个吡咯分

子连接成一条直链(图 9-10)。光敏素在植物体内以两种形式存在，且可相互转变(图 9-11)。已知 P_r 在细胞内以一定的速率进行合成，

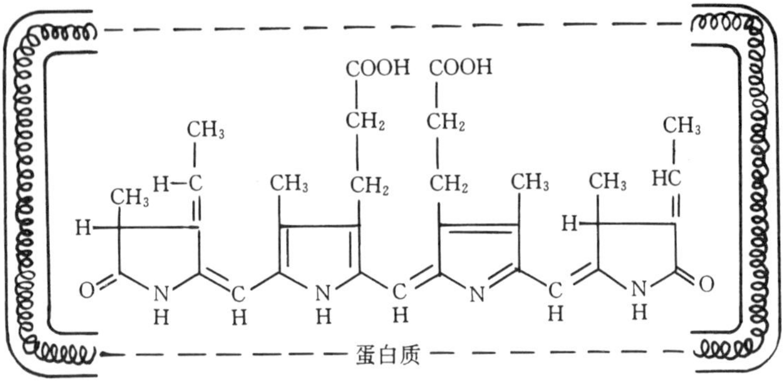

图 9-10　光敏素与蛋白质的可能结合形成

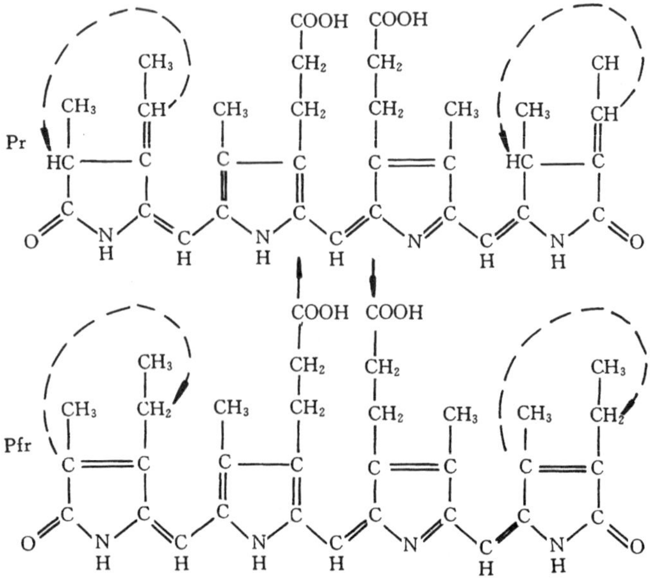

图 9-11　两种形式的光敏素互变时，其生化团异构化示意图

并在暗中生长的组织里积累。P_r 的降解速率不大，相当稳定，它的吸收高峰在 660～665nm。当 P_r 接受红光或白光照射后即可转变为 P_{fr}，P_{fr}的吸收高峰在 725～730nm(9-12)。在 P_r 向 P_{fr}转变时，由于在

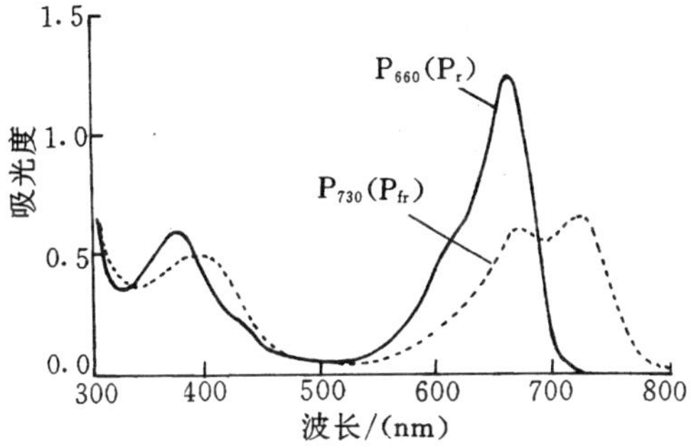

图 9-12　燕麦光敏素纯提取液的吸收光谱

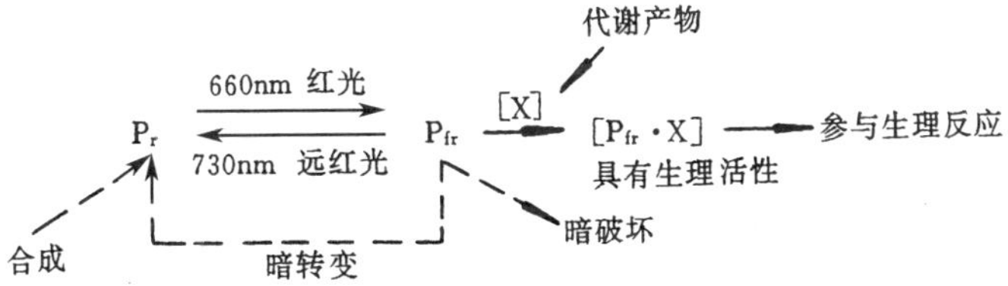

图 9-13　光敏素的合成、转变、破坏和参与生理作用示意

红光或白光下形成的 P_{fr}很易破坏，导致光敏素总量减少。光敏素的合成、转变和破坏的模式如图 9-13 所示。光敏素的这些特性在确定光周期反应的动力学方面是十分重要的。

光敏素的红光吸收型为蓝绿色，其远红光吸收型为浅绿色，它们的相互转变包括生色团中两个氢原子发生转移，使它的结构发生变化，同时蛋白质结构也发生相应的变化。在白天光照下，P_r 型吸收红光，转变为 P_{fr}型；在夜晚黑暗中，P_{fr}型分解破坏，转变为 P_r 型。P_r 型比较稳定，P_{fr}型具有生理活性。P_{fr}与某些代谢产物[X]结合成 $P_{fr}\cdot X$ 复合物，引起生理反应(图 9-13)。此处[X]可能是生理活跃分子如 ATP、NAD 等。

③光敏素与成花诱导。光敏素对成花的作用，与两种类型(即 P_r 与 P_{fr})之间的相互转变有关。曾有人假设 P_{fr}与 P_r 的比值影响开花刺激物质的形成，认为短日植物开花刺激物质的形成要求 P_{fr}与 P_r 的比值低，长日植物要求 P_{fr}与 P_r 的比值高。当光期结束时，绝大部分光敏素呈 P_{fr}型，因此 P_{fr}与 P_r 的比值高，转入暗期后，P_{fr}暗转变为 P_r，

或是P_{fr}受到破坏，使P_{fr}与P_r的比值逐渐变低。当长暗期使P_{fr}与P_r的比值降低到一定水平，就导致短日植物形成开花刺激物而促使其开花；而长日植物需要短暗期，当暗期为红光或白色间断时，由于提高了P_{fr}与P_r的比值，（长日植物恰恰需要较高的P_{fr}与P_r的比值才能形成开花刺激物质）因而促进了长日植物开花。

可见，当光期长、暗期短，或暗期为红光间断时，则有利于增加P_{fr}的含量，提高P_{fr}与P_r的比值，利于诱发开花刺激物合成，引起长日植物开花，而长夜则使P_{fr}降低而延迟开花。例如，短日植物水稻的P_{fr}转化为P_r型约需8～10h的连续黑暗，若延长暗期，P_r型增多使P_{fr}与P_r的比值减小，引起水稻开花刺激物的合成，促进了幼穗的分化；相反，若每天日照时数延长，P_{fr}增多，使P_{fr}与P_r的比值增高，阻碍了开花刺激物的形成，延迟了幼穗分化，甚至不分化。

在外界条件对花诱导的影响中，光周期对花诱导特别重要。然而，目前已了解到，光敏素所调控的生理过程是多种多样的，有的是属于较缓慢的光形态建成过程如叶片展开，也有的是属于快速的非形态建成过程如质体运动。

（四）光周期理论在农业上的应用

1. 引种育种　良种的推广和引种，对发展农业生产具有很大的推动作用。从远地引进新作物或品种时，首先要了解被引作物的光周期特性，因为即使同一作物的不同品种，因地理分布不同，对光周期的要求常有明显的差异。我国南方品种不论是短日植物还是长日植物，其临界日长一般比北方的要短。而在生长季节中春、夏的长日照，偏南地区比偏北地区来得晚些；秋季的短日照，偏南地区比偏北地区来得早些，因此，一般来说，短日植物南种北移时，发育延迟，开花期推后；北种南移时，发育加速，提早开花，长日植物则正好相反。需要收获果实、种子的作物，在引种时必须考虑引进后能否适时开花结实，否则就会导致颗粒无收。因此，短日植物南种北移时，应引进早熟品种，北种南移时则应引进晚熟品种；长日植物南种北移，应引进晚熟品种，北种南移则引进早熟品种为宜。同纬度地区的日照长度相同，若海拔高度相近，则温度差异一般不大，因此，如果其它生长条件合适，相互引种比较容易。对于收获营养体为主的作物如大麻、烟草等短日植物，当南种北移时，由于发育延迟，加长了营养生长时期，若水肥管理适当，可促进营养生长，利于提高产量和品质。

通过人工光周期诱导，还可加速良种繁育，或加速世代繁育，缩短育种年限。例如，在进行甘薯杂交育种时，可人为地缩短光照，使甘薯开花整齐，以便进行有性杂交，培育新品种。又如，根据我国气候多样性的特点，可进行作物的南繁北育，利用异地种植以满足作物发育条件。例如，短日植物玉米、水稻均可在海南岛繁育种子；长日植物小麦，于夏季在黑龙江或青海、冬季在云南繁育种子，能做到一年内繁育 2～3 代。

根据光周期理论，同一作物或同一作物的不同品种，对光周期反应的敏感性有差别，所以，在育种时，应注意亲本光周期敏感性的特点，一般选择敏感性弱的亲本，以利良种的推广。

2. 控制花期　利用人工控制日照长短的办法可以提前或推迟开花时期，这在园艺花卉栽培上很有用途。例如，菊花是短日植物，在自然条件下秋季开花，若给予短日照处理，可提前在夏季开花；或人为地延长光照，推迟其花期，则可在春季开花。

控制花期在育种上对克服杂交亲本花期不遇也很重要。例如，利用人工控制日照长短的方法使双亲本同时开花，便于进行杂交。有些作物，如甘薯是短日植物，在北方种植时，由于当地日照长，不能开花，所以不能进行有性的杂交育种，但若利用人工遮光方法使每天日照缩短到 8～9h，1～2 个月即可开花。此外，还可用暗期中断方法使短日植物(如甘蔗)保持营养生长而不开花，以增加产量。

第二节　花器官形成与性别分化

科学家将植物生殖器官的发育划分为三个时期，即花熟态的到达、花原基的出现和花的形成。只有达到花熟态的植物才能感受光周期诱导，在生长点产生花原基，再由花原基分化成花器官。植株经受光周期诱导以后，花原基已形成，此后的问题则是花发育的好坏以及成花数目的多少。

一、花芽分化

花芽分化又称花器官的形成,包括花原基的形成、花芽各部分分化与成熟的全过程。

(一)生长锥分化时形态和生理变化

茎端生长锥分化是个复杂的过程,在形态与生理上都有剧烈的变化。

1.形态变化　茎端生长锥分化时,在形态上的变化具有共同特点,即生长锥表面积增大,且从光滑表面逐渐出现皱折突起。生长锥表面的皱折突起有两种情况,一种是皱折纵向伸长,如水稻、小麦、玉米、苹果等;另一种是生长锥分化初期呈扁平头状,如胡萝卜等伞形科植物。

根据细胞学观察发现,生长锥在分化初期,其表面的一层或多层细胞分裂加快。这些细胞的体积甚小,细胞质浓厚,细胞内无淀粉粒。生长锥的中部细胞分裂较慢并逐渐停止分裂,细胞变大且其中出现液泡,内含淀粉粒,原生质较稀薄。正由于生长锥表层与中部的细胞分裂速率不同,因而造成生长锥表面出现皱折,由原来分化成叶原基的生长点开始形成花原基,再由花原基逐步分化出花器官的各个部分。

2.生理变化　生长锥开始分化后,代谢水平增高,有机物转化剧烈。分化开始时,可溶性糖的含量提高,氨基酸和蛋白质含量亦增加,核酸的合成速率加快。有试验指出,用 RNA 合成抑制剂 5-氟尿嘧啶或 2-硫尿嘧啶等处理植物的芽,能抑制营养生长锥分化为生殖生长锥。若用蛋白质合成抑制剂环己酰亚胺处理芽,也抑制生长锥的分化,这表明生长锥的分化必定相应地伴随着核酸与蛋白质的代谢。

(二)影响花芽分化的因素

1.内因　主要是营养状况和激素平衡两方面的问题。

营养物质是花芽分化的物质基础。当植物代谢旺盛,合成有机物增多,供给生长锥的多,有利于花芽分化。糖类对花芽的形成尤为重要,因为它是植物体内合成其它化合物的碳源和能源。如花芽分化时,蛋白质合成增强,就需要有足够的糖类供应。有试验指出,在水稻同一穗上的不同颖花,由于发育有先后的差别,所获得的营养多少就有差异，例如分布在上部枝梗与枝梗顶端的花发育早，养分充足，生长势较强；而在同一穗上的下部枝梗顶端以下的第一个颖花发育最迟，容易变为弱势花或产生空秕粒，这显然与它们成花时的生理状况有关。

有试验证明，氮素营养对果树成花很重要，但形成花芽并不决定于总氮水平，而与蛋白氮的量有关。还有试验证明，在柑橘花原基形成前，促使成花的氨基酸浓度要比平常高 5～10 倍，当合成蛋白质时，氨基酸量下降，但在花器官分化时，蛋白质含量下降，这说明花器官形成时，需要消耗大量蛋白质。也有报道认为精氨酸和精胺可能有利于花芽分化。磷化物与核酸也与花芽分化有关。可见，花芽分化是一个涉及多种物质代谢的复杂过程。

花芽分化也受内源激素的调控。试验证明，GA 抑制花芽分化，而 ABA，CTK 和 ETH 都有促进花芽分化的作用。GA_7 对苹果成花的抑制作用大于 GA_3 和 GA_4。当 GA 多时，不仅影响内源激素水平的平衡，也影响营养物质的代谢与分配。GA 可促进 α-淀粉酶的形成，从而促进淀粉水解，抑制了花芽的形成；而 ABA 与 GA 拮抗，有利于淀粉的积累，促进花芽分化。有试验用 ABA 处理植株，可抵消 GA 的作用，使淀粉含量提高，增加了花芽量。在夏季新梢摘心，可减少 GA 与 IAA 的含量，增加了 CTK 含量，而 CTK 有向它起作用的部位调运营养的能力，所以可以改变新梢中营养与水分的分配，从而促进花芽分化。

总之，当植物体内淀粉、蛋白质等营养物质丰富，ABA 和 CTK 含量高而 GA 含量低时，有利于花芽分化。在一定的营养水平范围内，内源激素的平衡对成花起主导作用。但若营养缺乏，激素平衡就要受营养状况所左右。可见，体内营养状况与激素平衡间相互影响，从而调节着花芽分化。

曾有人提出植物开花是与植物体内的含糖量与含氮化合物量之间的比例即碳氮比(C/N)有关。凡碳氮比较大时利于开花，反之则延迟开花或不开花。这个观点与农业生产实践中的很多措施相吻合，例如在果树栽培中，常用刀砍伤树皮以使上部枝条内富含糖类，增大了碳氮比，促使提早开花结果。在某些作物栽培中，施用大量氮肥，减小了碳氮比，延迟作物开花以至晚熟。可见，碳氮比对控制花器官的形成起着一定的作用。

2.外因　外因有光照、温度、水分和矿质营养等。

①光照。在植物花芽分化期间，光照时间长，强度大，有机物合成多，对开花有利。阴雨天，光照强度弱，光合产物少，而可溶性氮相对增加，使营养生长延长，花芽分化受阻。在农业生产中，果树的整形修剪，棉花的整枝打叉，都是调节光照，避免枝叶相互遮阴，有利于花芽分化。

②温度。在一定温度范围内，温度升高，对植物的花芽分化有利；降低温度，则分化减缓。温度主要影响光合、呼吸和物质转化运输等过程，从而间接影响到花芽分化。例如，水稻在减数分裂期，如遇17℃以下的低温，则花粉母细胞发育受影响，不能正常分裂。同时，毡绒层细胞变肥大，不能向花粉粒提供养分，导致形成不育花粉。苹果花芽分化的最适温度为 22～30℃，若平均气温在10℃以下，花芽分化则处于停滞状态。

③水分。不同植物的花芽分化对水分的需求不同。例如，稻、麦的孕穗期，尤其是雌雄蕊分化期和花粉母细胞减数分裂期对缺水最敏感，若水分不足，会导致颖花退化。夏季适度干旱对果树花芽分化有利，因为此时枝条停止生长，光合产物积累，提高碳氮比利于花芽分化。

④矿质营养。氮肥过多，引起枝条叶片旺长，花芽分化受阻；氮肥过少则不能形成花芽。有试验证明，在适量的氮肥条件下，适当配合施用磷、钾肥和锰、钼等微量元素，有利于花芽分化。

二、性别分化

在花芽分化过程中，包含着性别分化。大多数高等植物的花芽逐渐在同一花内形成雌雄性器官，成为雌雄同花，又称两性花，如水稻、小麦、棉花、大豆等均属此类。也有不少雌雄异株的植物如大麻、番木瓜、杨柳、银杏等。还有一些植物的同一株上既有雌花，又有雄花，如玉米、南瓜和黄瓜等。

由于性别分化的问题很复杂，既有理论意义，又有实践意义。例如，大麻是雌雄异株植物，以收获纤维（营养植株）为对象的，雄株的纤维拉力较好；玉米、黄瓜是雌雄同株异花植物，就希望增加雌花数目，可收获更多的果实和种子。

根据试验分析，雌雄异株的植物，两类个体间的代谢方面有明显的差异。例如大麻雌株叶片中生长素含量较高，而雄株叶片中GA含量较高；又如千年桐的雌株具有较强的还原能力等。从上述一些零星资料中，可以了解雌雄株间的代谢水平是不同的。

影响性别分化的外界因素中，首先要提到的是光周期。植物经过适当的光周期诱导都能开花，但出现雌、雄花的数量与光周期诱导以后所处光周期的情况有关，如经光周期诱导后继续处于诱导的光周期下，雌花就多；诱导后处于非诱导光周期下，雄花就多。例如蓖麻是长日植物，在花形成前10天，如果每天光照22小时，雌花数大量增加；如缩短为每天光照9小时，则雄花数显著增加。

此外，温度、水肥条件以及激素等也都多少影响着性别分化。在生产中，常常用水肥管理或烟熏来达到调控性别分化的目的。如烟熏黄瓜苗可促进雌花形成，烟中含有一氧化碳和乙烯，它们对雌花分化有促进作用。也有用激素来调节性别分化的，如GA有促进雄花分化的作用，IAA和ETH等有促进雌花分化的作用。

第十章　生殖、衰老与脱落

植物的个体发育并不只是到开花为止，在开花之后还有传粉、受精、胚的发育、种子和果实的形成与成熟以及衰老、脱落等过程。在这些过程中都伴随有强烈的生理生化变化，并受外界环境条件的深刻影响。农作物的经济产量大多是种子和果实，从生产的角度看，营养体的良好发育只是为经济产量的形成提供了基础，经济产量的高低，还与传粉、受精、种子和果实发育的好坏有关。因此研究植物的花粉与柱头生理、传粉与受精、种子和果实的形成与成熟以及与外界环境的关系，进而采用合理的农业技术以夺取农作物的高产，是十分重要的。

植物器官的衰老与脱落，是植物个体发育的最终结果。研究衰老和脱落对于果蔬的保花保果、疏花疏果、果蔬的贮藏与保鲜、催熟等均有实际意义。

第一节　花粉与柱头

一、花粉的形态及其化学组成

（一）花粉的形态结构

花粉粒是由花粉母细胞经减数分裂形成的。花粉母细胞连续两次分裂后形成 4 个单倍体细胞，称四分体，这 4 个子细胞各自分离，形成 4 个单核花粉粒。单核花粉粒再经过一次不均等的有丝分裂，形成 1 个生殖核和 1 个营养核，并各为一团细胞质所包围。大多数植物的花粉粒，如棉花、茶、桃、梨、柑橘的花粉粒，发育到这一阶段即已成熟，花粉囊开裂，进行传粉受精。有些植物的花粉粒，如水稻、小麦、大麦、玉米、油菜等，它们的生殖核还需进行一次有丝分裂，形成两个精核，然后才能从花粉囊中散出。

花粉的形态多呈圆形或椭圆形，具有双层壁，外壁较厚，缺乏弹性，内壁较薄，柔软而有弹性。萌发孔附近的内壁增厚。

（二）花粉的化学组成

1. 壁物质　花粉的壁物质主要由纤维素和果胶质组成。外壁中含有大量的花粉素，其化学式依植物种类而异，黑麦花粉中为 $C_{90}H_{134}O_{31}$，松树花粉中为 $C_{90}H_{158}O_{44}$。外壁中还含有类胡萝卜素和类黄酮素的油脂，使花粉多呈橙黄色。花粉内壁主要含果胶质和纤维素，萌发孔处往往增厚，使萌发孔封闭。花粉的内外壁中均含有活性蛋白，在与柱头的相互识别中起重要作用。内壁蛋白主要是与花粉萌发和花粉管伸长有关的酶类，如淀粉酶、核酸酶、蛋白酶、脂酶、多聚半乳糖醛酸酶等。

2. 色素　花粉中含有色素，特别是虫媒花的花粉中色素含量更为丰富，包括胡萝卜素、花青素、花青素糖苷，如槲皮苷、异鼠李苷和芸香苷。槲皮苷由槲皮素和葡萄糖构成，异鼠李苷由异鼠李素和葡萄糖构成，芸香苷由槲皮素和芸香糖（葡萄糖和鼠李糖构成的双糖）构成。这些色素及其糖苷的存在，可引诱昆虫传粉，又由于它能吸收紫外光，可保持花粉免受伤害。某些植物具有这些色素糖苷还与自交不亲和有关。例如连翘具有两类花，一类花的雌蕊长而雄蕊短，另一类则雄蕊长而雌蕊短（图 10-1）。两类花着生在不同植株上。在自然条件下，这两类花只能交叉受粉，才能受精，所以连翘永远不自花受精和同株受精，也不能异株的同类花受精。因为在短花柱花的花粉中含芸香苷，长花柱花的花粉中含有槲皮苷，这两种色素苷都能抑制同类型花的花粉萌发。但在短花柱花的柱头上有破坏槲皮苷的酶，而在长花柱花的柱头上有能破坏芸香苷的酶，所以只有两类花交叉

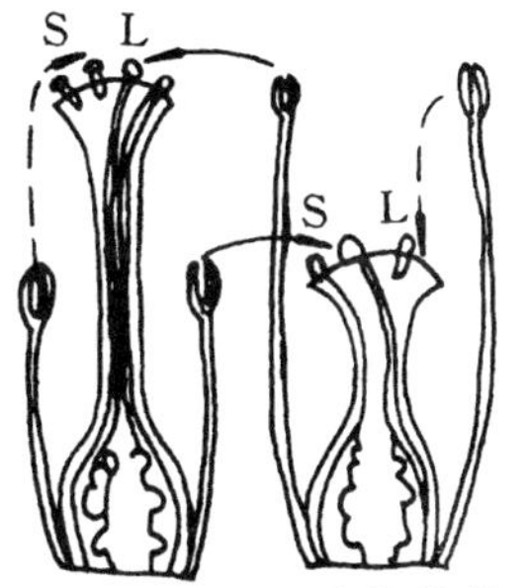

图 10-1　连翘两种类型的花示意图

实线箭头表示受精作用可以发生；虚线箭头表示受精作用不能发生

S　代表长花柱花的花粉

L　代表短花柱花的花粉

受粉才能受精。花粉所含色素苷的特异性，保证了传粉受精的特异性，并维持了种的优化。

3.糖和脂类　花粉中含有丰富的营养物质，依据花粉所含营养物质种类的不同，可将花粉分为淀粉型花粉和脂肪型花粉。风媒花的花粉富含淀粉，虫媒花的花粉富含脂类。水稻、玉米、高粱、甘蔗等禾谷类植物的花粉属淀粉型花粉，其淀粉含量十分丰富，例如玉米花粉中的淀粉含量达干重的22.4%。花粉中淀粉含量的多寡常用于判断花粉的可育程度，如水稻花粉遇碘液呈深蓝色，则为可育花粉；如遇碘液呈浅蓝或不被染色，则为不育花粉。可育花粉与不可育花粉在可溶性糖含量方面也有差异，如小麦可育花粉中蔗糖含量比较丰富，而不育花粉主要含葡萄糖和果糖，含蔗糖很少。脂肪型花粉中脂类的含量约占干重的1%～20%，主要是卵磷脂、磷脂酰胆碱、磷脂酰肌醇、脂肪酸等，这类花粉中还含有脂溶性的叶黄素形成的脂，能有效吸引蜜蜂。

4.含氮化合物　花粉的特点之一是富含蛋白质和氨基酸，例如玉米花粉中可溶氮化合物的含量比花柱高出4～5倍。花粉中还含有多种游离氨基酸。可育花粉与不可育花粉在氨基酸组成上差异十分明显。从三系水稻花粉的检测中得知：可育花粉中脯氨酸含量丰富，而不育花粉则主要含天冬酰胺（表10-1）。脯氨酸含量的多寡是衡量花粉育性的指标之一。花粉的另一个特点是含氮碱比较丰富，如腺嘌呤、鸟嘌呤等，多以游离态存在。

表10-1　三系水稻花粉氨基酸含量的差异

单位：mg/100mg（氨基酸）

品　系		脯氨酸	天冬酰胺	脯/天酰
不育系	29南1号A	5.9	59.2	0.09
保持系	29南1号B	27.8	8.3	3.35
恢复系	IR-661	32.7	7.6	4.30

5.激素　花粉中含有丰富的植物激素，层析法分析证明：花粉中含有大量的吲哚乙酸。以矮牵牛花为例，1g成熟花粉中含0.15μg吲哚乙酸。在玉米和松树花粉中也分离出吲哚乙酸。花粉中赤霉素的

含量也比较丰富，据报导：在玉米、烟草和番茄花粉中的赤霉素含量约为 3～9μg/g(鲜重)。70 年代有人从油菜花粉中分离出一种被称为油菜素内酯的物质，证明它对花粉的萌发与受精有重要作用。研究还发现在柑橘花粉中含有乙烯，可刺激花粉管的伸长。在玉米、苍耳、海枣花粉中还分离出雌甾酮、豆甾醇和谷甾醇等甾类物质。

6. 维生素　花粉富含维生素，种类也比较多，其中以 B 族维生素和抗坏血酸含量较多(表 10-2)。花粉中脂溶性维生素 E 含量也较丰富，已知维生素 E 在动物生殖中起重要作用，它在植物的有性生殖中有何意义，有待进一步研究。

表 10-2　花粉中水溶性维生素的含量

单位：μg/g(干重)

维　生　素	松	赤杨	玉米
B_2 核黄素	5.6	12.1	5.7
B_3 烟　酸	79.8	82.3	40.7
B_5 泛　酸	7.8	5.0	14.2
B_6 吡多醇	8.1	6.8	5.9
C 抗坏血酸	73.7	—	58.5
H 生物素	0.62	0.69	0.52

7. 酶类　花粉中酶的含量丰富，其中以水解酶含量最丰，如淀粉酶、转化酶、果胶酶和蛋白酶等。花粉中这些水解酶并无活性，因为它们的最适 pH 都偏酸，而花粉的 pH 一般都偏碱或中性。花粉散落到柱头上后，遇到偏酸的条件，才表现活性。

二、花粉的寿命与贮藏

在杂交育种工作中，为解决父母本花期不遇的问题，或异地采集花粉进行杂交，必须了解花粉的寿命与贮藏问题。

在自然条件下，不同植物的花粉寿命相差悬殊。如水稻花粉在田间仅 3 分钟就有 50%以上失去生活力，5 分钟几乎 100%丧失生活力。小麦花粉在田间放置 5 小时，授粉后仅 6.4%的结实率。高粱花粉采收后 5 小时再授粉，则不能获得任何种子。玉米花粉寿命较长，但也只一天多，而同属禾本科的狼尾草花粉，在干燥空气中可维持活力186天。棉花花粉采后24小时，尚有95%的保持生活力。海枣花粉的生活力能保持一年，多数果树花粉的生活力可维持几周到几个月。

花粉的寿命不仅取决于种性，也与所处的温、光、水、气等条件有关。一般地说，低温、低湿、避光和高二氧化碳含量，能减弱花粉代谢强度，延长花粉寿命。

1. 相对湿度　多数植物花粉贮藏的适宜相对湿度是25%～50%，如花生、茄子、芥菜的花粉在30%～40%的相对湿度下，维持生活力的时间最长。苹果、梨、杏、桃和葡萄的花粉在10%～50%的相对湿度下，可低温贮藏一年以上。但禾本科植物的花粉在90%的相对湿度下贮藏寿命最长。

2. 温度　多数植物花粉贮藏的最低温度是1～5℃，如小麦花粉在20℃以下只能存活15分钟，0℃以下能生活48小时；玉米花粉在20℃以下存活25小时，2℃以下能存活120小时。有些植物的花粉在0℃以下低温中生活时间最长，如苹果花粉在－15℃以下贮藏9个月，发芽率仍有95%。

3. 光　在避光和弱光下对花粉贮藏更为有利。

4. 气体成分　低氧含量、补加二氧化碳和氮气，有利于花粉的贮藏。

三、柱头的生理特点

柱头是接受花粉和花粉萌发的场所，它的构造和化学组成都是有利于接受花粉和花粉萌发的。

一类植物的柱头有许多乳状凸起，另一些植物的柱头成羽毛状，这是有利于容纳花粉的形态构造。柱头的表皮细胞向外分泌许多粘性很强的油状分泌物，在柱头的表面形成一层膜，这些油状分泌物主要是十五烷酸、12-羟基硬脂酸、亚麻酸等脂肪酸。油状物可粘着花粉，同时还可保护花粉，避免过分失水。脂肪酸形成的酸性环境可活化花粉内壁上的酶，促进花粉萌发。分泌物中还含有蔗糖、葡萄糖、果糖以及硼、钙等矿质元素，为花粉萌发与花粉管伸长提供营养。柱头表面有一层特异的蛋白质膜，它执行着“感受器”的功能，与花粉和柱头的“识别反应”有关（见后节）。

在自然条件下，柱头的存活时间较花粉长，但在其存活的不同时间内，受精能力有很大差异。玉米雌穗基部的花柱长度达到穗长的一半时，柱头开始具有受精能力，以花丝抽齐后的 1～5d 内受精能力最强，6～7d 开始下降，9 天后基本丧失生活力。水稻花柱以开花当天受精能力最强，随后逐日降低，一般可持续 5～7d。麦穗抽出叶鞘2/3时，小麦柱头已具有受精能力，麦穗抽出叶鞘第三天受精结实率最强，第六天开始迅速下降。棉花柱头在开花前一天已经具有受精能力，但结实率很低，开花当天受精能力最强，开花一天后的柱头已基本丧失受精能力。

第二节　传粉与受精

一、花粉与柱头间的识别反应

散落到柱头上的花粉能否萌发，决定于花粉与柱头间的亲和性，也就是决定于花粉与柱头间的识别反应。这是花粉外壁的识别蛋白与柱头乳突细胞的表膜蛋白相互作用的过程。花粉的识别蛋白属糖蛋白，易溶于水，由毡绒层产生。雌蕊柱头的表膜蛋白是在雌蕊柱头成熟过程中形成的，幼嫩柱头没有这种特异蛋白。

一般认为识别反应是花粉的识别蛋白与柱头表膜蛋白的直接作用，如果两者是亲和的，花粉内壁即释放角质酶前体，然后被柱头表膜蛋白所活化，将柱头表面的角质层溶解，花粉管得以进入柱头；如果两者不亲和，柱头的乳突细胞合成胼胝质，阻止花粉管进入柱头，不能受精。

花粉与柱头的识别反应是植物在长期进化中形成的，它可以阻止遗传差异过大或过小的个体间的交配，维持物种的稳定与繁荣。但花粉与柱头的识别反应也给杂交育种带来了困难，需要采用人为的方法干预正常的识别反应，强迫柱头接受原本不亲和的花粉。克服杂交不育的最常用方法是“蒙导法”，即将亲和性花粉用 γ 射线、高温或低温处死后，与拟用来杂交的不亲和花粉混合授于柱头上，由于亲和性花粉识别蛋白的存在，使柱头不能识别不亲和性花粉，从而使杂交得以成功。

自交不亲和材料在杂交育种中具有重要作用，常用于克服自交不亲和的方法有：

1. 提早或延迟授粉　雌蕊未成熟或衰老时，利用其不育性基因未定性或变弱时进行授粉，对克服不亲和性有一定效果。这在油菜自交不亲和亲本的繁殖中已获得成功。

2. 高温处理　用 32～60℃高温处理梨、樱桃、三叶草、黑麦等植物的柱头，对克服不亲和障碍有一定效果。

3. 电助授粉　在授粉时用电势差为 100V 的直流电通过花粉与柱头，可部分地干扰甘蓝的不亲和性而获得种子。电助授粉可使花粉粘着柱头壁而萌发，也可改变柱头的表面结构，使其具有粘性反应。

4. 喷洒盐水　油菜开花时喷洒 5%的食盐水，可部分克服不亲和性障碍而获得自交种子。

此外，还可采用切去柱头或酶解法处理柱头，对克服自交不亲和性也有一定效果。

二、花粉萌发与花粉管伸长

花粉萌发是指花粉的内壁通过萌发孔向外突出形成花粉管的过程。花粉萌发是一个代谢活动十分活跃的过程，除了受花粉与柱头的亲和性影响外，还与花粉本身的营养物质含量多少有关。因此花粉具有的营养物水平可作为判断花粉可育或不可育的指标。例如水稻等淀粉性花粉，可用染色法检测花粉的淀粉含量来判断可育率，只有那些被染的花粉才是可育花粉。

花粉管伸长的特点是定向生长，即向雌蕊的子房、胚珠、胚囊方向延长。如将花粉在培养基上培养，花粉萌发后的生长是不定向的，即花粉管可向任何方向延伸。但如在花粉的一侧不远处放置一块子房组织，则花粉管伸长的方向是向放置子房的方向延伸。诱导花粉管定向生长的原因，一般认为是一种向化性反应。有研究指出这种物质是热稳定的水溶性物质，在培养基上可以扩散。在金鱼草属中发现花粉管向高浓度钙离子的方向生长。据分析：钙的浓度在柱头上最小，花柱中稍多，子房中更多，胚珠中最高。这说明钙是诱导金鱼草属植物的花粉管定向延伸的化学因素（表 10-3）。

表 10-3　金鱼草花各部分的钙含量与向化活性

组　织	花　柱			胚珠及胚座	子房壁	花梗	萼片	花瓣	花药
	上	中	下						
钙含量/(%)	0.51	0.5	1.24	2.17	1.33	1.24	1.51	0.19	0.36
活　性	+	+	+	+	+	+	+	-	-

除钙以外，诱导花粉管定向伸长的化学因子还可能有氨基酸、肽、胺和糖等。

钙也能促进花粉萌发与花粉管伸长。钙与花粉管壁的果胶质结合形成果胶钙，使花粉管壁加固，并促进花粉管伸长。硼是促进花粉萌发与花粉管伸长的重要因素，因为硼能在花粉萌发时把糖转化为肌醇，而肌醇是合成果胶质的最佳碳源。氨基酸对花粉的萌发也表现出明显的影响，例如丙氨酸、甲硫氨酸、脯氨酸等能有效地促进文殊兰花粉的萌发，但玉米花粉只要有硼和钙存在就可以萌发，如加钙、硼的同时再加上述氨基酸则效果更好。在水稻的花粉培养中，添加水稻花粉和雌蕊所富含的丝氨酸和丙氨酸，也明显地促进花粉萌发。此外，生长素、植物甾醇类物质和维生素等，也能有效地促进花粉萌发与花粉管伸长。

脂肪酸对花粉萌发有抑制作用，特别是10-羟基-2-壬烯二羧酸，只要 3×10^{-4}mol/L 的浓度即可抑制萌发。蜂巢中贮藏的花粉不能萌发，正是由于工蜂的颚下腺分泌这种酸与采集的花粉相混之故。柱头上的脂肪酸并不抑制萌发，可能是脂肪酸被甘油所酯化。有些胺类物质如精胺、亚精胺、鲱精胺等，其浓度为 5～15mg/mL 时，也能抑制花粉萌发。

三、传粉与受精过程中的生理生化变化

(一)受精作用

受精作用是雌雄细胞互相融合的过程。有人将传粉、花粉与柱头的识别反应、花粉萌发与花粉管伸长，均包括在受精作用中，因此把整个受精过程分为融合前期和融合期两个阶段。

花粉管进入子房后，多沿子房内壁生长。花粉管进入胚囊后，可能因胚囊分泌的酶类的作用导致花粉管尖端破裂，两个精子和细胞

质溢出，借助于原生质流动，两个精核分别移向卵细胞和极核细胞，一个精核与卵细胞融合形成具有2n的合子，一个精核与极核细胞融合形成3n的胚乳核，故称为双受精作用。

从传粉到受精所需的时间，不同的植物相差很大。大多数植物是1～2d，如棉花是36小时、烟草38～44d，向日葵3小时、甜菜3～4h，水稻所需时间较短，约30分种即可受精。兰科植物授粉时，子房中胚珠尚未形成，往往需几周到几个月才能受精。栎属从传粉到受精所需时间更长，大约需一年之久。

（二）传粉受精过程中的生理生化变化

受精作用是产生新一代生命的过程，因此，在传粉、花粉萌发与花粉管伸长、雌雄细胞的融合期间，各种生理生化反应亦随之增强。

呼吸速率的上升是传粉受精过程中的一个普遍现象。授粉后呼吸速率一般比未授粉时增加0.5～1倍。例如兰科植物授粉后几十小时，呼吸速率增加1倍；百合在授粉后，子房的吸氧量出现两次高峰，一次是传粉后90小时，相当于雌雄细胞的融合期，一次是传粉后200小时，相当于胚乳游离核的旺盛分裂期；棉花受精时呼吸速率比开花当天升高2倍。受精过程中呼吸商也发生变化，如百合传粉后80小时，其呼吸商是1.1～1.25，传粉后90小时上升到1.30，100小时上升到1.43。

传粉受精还引起雌蕊组织生长素含量的增加。如烟草授粉后20小时，生长素含量的增加发生在花柱顶部，50小时生长素的增加主要表现在花柱基部，90小时花粉管进入胚珠，子房基部成为合成生长素的主要场所。

呼吸速率的升高和生长素含量的增加，均促使营养物质向生殖器官输送。例如玉米传粉后引起花柱和整个雌蕊组织中糖和全氮量的增加。兰科植物传粉后，合蕊柱吸水量增加1/3，氮和磷含量显著增加，而花冠中的氮和磷含量均降低，花冠失水萎蔫。用生长素处理未受精番茄雌蕊，可获无籽果实，也说明生长素具有诱导营养物质运输的功能。

四、外界条件对传粉受精的影响

外界条件对植物的传粉受精有十分明显的影响。

（一）温度

温度是影响传粉与受精的重要因素。多数植物的传粉与受精的最适温度是 20～30℃。水稻扬花期的最适温度是 28～30℃，日平均温度低于20℃，最高温度低于23℃，花药不能开裂，传粉受精很难进行，但温度超过 35～40℃，花粉很易干枯死亡。花生传粉受精的最适温度是 18～35℃，番茄21℃，苹果花粉在14℃温度条件下，24 小时后萌发率达 90％～100％。

（二）湿度

大气湿度对传粉受精也有很大影响。水稻扬花期的最适相对湿度是 70％～80％，如大气过于干燥，则花粉很快丧失生活力，而且柱头干枯，阻碍花粉管伸长生长。因而水稻抽穗扬花期，稻田要保持一定的水层，这不仅是因为稻株这时需水量大，而且可提高田间小气候的相对湿度，有利于传粉受精。但若长期阴雨，大气湿度过高，容易引起花粉吸水膨胀破裂，对传粉受精极为不利；同时雨水也会将柱头上的分泌物冲洗掉而影响花粉萌发。

（三）风

微风对风媒花植物的传粉是有利的，大风则易将花粉吹散而不能受粉，特别是夏季的干热“南洋风”，既不利于传粉，也影响花粉萌发，使结实率大大降低。因此中稻生产中常采用改变播种期的方法，使扬花期避开“南洋风”季节。

此外，栽培条件和施肥水平也对传粉受精有直接或间接影响。例如栽植密度过大，氮肥施用过量，引起田间郁闭、植株互相遮阴，都会不利于传粉受精，降低结实率。

花粉萌发还表现出集体效应，这是指在单位面积的柱头上承载的花粉数越多，花粉萌发越快，萌发率也越高。苹果花粉萌发的研究证明：1mL 硼酸蔗糖培养基中含有 40×10^3 粒花粉，萌发率 13％，280×10^3 粒花粉，萌发率增加到 74％。集体效应与花粉中所含的刺激花粉萌发的物质浓度有关，其中以钙的关系较为明显。因此进行人工辅助授粉时应采集足够的花粉量。

第三节　种子和果实的形成与成熟

一、种子成熟时的生理生化变化

种子成熟时，不只发生形态上的变化，也伴随着剧烈的生理生化变化，如营养物质的输入、转化和累积。在种子形成初期，主要是累积可溶性糖和氨基酸，随着种子的成熟，这些可溶性的小分子物质逐渐转化为可耐贮藏的高分子物质，如淀粉、蛋白质、脂肪等，种子逐渐脱水，细胞质由溶胶态逐渐转变为凝胶态，酶活性逐步减弱，种子也逐步进入生理上不活跃的休眠状态。

(一)糖类的转化

淀粉种子形成初期，籽粒中主要是累积可溶性糖，淀粉含量相对较少。种子形成的中后期，可溶性糖的含量相对减少，淀粉的含量逐步增加，说明可溶性糖已转化为淀粉，营养物质的输入也逐步减弱。例如水稻种子形成前期，还原糖和非还原糖的含量同淀粉一样也是逐日增加的，进入中期后，还原糖和非还原糖开始逐日减少，而淀粉的含量仍持续上升。在小麦种子成熟过程中也看到类似的情况。

有人证明：水稻种子形成时淀粉含量的增加与淀粉磷酸化酶的活性变化相一致。这说明淀粉的合成有淀粉磷酸化酶的参与(图 10-2)。

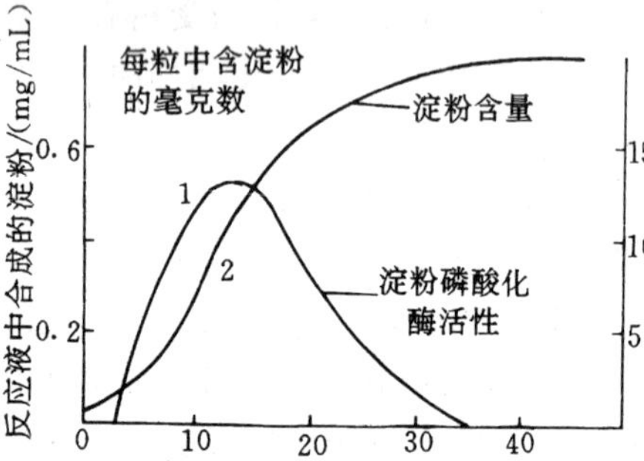

图 10-2　水稻籽粒成熟过程中淀粉磷酸化酶活性和淀粉含量变化的关系

(二)油脂的转化与累积

油料种子形成的初期，籽粒内累积可溶性糖和淀粉较多，油脂含量相对较少。随着种子的形成与成熟，这些可溶性糖和淀粉的含量逐步减少，油脂的含量逐日增加，说明油脂是糖类转化来的(图 10-3)。

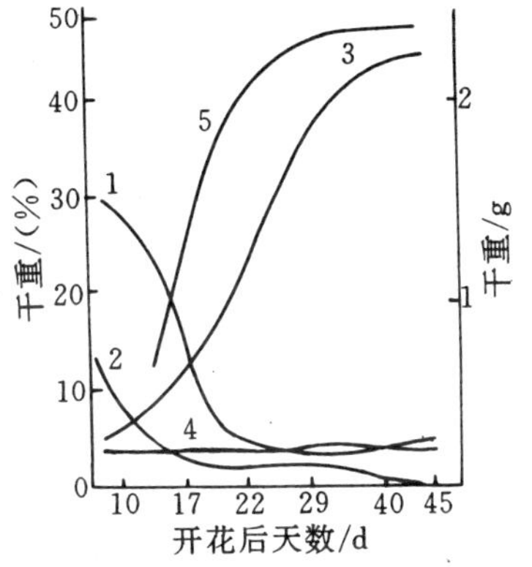

图 10-3 油菜种子在成熟过程中干物质的积累，脂肪、淀粉、可溶性糖和含氮物质的变动情况

1—可溶性糖 2—淀粉 3—千粒重

4—含氮物质 5—粗脂肪

种子形成初期，含有较多的脂肪酸，随着种子的成熟，游离脂肪酸逐步被脂化，形成油脂。在形成的脂肪酸中，最初形成的多是饱和脂肪酸，随后逐步转化为不饱和脂肪酸。所以，未充分成熟的油料种子，不只是含油量低，油脂的质量也比较差，随着种子的成熟，油脂品质也随着提高。

(三)蛋白质的转化

豆类植物的种子富含蛋白质。豆类种子在形成和成熟过程中，营养器官中的含氮化合物，以氨基酸或酰胺的形式输入到种子中，然后再合成蛋白质。因此在种子的形成与成熟过程中，营养器官中的含氮量逐步减少，而种子的含氮量逐日增多。

研究表明：蚕豆叶片中的氮素先运到豆荚，在豆荚中合成蛋白质，作暂时贮存，然后再以酰胺态运到种子中转化为氨基酸，再合成蛋白质(图 10-4)。

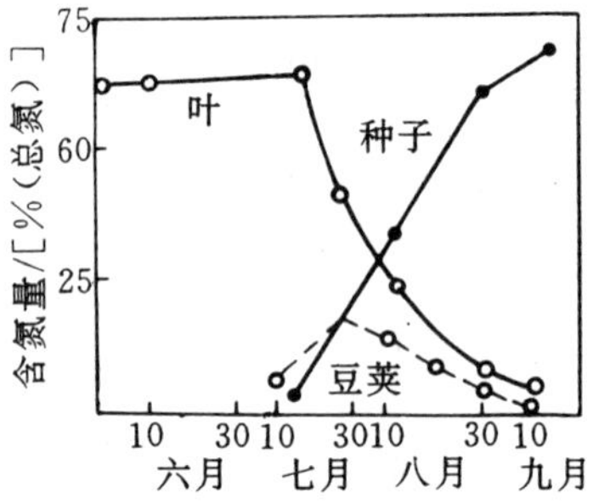

图 10-4　蚕豆中含氮物质由叶运到豆荚,然后又由豆荚运到种子的情况

(四)内源激素的变化

种子的发育和营养物质在种子中的累积,受内源激素的调节,因此在种子的形成与成熟过程中,内源激素也发生变化。小麦胚珠在受精前,玉米素含量很少,受精时迅速增加,受精末期达最高值,然后减少。赤霉素的含量在抽穗前有一小高峰,这可能与穗子抽出叶鞘有关,随后降低,籽粒开始生长时,赤霉素含量迅速增加,受精后第三周达最大值,随后减少。生长素的含量,在受精后的一段时间内,都是比较低的,到籽粒增重最快时则迅速增加,当籽粒鲜重达最大值之前一周,生长素含量达最高值,随之其活性迅速下降,籽粒成熟时,生长素活性完全消失。说明首先是玉米素含量升高,这可能与促进种子的细胞分裂有关,之后赤霉素和生长素含量增加,对促进营养物质向籽粒输送有利(图 10-5)。

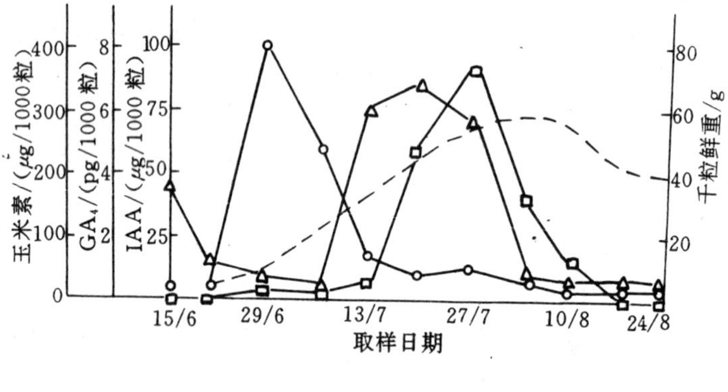

图 10-5　小麦籽粒不同生育期各类激素含量的变化

(○玉米素;△赤霉素;□生长素;虚线表示千粒鲜重的变化)

有些种子在成熟后期,脱落酸含量明显升高,这无疑与诱导种子

的休眠有关。

(五)种子含水量的变化

种子的含水量是随着种子的成熟而逐渐降低的。种子成熟时,幼胚中具有浓厚的细胞质,没有液泡,自由水很少。例如小麦种子成熟时总重量减少,这只是含水量的减少,累积的干物质却在增加(表10-4)。

表 10-4 小麦籽粒成熟过程中干物重与含水量的变化

100 粒小麦	总　重/g	干物重/g	水　分/g
乳熟末期	7.23	3.58	3.65
蜡熟期	5.65	4.19	1.46
完熟期	4.59	4.22	0.37

二、外界条件对种子成熟与品质的影响

种子的形成与成熟是干物质的累积过程。凡是影响同化物的制造、运输和转化的条件,都会对种子的成熟和品质产生不利影响。

(一)光照

作物的产量 95%以上都是光合作用的产物,因而光照条件对种子的形成与成熟的影响十分明显,尤其是在籽粒灌浆期间的光照条件对种子成熟和品质的影响更大。大田作物是喜光作物,在种子形成期间需要充足的光照条件。我国长江以南地区的小麦产量常年每亩不超过 200kg,比华北和西北地区的产量低得多,千粒重也小些,大多数年份在 40g 以下,其中一个主要原因是小麦灌浆期间遇到连绵阴雨天气、光照不足,使籽粒灌浆不良。光照条件还影响光合产物的种类,红光有利于淀粉的形成,蓝紫光则促进蛋白质的合成。

(二)温度

种子的形成与成熟有其最适的温度范围,例如小麦灌浆的最适温度是 20～22℃,水稻灌浆的最适温度是 20～28℃,棉花结铃吐絮的最适温度是 20～30℃。温度过高过低都对种子的形成不利。水稻在15℃条件下灌浆受到抑制,在高于30℃下虽然灌浆速度加快,但灌浆期缩短,呼吸消耗增多,籽粒不饱满,稻米品质降低;棉花在温度下降到16℃以下时,纤维素的形成基本停止。油料种子的含油量与油的

品质也受温度的影响，南方油料的含油量比北方地区种子低，原因之一是南方的气温比北方高。种子成熟期间适当的低温有利于油脂的累积，昼夜温差较大有利于不饱和脂肪酸的形成与累积，所以最好的干性油是从纬度较高地区和海拔较高地区的种子中获得的。昼夜温差较大也有利于禾谷类作物种子的形成与种子品质的提高，晚稻的米质优于早稻，因为在晚稻种子形成期间气温相对较低，昼夜温差较大之故。

（三）水分

水分影响有机物的合成与运输，从而影响种子的形成与成熟。作物在开花结实期遇到干旱，同化物质不能顺利运到籽粒，水解酶活性增加，淀粉水解为糖，形成玻璃状的籽粒，籽粒干缩形成瘪粒，植株提前死亡。我国河西走廊常遇到干热风的危害，使灌浆不良，产量降低。因此禾谷类作物在灌浆期间必须保证水分的充分供给，及时进行灌溉。

（四）矿质营养

氮肥充足能增加种子中的蛋白质。种子形成期间，适当补施氮肥，可减缓叶片衰老，延长叶片的功能期，有利于夺取高产。但氮肥过多会引起植株贪青，影响同化物向籽粒中输送，成熟期推迟，籽粒不饱满。钾能促进同化物质向籽粒和延存器官中（如块根、块茎）的运输，并加速其转化，增加淀粉含量。脂肪的形成需要磷的参与，在油料种子形成期间保证磷的供给，可增加种子的含油量，磷也能促进同化物的过膜运输，增加糖料作物的含糖量。

三、果实生长发育与成熟时的生理生化变化

（一）果实的生长

果实的生长和营养体的生长一样表现生长大周期特征，如苹果、菠菜、番茄和草莓的果实生长曲线为S型。但一些核果类果实如桃、李、杏、樱桃的生长曲线，则呈双S型，即在生长中期有一个缓慢生长期（图10-6），这可能与果实和种子的生长竞争有关。

果实的生长与种子提供的生长刺激物质有关。如草莓的食用部分是肉质化的花托，于其上着生许多瘦果，如把一侧的瘦果摘去，则该侧的花托不能膨大，而未摘去瘦果的另一侧仍能膨大，长成歪扭的

果实。如用 100×10^{-6}浓度的萘乙酸(NAA)羊毛脂处理,可部分代替被摘去的瘦果,刺激花托生长,这说明发育的瘦果向花托提供了生长刺激物质。已发现在苹果、葡萄、桃、杏、柿子等果实中有细胞分裂素和赤霉素,例如从幼小的苹果中提取出能引起细胞分裂的物质。桃在开花之前的子房中没有赤霉素,开花后在幼嫩种子、中果皮与内果皮中出现赤霉素,各个组织中赤霉素的浓度与细胞增大的速率呈正相关。在授粉三天的柿花子房中,生长促进物显著增加,而抑制物减少,子房生长加速;未授粉的子房则生长抑制物进一步增加,而生长促进物快速减少,子房停止生长。已证明这些生长抑制物是脱落酸和水扬酸。

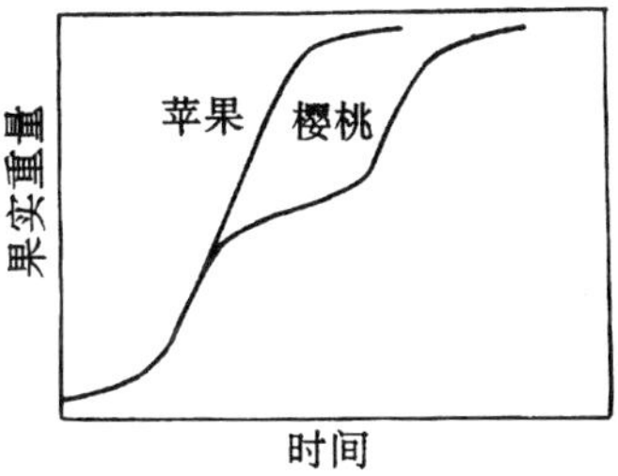

图 10-6 果实生长中的 S 形和双 S 形曲线

(注意:苹果为 S 形,樱桃为双 S 形)

果实的生长伴随着有机物的大量输入,植株的营养生长亦随之减弱,其减弱程度决定于果实的数目、光温条件与水肥供应状况。如结果太多,植株的营养生长大为削弱,这不仅影响果实生长的大小,而且还会造成隔年结果,即所谓大小年现象。此时就需要进行疏果,这既有利于存留果实的生长,也避免树势的过分削弱,防止隔年结果现象的出现。

(二)果实成熟时的生理生化变化

1. 果实成熟时的物质转化　果实在生长过程中不断地累积有机物,大部分有机物是营养体运输来的,也有少部分是果实自身合成的,因为幼嫩果实的果皮也含有叶绿体,能进行光合作用,幼嫩果实中累积的有机物有淀粉、有机酸和脂类等。当果实生长到一定大小后,其中的有机物发生一系列转化,其食用部分达到可食状态。物质转化主要表现在下列几方面:

①甜味增加。未成熟果实中累积的糖类主要是淀粉,可溶性糖含量很少,所以早期的果实并无甜味。随着果实的成熟,α-淀粉酶活性增强,淀粉水解为可溶性糖,累积在液泡中,果实变甜。各种果实的淀粉水解速度有很大差异,例如香蕉由绿转黄时,淀粉的水解和糖含量

增加得很快，而苹果果实的淀粉水解则比较缓慢(图 10-7)。

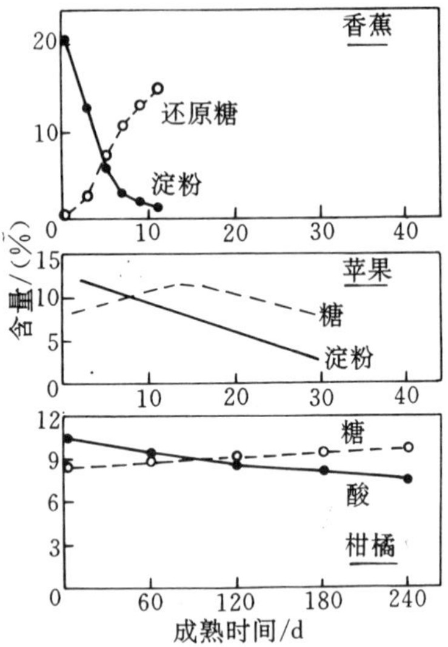

图 10-7 果实完熟过程可能很快，如在香蕉中；中间苹果；最慢如柑橘

②酸味减少。在未成熟的果实中累积了许多有机酸，因此酸味浓重。不同种类的果实，所含有机酸的种类也不相同，例如苹果中含苹果酸，柑橘中含柠檬酸，葡萄中含酒石酸。葡萄的含酸量可达 4%，柠檬的含酸量可达 7%。随着果实的成熟，果实含酸量逐渐减少，其中一部分有机酸转化成为糖，一部分用于呼吸消耗，还有少部分被钙、镁等矿质离子中和形成盐。

③涩味消失。有些未成熟的果实如柿、李、梨等，由于其细胞液中含有单宁，因而有涩味。随着果实的成熟，单宁被过氧化物酶所氧化，或凝聚形成不溶于水的物质，涩味消失。

④产生香味。果实成熟时产生香味，主要是一些酯类，包括脂肪族的酯和芳香族的酯，另外还有一些醛类、酮类和醇类。例如香蕉的香味是乙酸戊酯，又叫戊醇香精，橘类的香味主要是柠檬醛和异柠檬醛，葡萄柚中主要是辛醇和癸醇。

⑤果实变软。未成熟果实细胞的细胞壁中沉积了不溶于水的原果胶，因此果实生硬，特别是苹果、梨和柑橘的果实，原果胶含量很高。随着果实成熟，原果胶酶、果胶酶和果胶酸酶活性增强，原果胶转化为可溶性果胶、果胶酸和半乳糖醛酸，使果实的细胞彼此分离，果实变软。

果实的成熟还伴随着纤维素和半纤维素的降解。例如香蕉成熟时，半纤维素含量显著减少，苹果果实软化程度的提高也与半纤维素和纤维素含量的减少相一致。

⑥果色变艳。随着果实的成熟，果实的绿色逐渐减退，呈现黄色、

橙色和红色，这是由于叶绿素含量下降，类胡萝卜素颜色显露出来，同时与花色素苷的形成有关。糖能促进花色素苷的形成，因而果实的向阳面容易变红。苹果果实的红色素是花青素-3-半乳糖苷，番茄的红色是番茄红素，柑橘的橙色是由于胡萝卜素含量增加。

2. 呼吸作用的变化　果实形成初期，因细胞分裂旺盛，所以呼吸作用较强。随后的果实生长主要是细胞体积的增大，此时的呼吸作用稳定在一个较低水平。果实成熟时，物质转化加速，呼吸作用再度升高，这种现象称为呼吸跃变。香蕉、苹果、梨、桃、鳄梨等都有明显的呼吸跃变（图10-8）。也有些果实，如柑橘、柠檬、橙、葡萄等，没有明显的呼吸跃变。跃变型果实含有复杂的有机物，在达到可食状态前，贮藏物质如淀粉水解形成糖，因而呼吸增强。

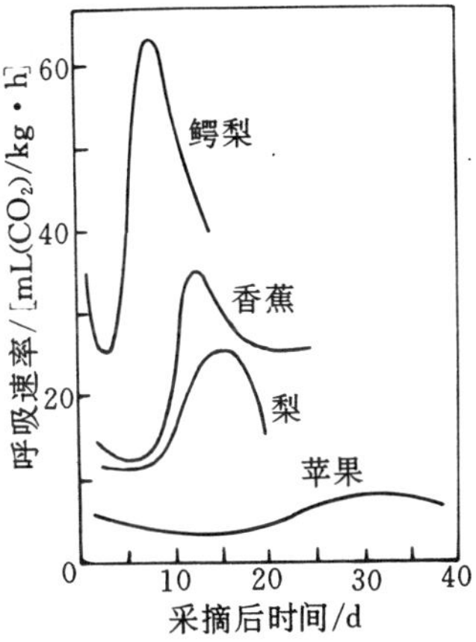

图 10-8　完熟过程的速度反映出呼吸高峰的强度

（最快成熟的鳄梨显出最快的呼吸高峰，香蕉、梨和苹果依次表现较低的峰）

3. 激素组分的变化　一般来说，细胞分裂素、赤霉素和生长素是延缓果实成熟的，而乙烯和脱落酸则诱导果实成熟。例如用萘乙酸浸泡鳄梨数小时，可使后熟延迟 48 小时；柑橘经苄基腺嘌呤处理后，果皮长期维持绿色，其中赤霉素含量较高，抑制了脱落酸含量的增加；蕃茄经赤霉素处理后，果色变化延迟，而乙烯则促进果色的变化。跃变型果实呼吸高峰的出现与乙烯释放有关。用乙烯处理非跃变型果实柑橘，也能引起呼吸升高。在果实成熟过程中释放乙烯，其作用可能是增加细胞膜透性，诱导呼吸高峰出现，加速果实内的物质转化。

第四节　植物的衰老

一、衰老与老化

衰老是导致植物自然死亡的一系列生理恶化过程。在此过程中包括结构组分与状态的改变以及各类代谢活动的变化，其结果是生命的终止。老化是指不良的外界环境条件促使植物代谢功能的衰退。

衰老是植物在长期自然选择过程中形成的一种适应特性，不应看成是一个消极过程。一年生植物在种子发育和成熟时，茎叶中的贮藏物质转运到种子中，促进种子发育，以种子形式渡过严寒或酷暑。落叶树木秋天叶片衰老脱落，其中大部分营养转移到茎杆和根中贮藏，增加植株的抗寒能力。果实的成熟衰老，有利于种子的传播，以繁衍后代。

不同类型的植物具有不同的衰老方式。一年生植物如玉米、大豆等，二年生植物如甜菜、甘蓝等，开花结实后发生整体植株的衰老死亡。有些多年生植物，例如龙舌兰、竹等，在生殖阶段出现之前，可维持多年的营养生长，一旦开花结实便引起整体植株的衰老死亡，这种衰老方式称为整体衰老。绝大多数多年生植物，在整体植株衰老死亡之前，发生部分器官的衰老。器官衰老有以下几种类型：茎叶衰老，例如一些多年生草本植物，地上部分每年衰老死亡，但地下根和地下茎仍可继续生长多年，每年春天发芽生长，如禾本植物的白茅、狗牙根、荻、芦苇等；多年生落叶树木的器官衰老主要表现在叶片衰老脱落，茎杆和根均保持生活能力，由于这类植物的秋季叶片脱落几乎是同步的，称同步衰老；某些常绿树木由于叶片生育期较长，在新生叶长出的过程中，下部叶片逐

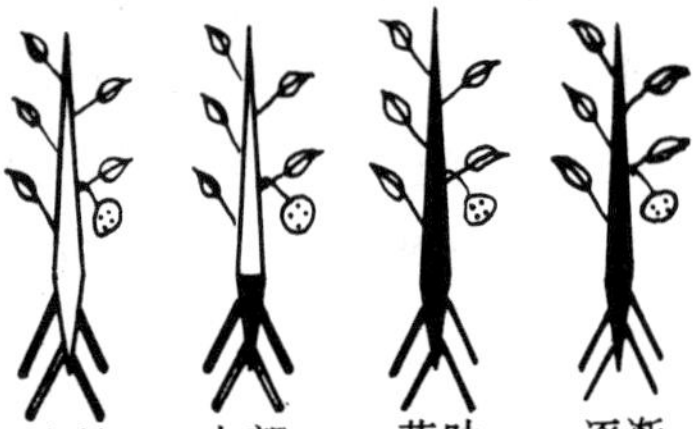

图 10-9　植物中，衰老发展为几种类型

例如植物全株死亡(左)，仅地上部衰老，有落叶习性的植物叶衰老，或者茎上叶片的逐步衰老(右)

渐衰老脱落，称相继衰老（图 10-9）。可见植物的衰老既可表现在整体上，也可表现在部分器官上。

二、衰老时的生理生化变化

生长速率下降是植物开始衰老的一个普遍现象。叶片发黄，叶绿素含量降低，是叶片衰老最明显的特征。但在叶绿素含量降低之前，光合速率已开始下降，叶片内游离叶绿素的含量所占比例升高，这说明叶绿体中光系统的结构已先于叶绿素的降解而发生了变化。随着叶龄的增加，呼吸速率缓慢下降，但有些植物仍保持稳定的呼吸速率，在衰老的最后阶段出现呼吸跃变，与果实的成熟衰老的情况相似。

蛋白质含量降低是与衰老相伴发生的。离体叶片衰老时，蛋白质含量降低发生在叶绿素含量降低之前。花衰老时，蛋白质、RNA、DNA 的含量都降低，与此同时，核酸酶的活性升高，核酸降解加速。但在花的衰老过程中，蛋白酶的活性并未增加，因此蛋白质含量的降低，可能是蛋白质的合成速率下降引起的。蛋白质合成速率的下降，又与 RNA 总量的降低和蛋白质降解形成的氨基酸加速外运有关。

叶片衰老时，细胞结构也发生明显变化。叶绿体膨胀，类囊体解体，出现稠密的脂肪球，类胡萝卜素溶解于其中；线粒体内膜扭曲收缩，进而破裂，核糖体和内质网减少，液泡解体，其中的水解酶外溢，导致细胞自我消溶。

二、衰老的调节

衰老受基因的调控。不同类型的植物，生活周期的长短相差十分悬殊，有些植物如银杏、松、柏等可生活千年以上，而一年生植物只能生活几个月，有些短命植物只需几十天就完成其生活史。

器官的衰老受器官间的相互影响。生殖器官的生长往往促进营养器官的衰老，如龙舌兰在不适宜开花的自然条件下，可生活百年以上，在适宜开花的自然条件下，大约只能生存十年左右，一旦开花，全株死亡。大豆开花结荚时，若摘去花穗和豆荚，会延长大豆植株的生存期。有试验证明：经摘花的大豆植株可生活 179 天，摘去青荚，可生活 161 天，而对照植株是 119 天。

顶端生长也会促进生长点下部叶片的衰老。如将大豆的生长点切去，能有效地抑制切口以下叶片的衰老。

根系的存在并保持其活力会延缓植株地上部的衰老进程。如切去水稻幼苗的部分根系会加速地上部茎叶的衰老。将烟草带叶柄的叶插入土中，当被诱导形成根后，仍可生存相当长一段时间。

在五大类植物激素中，细胞分裂素对延缓叶片的衰老效果最为明显，离体叶片的衰老可被激动素或其它细胞分裂素类物质所阻止。如在离体的烟草叶片上滴几滴激动素，结果发现叶片上其它部分变黄时，被滴上激动素的部分仍保持绿色。如果将离体叶片分别置于蒸馏水和激动素溶液中，几天后观察，可以看到蒸馏水中的叶片已经变黄，而激动素溶液中的叶片仍保持绿色。前面讲到根的存在能延缓地上部叶片的衰老，就由于根合成的细胞分裂素向上运到植株的地上部之故。高温促使叶片提早衰老，也是由于高温减少了根内细胞分裂素的含量。

赤霉素和生长素也能延缓叶片的衰老，但效果不及细胞分裂素明显。用赤霉素处理蒲公英、旱金莲，对延缓叶片衰老十分有效。用赤霉素处理水稻，也能延缓水稻叶片的衰老。低浓度的吲哚乙酸能延缓大豆叶片的衰老，用吲哚乙酸处理多年生落叶树木，叶片的衰老也明显减慢。

脱落酸和乙烯促进植物的衰老。用脱落酸处理许多植物的离体叶片，均能导致叶片衰老加速，因为脱落酸能抑制蛋白质的合成，加速叶片中 RNA 和蛋白质的水解。乙烯除能促进果实的成熟外，也能诱导叶片的衰老死亡。如将燕麦幼苗置于黑暗中，在第 5～7d 叶绿素破坏最快，此时内源乙烯的释放量也最多。若将离体叶片分别置于光下和暗中，前者的叶绿素破坏减慢，而乙烯的释放量也相应减少。银、钴、镍等离子均能减缓叶片的衰老进程，因为这些离子抑制乙烯的产生。

外界条件对植物的衰老也有明显影响。

温度是影响衰老的重要因素之一，适当降低温度能延缓叶片的衰老进程，延长生育期。如将大豆幼苗分别置于日温30℃、夜温15℃的较高温和日温15℃，夜温13℃的较低温的两种温度条件下，则在后一种较低温度下的叶片衰老明显推迟。

光照也能延缓叶片的衰老。如将朱槿置于完全黑暗的条件下，叶片衰老的时间为 20 天；如每天照光 8 小时，衰老时间为 35 天；每天照光 16 小时，衰老时间可延长到 45 天。落叶树木进入秋天后大量落叶，这与日照时数的缩短有关，城市街道两旁的法国梧桐，靠近路灯处的叶片衰老较晚，正是由于接受了较长时数光照的原故。不同波长的光对延缓叶片衰老的效果不尽相同，例如红光可延缓叶片衰老，远红光可消去红光的作用，表明光敏素对叶片衰老起着某种调节作用。

矿质营养的不足，特别是氮肥不足，会加快叶片的衰老。银、镍、钴、钙等矿质元素也能延缓叶片衰老，例如用浓度为 $10^{-9} \sim 10^{-10}$mol 的硝酸银溶液喷施水稻，叶片衰老明显推迟。10^{-4}mol 的氯化钙，能有效地抑制玉米叶片的衰老。镍、钴能抑制大豆、小麦、水稻叶片的衰老。

第五节　器官的脱落

一、脱落及其生物学意义

脱落是指植物器官脱离母体，是器官成熟和衰老的结果。病虫危害和自然条件的恶化，也会引起器官脱落。此外，着果太多导致营养失调，也可引起果树落果和叶片的早衰脱落。

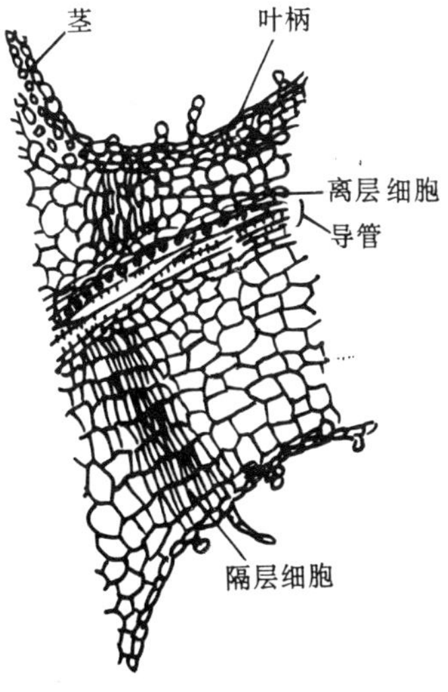

图 10-10　叶柄基部的离层纵切面

器官脱落与离层的成熟有关。以叶为例，离层是叶柄基部一段区域的几层特殊薄壁细胞经纵向分裂而成，脱落就发生在这一区域的细胞之间。在叶片生长过程中，离层即已形成，但形成后长期处于潜伏状态、维持原状而不发生变化。在脱落前，这几层细胞间的果胶酶和纤维素酶活性增强，引起果胶质和纤维素水解，细胞间失去连接，在重力和风的作用下，断离而脱落（图 10-10）。

器官脱落是植物的一种适应特性。正常的种子和果实脱落，有利于保存种子和繁衍后代。营养不良或结果太多引起的落花落果，可以使留存下来的果实和种子得以正常发育。干旱引起落叶，可减少蒸腾，增强抗旱能力。但过多的落花落果和落叶会严重影响农作物的产量，因而应当设法避免。

二、影响脱落的外界条件

（一）温度

植物遇到不适宜生长的温度，都会发生器官脱落。例如棉花蕾铃在30℃以下的日平均温度时，脱落不多，超过30℃则脱落增多，超过32℃则蕾铃脱落急剧增加。温度过低如霜冻也会引起叶片脱落。

（二）光照

光照强度不够，光合产物供给不足，也是引起器官脱落的原因之一。如棉花过度密植，下部叶片和花蕾因光照太弱、有机营养供给不足而发生脱落；边行棉花的蕾铃脱落较少，是由于光照条件较好。日照时数也与叶片脱落有关，落叶树秋季大量落叶，就是因为秋季日照时数缩短所致。

（三）氧气

研究棉花外植体的脱落时发现：氧浓度增至10％时，脱落率剧增；10％～20％的氧浓度时，脱落率曲线是平稳的；氧浓度增加到25％时，脱落率再次升高；超过30％的含氧量时，脱落率不再增加。

（四）水分

干旱导致器官脱落的现象也很常见。干旱引起内源激素发生变化，吲哚乙酸氧化酶活性增强，可扩散的吲哚乙酸减少，细胞分裂素含量下降，乙烯释放量增加。淹水或土壤水分过多，引起土壤缺氧，也会促进器官脱落。

此外，土壤矿质营养不足（特别是缺氮）、大气污染、土壤污染、土壤盐分过多和病虫危害等，都会引起器官脱落。

三、器官脱落与激素调节

器官脱落与内源激素组分的变化有关。生长素能有效地抑制叶片脱落。如切去某些幼叶的叶片，2～3d 叶柄自行脱落，如在切去叶片的叶柄切口处涂抹吲哚乙酸羊毛脂，则叶柄脱落延迟。用生长素的溶液处理未受精的花或幼果，也可减少花和幼果的脱落。有人认为生长素抑制脱落，不在于生长素的绝对含量，而决定于通过叶柄的生长素含量的梯度大小和方向，即在离层的远轴端生长素含量高、近轴端含量低，则抑制脱落；反之，近轴端生长素含量高于远轴端，则促进脱落。

研究证明：乙烯与器官脱落的关系密切。分析脱落叶片的乙烯含量，实验证明，临近脱落的叶片，在叶柄离层区域的乙烯含量增加。将植物放置在每升含 0. 5Lμ 乙烯的空气中，能引起叶片的脱落。如以 0. 5Lμ/L 的乙烯薰蒸已结铃的棉花植株，两天内幼铃和蕾100%的脱落。乙烯促进脱落与其诱导离层细胞合成果胶酶和纤维素酶有关。

器官脱落也与脱落酸的含量有关。在棉铃发育过程中，棉铃的脱落是与脱落酸的含量变化相吻合的。在开花后的第 5～10d 脱落率最高时，也是脱落酸含量急剧增加之际，开花 10 天后脱落酸含量逐渐降低，脱落亦随之减少，在棉铃成熟开裂时，其脱落酸含量再度升高。

四、脱落的化学调控

在果树和棉花的生产中，减少脱落，增加坐果率是争取高产稳产的重要环节。除了加强水肥管理和病虫防治外，应用生长调节剂处理也是减少脱落、保花保果的重要措施。常用的生长调节剂有生长素类和赤霉素类。如用 20×10^{-6}浓度的萘乙酸处理盛花期的苹果、梨、枣，可大大提高坐果率；用$(1\sim3)\times10^{-6}$浓度的 2,4-D 和 10×10^{-6}浓度的萘乙酸处理棉花，可以减少早期幼铃脱落；用 1×10^{-6}浓度的 2,4-D 涂抹棉花花柄，可使坐果率增加到 65%，比对照的坐果率几乎增加 1 倍。赤霉素处理也能减少脱落，提高坐果率。在柑橘盛花期用 50×10^{-6}浓度的赤霉素溶液喷洒花朵，能有效地减少落花。有报导：用 20×10^{-6}浓度的赤霉素点涂棉花幼铃，可使成铃率高达 85%，而对照的成铃率仅 24%。

在棉花、大豆等作物的生产中，为便于机械收获，需要加速叶片的脱落。常用的化学脱叶剂有氯酸镁（$Mg(ClO_3)_2 \cdot 6H_2O$）、硫氰化铵（NH_4SCN）、二氯异丁酸（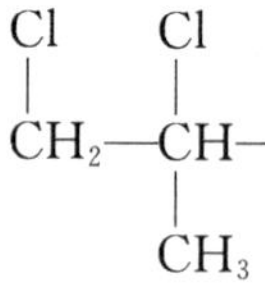）等。

第十一章　逆境生理

第一节　逆境的概念与植物的抗逆性

一、逆境的概念

植物的正常生长需要适宜的外界条件，即适宜的温度、充足的水分、足够的光照、肥沃的土壤以及没有污染的空气。但是植物所生存的环境并不是恒定不变的，特别是天气状况更是变化多端。如果自然环境的变化幅度超过了植物所能忍受的程度，就会对植物造成伤害，甚至引起植物死亡。凡是不利于植物正常生长和生存的恶劣环境条件，总称为逆境。

植物可能遇到的逆境分为四类：

①气候逆境。即恶劣的气候条件形成的逆境，例如高温、严寒、干旱、水涝等。

②地理逆境。如土壤过分瘠薄、盐分含量过高、pH 值过高或过低等。

③生物逆境。如病、虫、杂草、畜禽危害等。

④环境污染。主要指工业“三废”造成的污染，包括空气污染、水体污染和土壤污染。

自然灾害常常造成农作物大量减产，恶劣的气候条件也限制部分土地资源的开发利用。我国自然灾害频繁，每年造成的损失也较大，因此开展植物抗逆性生理的研究，选育抗逆性强的作物品种，或采用人为的措施提高植物的抗逆性，是发展农业生产的重要课题。我国人口众多，耕地面积有限，同时还有大面积的沙漠、荒滩和荒山荒坡未被开发利用，如何培育能在不同逆境条件下生长的农作物品种，充分利用尚未开发、目前还处于逆境条件下的土地资源，是一项迫切的任务。

二、植物的抗逆性

所谓抗逆性，是指植物对逆境的抵抗和忍受的能力。

植物的抗逆性有两种类型，即摒避性和忍耐性。摒避性是指植物能自我调节以抵御和限制恶劣环境对其组织和细胞的伤害。如仙人掌在体内贮藏大量水分，叶片退化，蒸腾微弱，以避免干旱的伤害。还有些植物发展保护性的外部结构，限制污染物进入植物体内。忍耐性是指植物遇到不良环境时，通过调节代谢反应，以阻止和降低逆境伤害。例如植物通过关闭气孔、暂时萎蔫、增加细胞质浓度等方式，以减少蒸腾，增强忍耐干旱的能力。上述两种抗逆性方式并不能截然分开，在某些逆境范围内，可通过摒避性抵抗逆境，而在超出某一逆境范围时，则表现为忍耐性抵抗。

植物的抗逆性是一种适应特性。如果缓慢地改变某种环境条件，使之逐渐地改变到对植物不利，植物也能在这种循序渐进的环境变化中，逐步形成抵抗这种逆境的能力，这一过程称抗逆性锻炼。例如越冬作物在秋末冬初温度逐渐降低的过程中形成了抗寒性，能忍受冬季的低温，否则寒流突然降临，植物很容易遭受寒害。

第二节　植物的抗寒性

低温对植物的伤害有冷害和冻害之分。冷害是指0℃以上的低温对植物的伤害；冻害是指0℃以下的低温对植物的伤害。

一、抗冷性

（一）冷害的症状

冷害大多发生在早春和晚秋。冰点以上的低温是影响我国中南部地区农业生产的一种常见的自然灾害。例如早春低温常常引起水稻烂种、烂秧，新叶不能形成叶绿素、呈现黄白色；棉花和玉米遇到早春低温形成僵苗或死苗；晚秋的寒潮影响水稻抽穗和传粉受精，形成空秕粒，谷粒出现麻壳；棉花遇到晚秋的低温，棉铃不能正常开裂，纤维品质低劣。以上这些是农业生产上常见的冷害，冷害是影响农作物产量和品质的重要原因之一。

（二）冷害机理

0℃以上的低温对植物的伤害，主要表现在下列几方面：

1. 膜脂相变　膜脂相变是指生物膜脂质部分的物相变化。低温引起生物膜的膜脂相变，是冷害的第一步。在正常生理情况下，膜质以液晶态存在，这是介于固态和液态之间的一种状态。在正常温度条件下，膜脂具有可流动性，当温度降低到一定程度时，引起膜的脂质部分由液相变为固相。引起膜脂相变的临界温度称相变温度。在低温引起膜脂固化的过程中，由于膜结构的不对称性，以致膜脂的不同区域收缩不均而出现龟裂，使膜结构受损，透性加大；同时，膜脂固化引起与膜结合的酶解离或使酶蛋白的亚基之间彼此分离，从而使酶失活。膜脂相变的温度与脂质中不饱和脂肪酸的含量、脂肪酸链的长短有关。相变温度随脂肪酸链长度的增加而升高，随不饱和脂肪酸所占比例的加大而降低，即不饱和脂肪酸成分越多，其固化温度越低，忍受低温的能力越强。抗寒锻炼后的植物忍受低温的能力增强，其原因之一是低温诱导膜脂中不饱和脂肪酸的含量增加。

膜脂相变危害的程度，还与低温的程度和低温持续时间的长短有关。若低温程度轻，持续时间短，膜脂相变是可逆的，当转到适温时，植物能恢复常态；如果降温幅度大，低温持续时间长，膜脂相变成为不可逆，即使再转到正常温度下，也不能恢复常态。

2. 膜透性改变　在温度缓慢降低时，膜脂固化使膜结构紧缩，从而降低膜对水分和溶质的透性，阻碍根细胞对水分和矿质的吸收，破坏植物体内的水分平衡，影响细胞的正常代谢活动。如棉花幼苗遭遇5℃低温时，乙醛酸体膜对琥珀酸的透性降低，异柠檬酸酶的活性受到抑制，阻碍脂肪转化为糖，从而影响棉苗的正常生长。当寒潮突然袭击时，植物处于临界低温下，细胞质膜破损，细胞内含物外溢；细胞内膜系统受损，引起代谢失常，如呼吸大起大落，光合受阻和水解代谢活动加强等，导致植物死亡。例如水稻 IR26 的幼苗，当从适宜生长的温度降至0℃时，叶片浸出液的电导率明显增高。因此，检测植物叶片浸出液的电导率，可作为鉴定植物抗冷性的指标。

3. 生理代谢失常　水分平衡失调是冷害最常见的症状，因此寒潮过后，常可见受害植株的叶尖、叶片和嫩茎发生萎蔫。由于低温的伤害，光合速率明显下降，因为低温引起叶绿体膜系统损伤，导致叶绿素含量降低、叶绿体肿胀、间质内出现小泡、固定和同化二氧化碳的酶活性降低、有机物运输受阻。冷害对喜温作物呼吸作用的影响也很明显，如番茄植株在冷害初期呼吸加快，随温度继续下降和低温时间的延长，呼吸速率进一步升高。由于低温引起线粒体膜结构受损，氧化磷酸化解偶联，呼吸释放的能量大多以热能形式散失。有机物质的过度消耗，加之光合速率降低，加剧了植物的饥饿程度，最终引起植物死亡。

二、抗冻性

（一）冻害

0℃以下的低温对植物的伤害，称冻害。它是比冷害更强烈的一种伤害，也是严重影响农作物产量的自然灾害。冻害与霜害常常相伴发生，称霜冻。

不同的植物忍受0℃以下低温的能力差异很大。一些喜温植物，如水稻、棉花等，不能忍受0℃以下的低温；小麦、大麦和黑麦等冬性作物，一般可忍受－7℃至－12℃的低温；北方的桦树、黑松，可安全度过－30℃至－40℃的严寒。植物在不同生育期，其抗冻能力也大不相同。冬小麦在越冬期间对低温的抵抗能力较强，一旦拔节孕穗，其抗冻能力迅速降低。在冬季可以忍受－30℃至－40℃低温的北方黑松，进入夏季后若人为地给予－8℃的低温，也会被冻死。同一作物的不同品种，其抗冻性也有明显差异，例如春小麦比冬小麦的抗冻性差得多。此外，植物的不同器官，抗冻性也不相同，例如水稻植株遇0℃以上的低温即可受到伤害，而水稻种子却可安然渡过0℃以下的低温。

（二）冻害机理

1. 结冰性伤害　细胞结冰是冻害的主要原因。细胞结冰有胞间结冰和胞内结冰两种形式。

在气温缓慢下降到0℃以下时，细胞间隙内的水分开始结冻。细胞间隙结冰，引起细胞间隙的蒸汽压下降，促使胞内水分外渗，渗透到细胞间隙中的水分向冰晶凝集，使冰晶体积越来越大。胞间结冰一方面使细胞原生质过度失水，原生质凝聚变性；同时胞间冰晶体积增大，挤压原生质，使原生质受到机械损伤。当温度骤然回升时，冰晶迅速融化，细胞壁恢复原状，而原生质胶体还来不及吸水膨胀而被拉扯撕裂。胞间结冰并不一定引起细胞死亡，当冰晶体积不大，而气温回升缓慢时，一些抗寒性较强的植物仍能恢复生机。如果温度迅速下降，不只引起细胞间隙结冰，细胞内的水分也会结冰，原生质和液泡内都出现冰晶，称胞内结冰。胞内结冰对原生质的伤害主要是机械损伤。原生质具有高度精细的结构，胞内结冰引起细胞的膜系统、细胞器和衬质的微结构破坏，细胞内原有的区域化结构消失，代谢紊乱失常，对细胞造成致命损伤。

2. 冻害损伤的硫氢基学说　无论是胞间结冰还是胞内结冰，都是由于原生质结构破损引起的伤害。有人认为冰冻对植物的伤害主要是由于原生质脱水和冰晶挤压，破坏了蛋白质分子的空间构型。蛋白质分子伸展，原来包围在分子内部的硫氢基外露，同时原生质脱水又使蛋白质分子彼此靠近，以致相邻肽键之间的硫氢基相互作用形成二硫键，蛋白质分子凝聚，整个蛋白质分子的空间构型发生变化（图 11-1）。有正常生理功能的蛋白质分子的肽链是卷曲折叠和盘绕

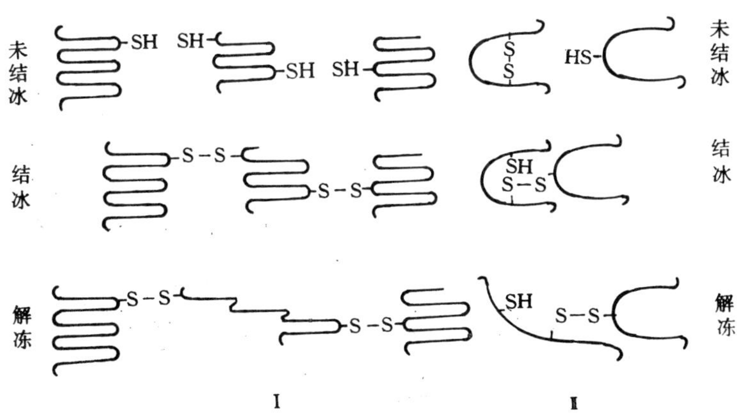

图 11-1　结冰时由于分子间硫键形成而使蛋白质分子不折叠的可能机理

的，并具有严密的空间构型。蛋白质的生理功能与其空间构型关系密切，蛋白质分子空间构型的改变，使其功能丧失，最终引起细胞死亡。这种构型的变化，可以发生在原生质失水和细胞结冰的过程中，也可发生在冰晶融化的过程中。植物受冻后的细胞蛋白质中，双硫键增多，未受冻害的则不发生这种变化。已证实植物匀浆中硫氢基的含量与植物的抗冻性成比例地变化，凡抗冻性强的植物，具有较强的抗硫氢基氧化的能力。施用低浓度小分子的硫醇，可以保护蛋白分子上的硫氢基，减少硫氢基形成二硫键的反应；高浓度的硫醇可裂解肽链间的二硫键，有防冻害的效果。

三、植物对寒冷的生理适应

植物在长期进化过程中，逐渐形成了适应冬季低温的生长习性。如一年生植物以干燥的种子渡过寒冷的冬天，大多数多年生草本植物，越冬前地上部分死亡，以地下部的鳞茎、块茎或根茎越冬。一些冬性植物在进入冬季之前，随着温度的降低和日照时数的缩短，产生一系列适应冬季低温的生理生化变化，主要表现是：

（一）水分含量减少

随着温度的降低，植物根系吸水速度减缓，植物含水量下降。同时由于细胞内亲水性物质增多，自由水含量减少，束缚水所占比例升高。如长春地区的冬小麦从九月初到十一月末，植株的含水量由90%减少到70%，其自由水所占比例由70%减少到10%，束缚水的比例由30%上升到90%。水分含量的减少和束缚水所占比例的增大，细胞抗脱水的能力增强，细胞结冰的可能性减少，植物的抗冻能力明显增强。

（二）脱落酸含量增多

植物抗冻性的形成，与赤霉素含量的减少和脱落酸含量的增加关系密切。秋季日照时数缩短和温度降低，诱导植物体内形成较多的脱落酸。脱落酸诱导落叶树叶片脱落，形成休眠芽，使树木进入休眠状态。例如棉花幼苗经4℃的低温处理4天后转入27℃下已不能恢复生长，到第六天幼苗全部死亡。但如在低温处理前用$10^{-5}mol\cdot L^{-1}$的脱落酸处理，可明显提高棉花幼苗的成活率。脱落酸预处理后又经

4℃低温处理的棉花子叶电解质渗漏率比对照降低$\frac{1}{3}$，还原态谷胱甘肽不见下降，而对照却降低了50%。谷胱甘肽能防止膜的过氧化，可见脱落酸具有保护膜系统完整性的功能。

（三）代谢减弱、生长减缓甚至停止

随着温度的降低，光合作用和呼吸作用逐渐减慢，木本植物则停止生长，进入休眠状态，冬性植物顶端分生组织的细胞分裂迟缓，生长速度减慢。电镜观察发现，入冬后的冬小麦细胞的核膜孔逐步关闭，核质间的物质交换停止，细胞分裂与生长受到抑制，植物进入休眠状态。由此看来，核膜孔的开度可能是细胞分裂与生长的一个调节控制因素。

（四）保护物质增多

植物在低温锻炼的过程中，淀粉水解为可溶性糖，这是细胞原生质的重要保护物质。由于糖含量的增加，冰点降低，缓解原生质的脱水过程，保护了原生质胶体免于凝聚。0℃以上的低温也促使植物累积脯氨酸，如在旱地生长的小麦，经6℃的低温处理24小时，其脯氨酸含量比对照增加25%至200%；草莓经1～2℃低温处理7天，叶片中的脯氨酸含量比对照增加120%至170%。脯氨酸能调节原生质与环境间的渗透平衡，还可保持蛋白质的稳定性。

（五）膜脂相变温度降低

经抗寒锻炼的棉花幼苗中不饱和脂肪酸含量明显增加，膜脂的相变温度亦随之降低，抗寒性增强。初冬气温降低后，松树叶绿体的类囊体膜脂的亚油酸含量增加了11%，亚麻酸含量增加了24%，而棕榈酸、硬脂酸和油酸含量降低。以不同糖脂相比，双半乳糖甘油二酯中的亚麻酸含量由42%增加到63%，单半乳糖甘油二酯中的亚麻酸含量由43%增加到58%。在柑橘越冬过程中也可看到柑橘叶片的抗寒性与叶绿体膜脂的不饱和脂肪酸含量成正相关。

四、提高植物抗寒性的可能措施

在农业生产中，除了通过选育抗寒性较强的品种和选种抗寒作物外，还可采取下列措施以增强作物的抗寒能力。

（一）抗寒锻炼

渐变的低温诱导植物提高抗寒能力的过程，称抗寒锻炼。例如水稻催芽后播入秧田之前，先将谷芽在室内摊开以适应自然的低温；温床中培育的甘薯或蔬菜幼苗，在移栽到露地前要揭膜降温，使之逐渐适应露地条件下的低温。经过抗寒锻炼的植物，发生了一系列适应低温的生理生化变化，因而抗寒能力得以提高。

（二）化学调控

生长素和赤霉素可降低植物的抗寒性，而生长延缓剂则增强植物的抗寒能力。如用 20×10^{-6}浓度的脱落酸处理苹果幼苗，可提高其抗寒能力；用矮壮素处理小麦幼苗，可增强小麦的抗寒力；用脱落酸或多效唑处理水稻幼苗，也可提高水稻幼苗适应低温的能力。细胞分裂素对许多植物如玉米、甘蓝、菠菜等都有增强抗寒能力的效应。

（三）农业措施

适时播种是避免早春低温伤害的有效措施；合理施肥，注意氮、磷、钾的合理配比，培育壮苗，有利于提高植物的抗寒能力。冬季或早春蔬菜采用保护栽培，如早春用大棚栽培辣椒、四季豆，棉花、玉米的地膜苗，水稻的尼龙薄膜育秧等，都是生产上常用的防低温伤害的措施。果树或冬性作物在进入冬季低温季节或寒潮来临之前，培土拥蔸、盖草、薰烟、冬灌等对防止寒害也有一定效果。

第三节　植物的抗旱性

一、干旱对植物的伤害

由于土壤缺水或大气相对湿度过低对植物造成的伤害，称旱害。干旱也是限制农业生产、造成农作物大量减产的严重自然灾害。世界上有 1/3 的地区属干旱或半干旱地区，土地资源的开发和农作物产量的提高，基本上受水的供给状况所制约。我国西北地区由于降雨量少，干旱是最常见的自然灾害，还有许多沙漠地区由于水源不足而未能开发利用。如何开发这些干旱地区的土地资源，是一项世界性的课题。

干旱可分土壤干旱和大气干旱两种类型。当土壤水分不足，不能维持植物生长发育对水分的正常需求，称土壤干旱。大气干旱是指空气过分干燥，相对湿度太低，植物蒸腾作用过强，根系吸水量不够补偿蒸腾散失的水量。若大气干旱维持的时间过长，也会引起土壤干旱。干旱常伴随着高温，所以，干旱的伤害包括脱水伤害和高温伤害。

干旱对植物的伤害主要表现在：

（一）植物萎蔫

植物根系的吸水不能补偿蒸腾的失水，则引起植物萎蔫。如夏季中午前后发生萎蔫的植物，傍晚蒸腾减弱或经灌溉，体内水分得到补充时能恢复原状，这种萎蔫称暂时萎蔫。如果经过夜晚或经灌溉植株仍不能补充水分亏缺恢复常态，称永久萎蔫。长时间的永久萎蔫必将导致植物死亡。即使轻度萎蔫，也会引起植物各器官间水分的重新分配，新叶向老叶夺取水分，引起植株下部叶片提早衰老死亡。禾本科植物在幼穗分化时缺水，会引起花粉败育；灌浆期缺水，籽粒灌浆不饱满，形成秕粒。棉花在现蕾开花期缺水，会引起大量落花落蕾。

（二）光合作用减弱

干旱引起光合速率急剧降低。光合速率降低的程度与干旱的严重程度有关。在轻度干旱时，即可引起气孔关闭，增加了二氧化碳扩散阻力，同时固定二氧化碳的核酮糖 1,5-二磷酸（RuBP）羧化酶活性降低。干旱还加速叶片衰老，下部叶片提早死亡，严重干旱时，上部叶片的叶绿体结构也遭破坏，叶绿素分解，光合面积减少，光合势降低。水分亏缺还使同化物输出受阻，进一步抑制光合作用的正常进行。

（三）呼吸异常

植物受到干旱胁迫时，由于输出受阻引起叶片内同化物的累积，呼吸速率升高，但干旱引起线粒体膜破损，以至呼吸电子传递与氧化磷酸化解偶联，有机物质氧化释放的能量未能有效地利用而以热的形式散失。

（四）合成与分解代谢失调

干旱引起水解酶活性增强，合成过程减弱。干旱可使陆地棉叶片中酸性磷酸酯酶活性增加 2～4 倍。用人工干旱的方法诱使大麦、小麦、豌豆和向日葵等渗透脱水时，细胞内的 RNA 和 DNA 含量减少，这是由于干旱促使核酸酶活性增强和RNA、DNA的合成减弱。干旱也使蛋白质合成受阻，甚至使蛋白质水解加速，例如多年生黑麦草在萎蔫时，其蛋白质分解为游离氨基酸、酰胺和多肽。干旱使植物体内脯氨酸含量增多，许多中生植物经受几小时中度到严重的干旱胁迫后，叶片中脯氨酸含量常可增加10～100倍，达到游离氨基酸总量的40%以上。

（五）内源激素组分变化

干旱引起植物内源激素组分变化的总趋势是：促进生长的植物激素减少，抑制生长、诱导休眠的激素含量增加。干旱引起脱落酸迅速累积，小麦叶片萎蔫4小时，脱落酸的含量增加40倍以上。脱落酸能促使气孔关闭，蒸腾减弱，这对增强植物的抗旱能力是有利的。

干旱抑制细胞分裂素的合成。试验证明：细胞分裂素降低RNA酶的活性，脱落酸则促进RNA酶的活性。因此受旱植株的蛋白质合成减少可能与细胞分裂素和脱落酸的比值降低有关。

干旱也引起乙烯含量增加。棉花、柑橘、蚕豆的植株受旱时释放出大量乙烯，引起落叶、落果、落铃。

二、干旱使植物致死的原因

轻度的干旱只是使植物体内发生不利的生理生化变化，引起光合降低，生长减缓，老叶提早死亡，但还不至于引起整株植物死亡。严重而持续的干旱，则会导致整株植物的死亡。干旱使植物致死的原因有下列两种解释：

（一）机械损伤学说

认为是由于脱水和复水过程中造成的机械损伤引起的。细胞失水时，细胞壁与原生质收缩，由于细胞壁弹性有限，收缩的程度比原生质小，当细胞壁停止收缩时，原生质仍继续收缩，导致原生质被撕裂。复水时，由于细胞壁吸水膨胀速度大于原生质，两者不协调的膨胀，又可将紧贴在细胞壁上的原生质扯破。这种失水和复水造成的原生质损伤，均可导致细胞死亡。

（二）硫氢基学说

细胞过度失水引起原生质的蛋白质凝聚变性。原生质中的许多胶体微粒和膜结构都需要水作保护层，例如蛋白质分子结构中就有液态物质，使蛋白质的空间构型稳定。膜脂双分子层能维持正常的功能，与膜脂的极性根和水分子形成水膜有关。膜脂的极性根和膜蛋白亲水基团都为水分子所包围。当细胞失水时，这些具有活性的表面彼此靠近，发生凝聚。例如相邻肽链间的硫氢基氧化形成二硫键，如再度吸水，肽链松弛，氢键断裂，而二硫键却很牢固，因而使蛋白质分子的空间构型发生改变，导致凝聚变性，这与霜冻脱水引起的变化相似。

三、植物对干旱的抵抗

不同植物的抗旱能力差异很大，这是植物在不同生态条件下长期发展过程中形成的特性。可将植物分为水生植物、中生植物和旱生植物。水生植物是在有水层条件下生长的，不能在水势低于－0.5～1MPa 的条件下生长；中生植物的抗旱性高于水生植物，但它不能在水势低于－2MPa 的环境中生长；而旱生植物忍受干旱的能力则强得多。

旱生植物所以具有很强的抗旱能力，是因为有发达强大的吸水系统，具有保持水分、减少水分散失的结构特征和生理特性。有些植物一天的失水量可以低至其鲜重的数千分之一。肉质植物和革质植物是典型的节水植物，这些植物的气孔白天关闭，夜间开张，而且开张的时间很短；角质层发达，蜡质层厚，因而非气孔蒸腾也很微弱；有些植物叶片较小，甚至退化形成针状。这些植物同化二氧化碳的方式也比较特殊，夜间气孔开张吸收二氧化碳，通过 C_4 途径形成苹果酸，贮存在液泡中，白天苹果酸转移到细胞质内，释放出二氧化碳，再经卡尔文循环合成糖。节水植物虽然适应干旱条件，但生长速度很慢。

还有些植物不是通过减少水分散失来适应干旱的环境，而是发展强大的根系、增大吸水能力以抗御干旱的伤害。如沙漠地区的梭梭林，根系十分发达，可深入土层十米以下吸收水分，而地上部分比较矮小，输导组织发达，虽然蒸腾作用很强，它仍能在干旱的沙漠地区生长发育。

旱生植物的细胞形态结构特征是：细胞小，细胞间隙也小；气孔小而密集；细胞壁厚，角质层和蜡质层均较厚。在生理特性上是含水量较低，细胞质浓厚，粘性较强，累积糖分也较多。

沙漠地区还有一种短命植物，它以一种特殊的方式逃避干旱的危害。如沙漠地区的滨藜属植物，它以休眠态的种子度过一生中的大部分干旱时间。种子中含有抑制萌发的物质，只有在遇到足够的降雨量后才能将抑制物洗脱，种子迅速萌发生长和开花结实，在短时间内完成其生活史，以逃避干旱。

四、提高植物抗旱性的可能途径

（一）抗旱锻炼

植物的抗旱性是一种适应性特性，因此可通过抗旱锻炼来提高植物对干旱的抵抗能力。抗旱锻炼是指植物生活在非致死的干旱条件下一段时间，促使植物发展抗旱特性。抗旱锻炼一般在苗期进行，如棉花、烟草、玉米等作物，在苗期适当控制用水，进行“蹲苗”；蔬菜幼苗在移栽前使其经受一段时间的干旱，以进行“搁苗”；小麦、小米等谷类作物，播种前先使种子吸至30%～40%的含水量，然后再风干，如此反复2～3次后再播种。抗旱锻炼后的种子形成的植株，抗旱能力较强。

抗旱锻炼能促进根系发育，抑制地上部生长，使根冠比增大。由于地上部生长较慢，细胞较小，叶脉较密，原生质的亲水性、粘性及弹性增强，抗脱水能力提高。抗旱锻炼也使细胞渗透势降低，亲水物质增多，束缚水比例增大。如抗旱锻炼后的植物，脯氨酸含量从几十到100倍的增加，可显著提高植物的保水能力。

（二）合理施肥

适当控制氮肥，增施磷钾肥，能提高植物的抗旱性。磷能促进DNA和RNA的合成，进而促进蛋白质的合成，增加原生质的水合能力。钾能促进同化物的运输，使细胞的渗透浓度提高；钾能调节气孔的开张，有利于光合作用的顺利进行。

（三）施用生长调节剂和抗蒸腾剂

矮壮素、缩节胺等能抑制植物的伸长生长，使植株矮化，提高植物的抗旱能力。抗蒸腾剂包括两类药剂，一类是化学药剂，如醋酸苯汞、羟基磺酸等，它们的作用是促进气孔关闭，减缓气孔蒸腾。脱落酸也诱导气孔关闭，减少蒸腾失水，但因价格昂贵，目前还难用于实践。另外一类物质，如长链醇类、硅酮，喷洒在叶片上能形成单分子层薄膜,阻止叶片的水分散失,但有使叶面温度升高的缺点。

第四节　植物的抗涝性与抗盐性

一、植物的抗涝性

(一) 涝害

水分过多对植物的伤害称涝害。农业生产中所谓的涝害是指田间地面渍水,淹没了作物的一部分或全部而造成的伤害。如果旱地并不见渍水,但土壤水分达到最大持水量,土壤间隙被水所饱和,这种伤害称湿害。

植株受涝后生长明显受到抑制,植株矮小、叶片发黄、根系不发达、根尖变黑、叶片偏上生长。如果淹水时间过长,会引起植物受淹渍死亡。

涝害主要是使植物生长在缺氧的环境中,抑制有氧呼吸,促进无氧呼吸,有机物的合成受抑制,无氧呼吸累积有毒物质使植物中毒。涝害还会引起植物营养失调,这是由于土壤缺氧降低了根对水分和矿质离子的主动吸收,同时缺氧还会降低土壤氧化还原电势,使土壤累积一些对植物根系有毒害的还原性物质,如硫化氢(H_2S)、Fe^{2+}、Mn^{2+},使根部中毒变黑,进一步减弱根系的吸收功能。此外,淹水还抑制有益微生物如硝化细菌、氨化细菌的活动,但使嫌气性细菌如反硝化细菌和丁酸细菌活跃了,增高了土壤酸度,不利于根部生长和吸收矿质营养。涝害还会使细胞分裂素和赤霉素的合成受阻,乙烯释放增多,以至加速叶片衰老。

(二) 植物的抗涝性

不同植物的抗涝性差异很大。湿生植物的抗涝性强于陆生植物。如水稻中籼稻的抗涝性强于粳稻,陆生植物中油菜的抗涝性强于马铃薯,甘蔗的抗涝性强于棉花。

植物抗涝性的强弱决定于根部对土壤缺氧的适应能力。发达的通气系统是抗涝植物的重要解剖学特征,水稻所以能在有水层的土壤中生长,就是由于它具有发达的胞间间隙系统,可使植株地上部分吸收的氧顺利转移到根部。据推算:水生植物细胞间隙约占地上部总体积的70%以上,陆生植物约为20%。水稻三叶期地上部分吸收的氧有30%~70%输送到根部,因此水生植物的根在地面淹水条件下并不致缺氧。水稻根系还具有乙醇酸代谢途径,反应生成的过氧化氢在过氧化氢酶作用下生成水和新生态的氧,可以氧化根际周围的还原性物质,形成高氧化还原电势的微环境,避免了还原性物质对根系的伤害。

植物抗涝的另一种方式是在植物受淹没顶时,茎叶的伸长生长速度迅速增加,使生长点和叶片尖端升出水面。例如莲藕、菱角等水生植物在被暴雨淹没后,茎蔓的伸长生长加速,在1~2d内将叶片和生长点送出水面。在淹水后水稻茎杆也有比较强的伸长生长的能力,这可能是由于在淹水条件下因氧气缺乏,抑制了吲哚乙酸氧化酶的活性,使吲哚乙酸含量增加,引起茎叶的伸长生长加速。

二、植物的抗盐性

土壤中盐分过多对植物的危害称盐害。植物对土壤盐分过多的抵抗与忍耐的能力,称抗盐性。

世界上盐碱地面积很大,约占灌溉农田的1/3。随着灌溉农业的发展,盐碱地的面积还有继续扩大的趋势。我国盐碱地面积约为$2.7\times10^7hm^2$,其中大约1/10为农田,主要分布在西北、华北和沿海地区。西北和华北地区的盐碱地,是因为地势低洼,气候干燥,土壤强烈蒸发,地下水位较高而使盐分富集于土壤表层,造成土壤盐碱化。沿海地区的盐碱地,则是由于咸水灌溉、海水倒灌和土壤水分蒸发等原因,使土壤表层盐分含量升高。盐碱土中主要含钠盐,其中以氯化钠、硫酸钠、碳酸氢钠、碳酸钠等为多。主要含氯化钠和硫酸钠的土壤常称盐土,含碳酸钠和碳酸氢钠较多的土壤称碱土,这些盐分过多的土壤,统称盐碱土。

(一)盐分过多对植物的伤害

盐分过多对植物的伤害主要是:

1. 吸水困难　植物能否从土壤中吸收水分,决定于土壤溶液的水势与根细胞间的水势差,只有在土壤溶液水势高于根细胞的水势时,植物才能从土壤中获得水分。盐碱土壤中由于盐分含量太高,溶液渗透势下降，不但种子不能吸收足够水分而萌发，植物也因吸水困难，生长减缓，造成植物生理干旱。土壤溶液浓度超过0.2%～0.25%时，就会影响植物的正常生长。

2. 矿质营养平衡失调　当土壤中某一种离子过多，往往会排斥植物对其它离子的吸收。例如生长在氯化钠溶液中的大麦、小麦、豌豆、水稻，常表现出缺钾症，因为Na^{+}阻碍了植物对K^{+}的吸收。Na^{+}也会影响植物对Ca^{2+}、Mg^{2+}的吸收。Cl^{-}和SO_4^{2-}也会影响对HPO_4^{2-}的吸收。类似这种不平衡的离子吸收，不仅造成营养失调，还会产生单盐毒害。

3. 氮代谢紊乱　盐分过多影响氮的代谢，使蛋白质合成减少而降解加速。例如Na^{+}过多会抑制碱性蛋白质合成，促进酸性蛋白质合成，这可能是由于盐分过多破坏了某些氨基酸的合成。有试验表明在盐碱土上生长的蚕豆，其叶片中半胱氨酸和蛋氨酸的合成减少，而脯氨酸的含量成倍增加。有些植物在累积脯氨酸和羟脯氨酸的同时，缬氨酸和蛋氨酸含量降低。蛋白质分解形成的游离氨基酸、胺和氨的累积，也会对植物产生毒害。往往在土壤中盐分浓度增加时，植物体内氨的累积亦随之增加，例如生长在盐渍较轻土壤上的棉花叶片，每100g鲜叶含氨0.76mg，中度盐渍土上的棉花叶片，含氨1.61mg，重盐渍土上的棉花叶片氨含量可达8.5mg。胺、氨和游离氨基酸的累积对植物的毒害是十分明显的，如累积酪氨酸和苯丙氨酸使植物组织变黑；累积丙氨酸、精氨酸、丁二胺、甘氨酸，使叶片生长不良；而腐胺和尸胺的累积，对植物产生的毒害更大。

盐分过多还会引起叶绿素合成受阻，并使游离叶绿素比例升高，这可能与蛋白质合成受阻有关。盐分过多还会使RuBP羧化酶和PEP羧化酶活性降低，最终使净光合减少，植株黄瘦，生长发育不良。

（二）植物的抗盐性

依据植物抗盐能力的不同，可将植物分为盐生植物和淡土植物两类。但盐生植物在淡土上也可生长良好，并不表现对过多盐分的需要。这说明抗盐能力只是一种适应特性，没有真正的抗盐植物，只有在抗盐能力上的差异。盐蒿、柽柳、枸杞、黍和粟的抗盐能力较强，棉花、水稻、向日葵、小麦次之,荞麦、亚麻、大麻和豆类的抗盐能力最差。

在自然条件下,植物可有几种抗盐方式:

1. 泌盐　像柽柳属、等植物均生长在多盐的环境中,但并不在体内累积过多盐分,而是通过茎叶表面的泌盐腺排出体外。泌盐过程是一种主动的生理过程,但其机理还不清楚。

2. 拒盐　像生长在盐分含量很高的土壤上的盐地凤毛菊等植物,能阻止盐离子进入体内,因其细胞质膜对 Na^+ 等离子透性很小,即使在介质盐分很高的条件下,也能保持对离子的选择吸收。还有些植物,根吸收离子后只累积在根细胞的液泡内,并不向地上部输送,这种抗盐机理可能受输导系统所调节。同一植物的不同品种在拒盐能力上也有差异,例如用 125～250m mol/L 的氯化钠溶液处理大麦,抗盐品种累积的 Na^+、Cl^- 要比不抗盐品种的少,这种差异在穗中表现尤为明显。

3. 耐盐　通过各种生理代谢过程来忍耐进入细胞的过多盐分。如盐角草、海蓬子、盐节木等。其中有的植物以代谢产物与胞内过多的盐分结合,以减轻离子对细胞质的伤害。

(三) 盐碱地的整治与利用

泡田洗盐、增施有机肥、合理灌溉等,是常用的改造利用盐碱地的农业技术措施。种植耐盐树木,如紫穗槐、白榆、沙枣、柽柳等,可降低地下水位,改造小环境;种植耐盐作物田菁,可改善土壤结构。近年来,我国从国外引进大米草,在浙江沿海种植,对促淤造田、保滩护岸、改造盐碱地,起了良好作用。当地农民用大米草养鱼,达到亩产鲜鱼 669kg 的好收益。

选种抗盐能力强的作物(如高粱、粟)品种,对作物进行抗盐性锻炼,提高作物对盐分过多的抵抗能力,也是合理利用盐碱地的重要途径。例如棉花种子分别在 0.3%、0.6%、1.2%的氯化钠溶液中各浸泡 12 小时,再进行播种,可提高棉花种子在盐碱地上的萌发率,并增强棉株的抗盐性;用 3%的氯化钠溶液浸泡玉米种子 1 小时,长出的植株抗盐能力也较强。

第五节　环境污染对植物的危害

随着现代工农业和交通业的发展，地下矿产和能源的开发与利用，环境污染也随之日益严重。环境污染给人类健康带来直接或间接的伤害，也给农业生产造成损失，长此下去，将会威胁到人类的生存，因此，环境问题已日益引起世人的关注，环境科学已成为一门重要的综合性学科。

植物生理学与环境科学关系密切。植物可能受污染环境的危害，但也可以通过植物来净化环境、监测环境的变化，为环境保护作贡献。

环境污染包括大气污染、水体污染和土壤污染。环境污染物主要是指工业"三废"，即废气、废水和废渣。大气中的污染物有各种有毒气体、尘埃、农药和放射性物质。水体污染有各种类型的化合物，如酸、碱、醛、酚、苯和有机羟类等。土壤污染主要是各种重金属、有机化合物，生活垃圾。

一、大气污染对植物的危害

大气污染是指大气中某些污染物超过了允许含量，并对人类、动物和植物产生有害影响。构成大气污染的物质称大气污染物。

（一）含硫化合物

大气中主要的含硫化合物是二氧化硫(SO_2)、三氧化硫(SO_3)、硫化氢(H_2S)、硫酸等。

二氧化硫是我国当前最主要的大气污染物，排放量大，对植物的危害也比较严重。据估计，每年约有 130×10^9kg 含硫的石油和煤燃烧时产生的二氧化硫排入大气，其中煤燃烧排放的二氧化硫占70%。我国能源中煤所占比例较大，根据1981年的资料，重庆市燃煤排放的二氧化硫占全市二氧化硫排放总量的99.5%，在排放源附近大气中二氧化硫含量平均值超过允许含量的100～200倍。国家规定大气中二氧化硫的最高含量是40μg/L，近年来的测定：西安、上海、北京三个城市的大气中二氧化硫含量分别是每升中550μg、131μg、

90μg、超过允许含量的13.7倍、3.2倍和2.2倍。

二氧化硫是具有强烈刺激性的气体，它损害人们的呼吸器官，引起呼吸道疾病，当有粉尘污染物存在时，其毒害作用可增加3～4倍，1952年12月有名的伦敦烟雾主要是由于二氧化硫和烟尘污染引起的。二氧化硫溶于雨水，使pH值降低，形成酸雨。1980年我国2400个点的普查，属酸雨的占44.5%，最低pH达到4。二氧化硫毒害作物，毁坏森林，0.05×10^{6}以上的浓度即可对植物产生毒害，当然还与其作用时间的长短有关。二氧化硫主要是伤害生长旺盛的功能叶，其典型症状是叶脉间出现伤斑，呈条状、块状或片状，伤斑先失绿，随后呈现白色、象牙色或棕灰色，最后干枯死亡。

不同植物对二氧化硫的敏感性差异很大。总的来说，草本植物比木本植物敏感，木本植物中针叶树比阔叶树敏感，阔叶树中落叶树比常绿树敏感，C_3植物比C_4植物敏感。

表11-2　一些植物对二氧化硫的敏感性

敏感	火炬松 落叶松 油松 白桦 合欢 杜仲 芝麻 棉花 大豆 小麦 辣椒 胡萝卜 天竺葵 蚕豆
抗性中等	桃 梧桐 华山松 水杉 白蜡树 桑 女贞 三角松 花生 菜豆 黄瓜 茄子 番茄 紫苜莉 万寿菊
抗性强	丁香 夹竹桃 刺槐 侧柏 玉米 高粱 洋葱 马铃薯 文竹 仙人掌

（二）氟化物

氟化物包括氟化氢、四氟化硅、硅氟酸和氟气等，其中排放量最大、毒性最强的是氟化氢，它的毒性比二氧化硫强10～100倍。大气中氟化氢的含量达$(1\sim5)\times10^{-7}$浓度时，经过较长时间接触即可对植物产生毒害。

氟化氢的污染源主要是使用冰晶石($3Na\cdot AlF_3$)、含氟磷矿($Ca_3(PO_4)_2\cdot CaF_2$)和萤石(CaF_2)等原料的工厂，如铝厂、磷肥厂、钢铁厂、玻璃厂。煤也含氟，燃烧时也会放出氟化氢气体。

氟化氢危害植物的典型症状出现在叶尖和叶缘，其中尤以幼叶和幼芽明显。植物受氟化氢危害后，几小时内即可出现萎蔫，伤斑由水渍状发展至黄白色，进而成褐色斑点。受伤组织与正常组织间有明显界限，伤斑边缘呈稍浓的褐色或红棕色条纹，叶片脱落，枝梢死亡。不同植物对氟化氢的敏感程度相差很大，最敏感的植物有唐菖蒲、葡萄、芒果、杏、梅、烟草、芝麻等，而棉花、小麦、番茄、油菜、松柏等则抗性较强。

（三）氯气

氯气的污染源主要是化工厂、农药厂、冶炼厂。氯气对植物的毒性比二氧化硫强 3～5 倍，氯气进入植物体后能很快破坏叶绿素，使叶片失绿，产生漂白的伤斑，严重时全叶漂白、枯卷以至脱落。氯气危害植物的症状除叶片漂白外，还表现为伤斑与健康组织间没有明显界限。

不同植物对氯气的抵抗能力不同。蔬菜作物中最敏感的是菠菜、韭菜、葱、番茄、菜豆、冬瓜等。有些木本植物，如银杏、柽柳、枣、丁香、侧柏等对氯气的抗性相对较强。

（四）光化学烟雾

光化学烟雾是化工厂和汽车尾气排放的废气中的氮氧化物和燃烧不完全的烯烃类化合物，在强烈的紫外光照射下形成的，烟雾中含有一些氧化力极强的化合物，如臭氧、一氧化氮、二氧化氮、硝酸过氧化乙酰（$CH_3CO \cdot O_2 \cdot NO_2$），还含有各种自由基，如 $O_2 \cdot$ 、$\cdot OH$、$R \cdot$ 、$RCO \cdot$ 、$RCOO \cdot$ 、$RCO_3 \cdot$ 等。

臭氧是光化学烟雾中的主要成分，也是烟雾中的主要污染物。分析这些污染物的日变化，可以推断其与污染源的关系。光化学烟雾形成的条件是强日光和低湿度，傍晚的日光已不够强，不足以引起光化学反应，故不能形成烟雾。

光化学烟雾是毒性很强的大气污染物，它作用于植物，能使叶片漂白枯萎，树皮干裂，严重时整株死亡。它刺激人的眼睛和呼吸道，损伤肺部。光化学烟雾毒性很大，以至在很低浓度下即可对植物产生伤害。例如大气中的臭氧浓度达 0.1×10^{-6}、延续 2～3h，烟草、苜蓿、菠菜、三叶草、燕麦、蚕豆等作物即出现被害症状。硝酸过氧化乙酰在大气中的浓度达 $(15\sim20)\times10^{-7}$ 时就会伤害植物，初期叶背呈银灰色，以后转变成古铜色，叶背凹陷、变皱和扭曲。不同植物对光化学烟雾的抗性也不尽相同，最敏感的是番茄，大气中硝酸过氧化乙酰的浓度达$(15\sim20)\times10^{-7}$、延续4小时就明显受害；抗性较强的玉米、海棠、棉花在浓度达$(75\sim100)\times10^{-7}$、延续2小时，通常也会受害。光化学烟雾中二氧化氮的毒性相对较小，但浓度达$(2\sim3)\times10^{-6}$时也会引起植物受害。

（五）大气污染对植物伤害的生理过程

大气污染对植物伤害的生理过程是多方面的：

1. 抑制光合作用　研究证明：大气污染物能诱导气孔关闭，破坏膜结构，酸化细胞内环境，从而使叶绿素降解，破坏光合电子传递系统，抑制光合磷酸化，因而光合速率迅速降低。例如二氧化硫浸润细胞后使气孔关闭，叶绿素因去镁而失绿，抑制RuBP羧化酶和PEP羧化酶活性。用3×10^{-3}mol和3×10^{-2}mol的磺酸盐溶液处理植物叶片，RuBP羧化酶的活性分别降低59%和85%。氯气迅速引起叶绿素破坏而使叶片漂白。氟化氢抑制光合酶的活性，对光合作用的影响最大。臭氧使叶绿素氧化，破坏膜系统，抑制光合作用（图11-2）。

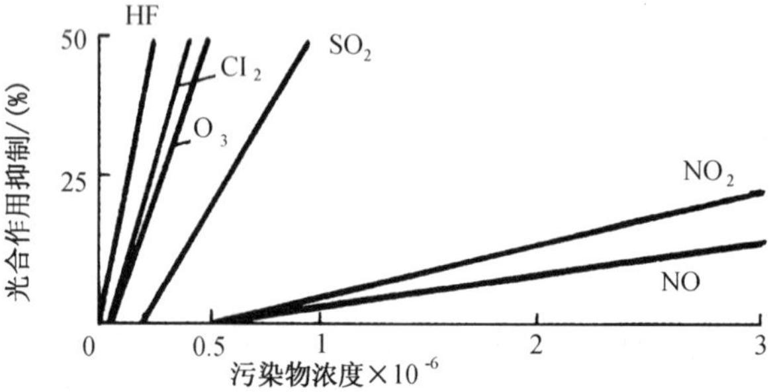

图11-2　不同浓度空气污染物对大麦等光合作用的抑制

2. 影响呼吸作用　植物遭受污染物危害后，因细胞结构受到破坏，膜透性增大，从而使呼吸速率升高。例如用3×10^{-7}mol的氟化氢熏蒸菜豆叶，8天内呼吸速率升高85%，12天内升高74%。臭氧能抑制糖酵解和氧化磷酸化，促进酚类化合物的形成，因而伤斑变成红褐色。

3. 影响物质代谢　大气污染物伤害植物后，由于膜系统的破坏和多种酶活性的改变，抑制了细胞内原初代谢产物的形成，生物大分子氧化加剧，以至代谢失调。例如二氧化硫进入细胞后，能氧化蛋氨酸、色氨酸、吲哚乙酸、DNA、不饱和脂肪酸和蛋白质的硫氢基，使蛋白质变性失活。氰化物能与酶蛋白的金属离子形成络合物，使酶失去活性。

二、水体污染和土壤污染对植物的危害

随着工农业生产的发展和城市人口的增加，工矿企业的废水、废渣和生活垃圾的排放，农业生产中杀虫剂和除草剂的普遍施用，造成对水体和土壤的污染。水体和土壤的污染物主要有二类，一类是无机污染物，包括无机酸、碱、盐，重金属和砷、汞、氰等；另一类是有机污染物，种类更多，主要有酚类、醛类、苯类、烃类以及有机磷、有机氯等。这些污染物中，有的毒性很大，不只毒害水生生物和农林植物，还能直接危害人们的健康。例如从化工厂、炼油厂、煤气厂排放的废气废水中所含的多环芳烃、酚类的甲基酚、硝基酚，塑料与橡胶工业和变压器厂排放的废水中的多氯联苯等都是一些致癌物质。

水体和土壤污染给农业生产带来的损失也是显而易见的。如酚类物质的污染使植物生长矮化、叶片狭小、根系发黑，并且能在稻米等农产品中累积，使稻米有异味。江西大余钴冶炼厂用含砷量高的钴矿粉冶炼，使附近农田土壤含砷浓度达到 1.92×10^{-6}。1974 年北京东南郊灌区，由于灌溉污水中含过量的三氯乙醛，使 7 000 余亩（1 亩 $=666.7\mathrm{m}^2$）小麦大量减产。农药的使用对水体和土壤的污染也不容忽视，特别是一些残留量高的农药更应加倍慎用。例如六六六农药在土壤里分解 95%需要六年半之久，而且可在植物体内累积，污染农产品，间接危害人类的健康，目前已很少应用。

水体和土壤污染危害植物，出现的病症，因污染物而异。酚类使植物变褐，根系发黑腐烂，影响对水分和矿质的吸收，抑制植物生长。氰化物是呼吸作用的抑制剂，严重影响植物的生长，甚至引起植物死亡。砷使根系发黑，叶片变为褐绿色。

三、植物在环境保护中的作用

环境污染给植物造成损害，但植物在防治污染，保护环境中也具有重要作用。人们根据植物对污染物的吸收能力和敏感程度的不同，

也可利用植物来保护环境，监测环境的污染状况。

植物除了通过光合作用吸收二氧化碳和释放氧气外，还可以滤去大气中的粉尘，减少噪音，吸收污染物以净化环境，植物还可以减少水土流失，防止土地沙漠化。垂柳、臭椿、山楂、夹竹桃、板栗等对二氧化硫的吸收能力较强，可累积较多硫化物。垂柳、拐枣和油茶能吸收较多的氟化物而仍能正常生长。水葫芦、浮萍、金鱼藻等能吸收水中的酚和氰化物，也可吸收汞、砷、铅、镉等矿质元素。有试验估计：1hm^2 的柳杉林一年内可吸收 720kg 的二氧化硫；$2.59\times10^4hm^2$ 的紫花苜蓿，每年可使大气中的二氧化硫减少 6×10^5kg 以上；种植在污水中的芦苇，可减少污水中 90%的氯化物、60%的有机氮和 66%的氨；用污水种植的水葱，可使污水中的高锰酸钾含量减少 70%～80%。据估计：地球上每年的降尘量是 8.7×10^9kg，不同的植物对粉尘的吸收量不同，一年中每公顷森林的吸尘量为：云杉 3.2×10^4kg，松树 3.4×10^4kg，水青岗 6.8×10^4kg，槭树加柏树混交林为 6.8×10^4kg。

在环境监测方面，可以利用对某些污染物敏感程度高的植物，来指示环境污染物的种类。例如马尾松、芝麻、南瓜、向日葵对二氧化硫敏感，可指示二氧化硫的污染程度。监测氟化物可利用唐菖蒲、萱草、葡萄、落叶松、杏、李等。对氯化物可利用萝卜、油松、落叶松。对二氧化氮敏感的植物有：悬铃木、向日葵、烟草、番茄。对臭氧敏感的植物有矮牵牛、马铃薯、花生、洋葱等。

防止环境污染，主要要减少工业“三废”的排放量，通过物理的、化学的、生物的方法截留“三废”中的污染物的扩散。与此同时，在污染源附近，种植抗污染能力强的植物，吸毒滤尘。利用对污染物敏感的植物，监测和指示环境质量，也是环境保护的重要内容。上述措施的切实贯彻执行，离不开全民环境意识的增强，因此，进行全民的环境保护的教育，也是保护环境的重要内容。

后　记

《植物生理学》自学考试教材由中国农业大学孟繁静教授主编，华中农业大学邓仲篪教授任副主编。绪论、第一、二、三、六、八和九章由孟繁静编写；第四、五、七、十、十一章由邓仲篪编写。参加审稿会并提出修改意见的有：华中农业大学刘道宏教授和中国农业大学杨世杰教授；最后由孟繁静教授修改定稿。

在此一并表示衷心的感谢！

全国高等教育自学考试指导委员会
农科专业委员会
1999年6月

全国高等教育自学考试

植物生理学自学考试大纲

全国高等教育自学考试指导委员会员制订

出版前言

为了适应社会主义现代化建设事业对培养人才的需要，我国在20世纪80年代初建立了高等教育自学考试制度，经过近20年的发展，高等教育自学考试已成为我国高等教育基本制度之一。高等教育自学考试是个人自学，社会助学和国家考试相结合的一种新的高等教育形式，是我国高等教育体系的一个组成部分。实行高等教育自学考试制度，是落实宪法规定的“鼓励自学成才”的重要措施，是提高中华民族思想道德和科学文化素质的需要，也是造就和选拔人才的一种途径。应考者通过规定的考试课程并经思想品德鉴定达到毕业要求的，可以获得毕业证书，国家承认学历并按照规定享有与普通高等学校毕业生同等的有关待遇。

从80年代初期开始，各省、自治区、直辖市先后成立了高等教育自学考试委员会，开展了高等教育自学考试工作，为国家培养造就了大批专门人才。为科学、合理地制定高等教育自学考试标准，提高教育质量，全国高等教育自学考试指导委员会(以下简称全国考委)组织各方面专家对高等教育自学考试专业设置进行了调整，统一了专业设置标准，全国考委陆续制定了几十个专业考试计划。在此基础上，各专业委员会按照专业考试计划的要求，从造就和选拔人才的需要出发，编写了相应专业的课程自学考试大纲，进一步规定了课程学习和考试的内容与范围，有利于社会助学，使自学要求明确，考试标准规范化、具体化。

全国考委根据国务院发布的《高等教育自学考试暂行条例》，参照教育部拟定的普通高等学校有关课程的教学大纲，结合自学考试的特点，组织制定了《植物生理学自学考试大纲》，现经教育部批准，颁发试行。

《植物生理学自学考试大纲》是该课程编写教材和自学辅导书的依据，也是个人自学，社会助学和国家考试(课程命题)的依据，各地应认真贯彻执行。

全国高等教育自学考试指导委员会

1999年9月

Ⅰ 课程性质与设置目的、要求

植物生理学是全国高等教育自学考试农学类专业的一门重要的专业基础课程，为培养和检验自学应考者的农业基础理论知识和应用能力而设置的一门（专业基础）必考课程。

植物生理学是研究植物生命活动规律的实验性科学。植物和其它生物一样，具有十分突出的表现生命现象的特征，如植物与环境密切联系并不断进行物质交换、植物有自我复制进行繁殖的能力、植物能利用水和无机碳进行光合作用，这是地球上制造有机物的唯一来源并深刻影响着大气与土壤环境的成分；在国民经济中，植物是重要的生活与生产的物质资源，因此，植物生理学在农业科学研究中有着重要的地位。

设置本课程的目的和要求是使自学应考者能较系统地了解植物生长发育的规律和基本原理，为后继课（如作物遗传育种、土壤学和作物栽培学等）打好专业知识的基础，并提高自学应考者运用所学理论知识分析和解决实际问题的能力；认识植物生理学是农业科学的理论基础，为发展农业生产，更好地开发植物资源，保护和改造自然环境，为实现我国农业现代化做贡献。

依据本课程内容，可概括地分为细胞生理、代谢生理（包括水分生理、矿质与氮素营养、光合作用、呼吸作用、同化物的代谢与运输）、植物的生长与发育（包括植物激素与生长调节剂、植物的生长与运动、植物的成花生理、生殖衰老与脱落）和逆境生理。全书共分11章。

Ⅱ 课程内容与考核目标

绪　论

一、学习目的和要求

通过对本章学习，了解植物生理学在农业科学中的重要地位以及学习植物生理学的方法。

二、课程内容

（一）植物生理学的内容与任务

（二）植物生理学的学习方法

（三）植物生理学与其它学科的关系及其在农业科学中的地位

三、考核知识点

（一）植物生理学的主要内容

（二）植物生理学在农业科学中的地位

（三）植物生理学的学习方法

四、考核要求

1. 识记：植物生理学的概念。

2. 领会：植物生理学在农业科学中的重要地位；学习植物生理学的方法。

第一章　植物细胞的结构与功能

一、学习目的与要求

了解细胞各部位的化学组成、结构特点及生理功能，进一步明确细胞是有机体的结构单位，又是进行生命活动的功能单位。

二、课程内容

第一节　细胞的发生、进化与分类

第二节　植物细胞的结构特点与化学组成

（一）细胞壁与胞间连丝
（二）细胞器及其生理功能

第三节　生物膜、质膜与内膜系统

（一）生物膜的化学组成与结构特征
（二）质膜的生理功能
（三）内膜系统

第四节　原生质胶体特性及其在生命活动中的重要性

（一）原生质亲水胶体
（二）原生质胶体特性

三、考核知识点

（一）植物细胞的化学组成
（二）植物细胞的结构特点
（三）生物膜的概念；质膜与内膜系统的区别
（四）原生质胶体性质及其与生命活动的关系

四、考核要求

1. 识记：成熟植物细胞的结构特点。
2. 领会：植物细胞的结构特点；生物膜、质膜与内膜系统的区别与作用特点；原生质胶体特性及其在生命活动中的重要作用。
3. 简单应用：列举生产或生活实践中反映植物细胞胶体性质的实例。

第二章　水分生理

一、学习目的与要求：

了解水分在植物生活中的重要性；细胞吸水原理以及根系吸水的机理；通过植物体的水分散失、运输与分配，进一步理解合理灌溉的生理学基础。

二、课程内容

第一节　水分在植物生命活动中的重要性

（一）水的理化性质
（二）水的生理作用

第二节　植物细胞对水分的吸收

（一）植物细胞的渗透吸水；水势及植物细胞水势的组成
（二）植物细胞的吸涨吸水

第三节　植物根系对水分的吸收

（一）根系吸水的部位
（二）根系吸水——主动吸水与被动吸水
（三）影响根系吸水的环境因素

第四节　水分通过叶面的散失——蒸腾作用

（一）蒸腾作用的概念及其生理意义
（二）蒸腾作用的表示方法
（三）气孔蒸腾的特点
（四）环境条件对蒸腾作用的影响
（五）降低蒸腾作用的意义与措施

第五节　植物体内水分的运输

（一）植物体内水分运输的途径、速度与动力
（二）水分在植物体内的合理分配和利用

第六节　植物对水分的需求

（一）作物的需水规律、水分临界期
（二）作物的需水量与耗水量
（三）合理灌溉的原则及其重要意义

三、考核知识点

（一）水的理化特性及其生理作用
（二）植物细胞对水分的吸收
1. 植物细胞的渗透吸水与吸涨吸水
2. 植物细胞的水势组成
（三）植物根系吸水
1. 根系的吸水部位
2. 根系吸水的动力
3. 影响根系吸水的环境因素
（四）植物体内水分的散失——蒸腾作用
1. 蒸腾作用的重要生理意义
2. 蒸腾作用的指标
3. 气孔蒸腾及其特点
4. 环境条件对蒸腾作用的影响
（五）水分在植物体内的传导
1. 水分运输的途径和速度
2. 水分沿导管上升的动力
（六）植物对水分的需要
1. 作物的需水规律、水分临界期
2. 农作物需水量和耗水量
3. 合理灌溉的重要意义及指标

四、考核要求

1. 识记：水在植物生活中的重要性；渗透作用、渗透吸水、吸涨吸水及水势的概念；根系吸水的动力；蒸腾作用的指标；植物吸水与排水的相关性；合理用水的原则。
2. 领会：植物细胞的水势，水分在土壤—植物—大气循环中的作用原理；植物根系主动吸水的动力；蒸腾作用的重要意义，气孔蒸腾的特点；水分在植物体内的运输与利用；合理用水的意义及根据。
3. 简单应用：根据植物吸水与散水的基本原理，进一步理解农业生产中常用的苗木移栽、扦插、蔬菜保护栽培中合理用水的措施。
4. 综合应用：根据植物的需水规律，设计节约用水、合理灌溉的农业措施，进一步领会水是农业生产的命脉。

第三章　矿质与氮素营养

一、学习目的和要求

了解植物生活中的必需元素以及各种必需元素的生理作用；植物对矿质元素的吸收和分配；氮素代谢；掌握施肥的基本原则。

二、课程内容

第一节　植物的必需元素（大量元素与微量元素）

第二节　各种必需元素的生理作用及缺素症状

（一）大量元素的生理作用（N、P、K、S、Ca、Mg）
（二）微量元素的生理作用（Fe、B、Mo、Mn、Zn、Cu、Cl）
（三）缺素症状检索表

第三节　植物对矿质元素的吸收

（一）植物根系吸收矿质元素的部位
（二）根系吸收矿质元素的特点
（三）根系对矿质元素的吸收方式
（四）土壤条件对根系吸收矿质元素的影响
（五）矿质元素在植物体内的运转和利用
（六）植物地上部对溶解物质的吸收——根外营养

第四节　氮素代谢

（一）硝酸盐的还原
（二）亚硝酸盐的还原
（三）氨的同化

第五节　施肥的生理基础

（一）施肥增产的原因
（二）作物的需肥规律
（三）合理施肥的指标

三、考核知识点

（一）植物的必需元素及其生理作用
1. 大量元素
2. 微量元素
3. 常见的缺素症（大量元素：氮、磷、钾；微量元素：硼、锌）及防治原则与措施
（二）植物对矿质元素的吸收
1. 植物根系吸水与吸收矿质元素的关系
2. 植物根系吸收矿质元素的特点
3. 土壤条件对根系吸收矿质元素的影响
4. 矿质元素在植物体内的运输分配
（三）氮素代谢

1. 硝酸盐的还原与亚硝酸盐的还原

2. 氨的同化

（四）施肥的生理基础

1. 作物的需肥规律

2. 合理施肥的生理指标

3. 不同作物的需肥特点

四、考核要求

1. 识记：植物的必需元素；缺素症；植物根系对矿质元素的吸收特点；合理施肥的重要意义。
2. 领会：植物必需元素的生理作用；大量元素与微量元素的作用特点；植物根系吸收水分与植物根系吸收矿质的相同点和不同点以及二者的相互关系；植物根系吸收矿质元素的特点；氮素代谢的特点；植物的需肥规律及生理依据。
3. 简单应用：识别植物几种常见缺素症的表现特征；验证植物必需元素的方法；解除植物缺素的可能措施。
4. 综合应用：分析植物缺绿的可能原因；从哪些方面判断植物生长发育不正常是由于氮、磷、钾过多或不足而对作物生长有不利影响；为达到水稻或小麦优质高产，应如何考虑科学用肥。

第四章　光合作用

一、学习目的与要求

了解光合作用的重要意义；进行光合作用的部位；叶绿体的结构和叶绿素的特性；光合作用的主要步骤；外界条件对光合作用的影响；光合作用与产量的关系。

二、课程内容

第一节　光合作用的重要意义

（一）光合作用的概念
（二）光合作用的重要意义

第二节　进行光合作用的细胞器——叶绿体及叶绿体色素

（一）叶绿体的结构和化学组成
（二）叶绿体色素及其光学性质
（三）叶绿素的形成及其影响因素

第三节　光合作用过程

（一）光反应：光的吸收、电子传递和光合磷酸化
（二）暗反应：C_3 与 C_4 途径

第四节　影响光合速率的外界条件

（一）光合作用的指标
（二）外界条件对光合作用的影响

第五节　光合作用与作物产量

（一）光合产量的构成因素
（二）作物的光合特性与产量的关系
（三）作物的光能利用率
（四）提高作物光能利用率的可能途径及措施

三、考核知识点

（一）光合作用的重要意义
（二）进行光合作用的部位——叶绿体
1. 叶绿体的结构与化学成分
2. 叶绿体色素及其光学性质

3. 叶绿素的形成及其影响因素

(三) 光合作用过程

1. 光反应:光的吸收、电子传递与光合磷酸化

2. 暗反应:C_3 与 C_4 途径

(四) 影响光合作用的外界条件

(五) 光合作用与作物产量

1. 光合产量的构成因素

2. 作物光能利用率及其提高的可能途径与措施

四、考核要求

1. 识记:光合作用的概念;进行光合作用的部位;叶绿体的结构与功能;叶绿体色素的种类及光学性质;原初反应、电子传递与光合磷酸化概念,光合作用重要步骤的要点;光合作用的指标;影响光合作用的外界条件;光合作用与作物产量的关系;光能利用率的概念及其提高途径。
2. 领会:光合作用的重要意义;从叶绿体的结构和叶绿体色素的光学性质来体会进行光合作用的特点;从光合作用进行的步骤体会光合作用是一个有序的生理生化反应,重点理解①原初反应,②电子传递与光合磷酸化以及③二氧化碳的固定与还原的概念和含意;试分析光合作用与作物产量的关系。
3. 简单应用:学会测量光合速率的一二种简单实用的方法。
4. 综合应用:试列举并分析在当地农业生产中以提高作物的光合效率来提高产量的有效措施。

第五章　呼吸作用

一、学习目的与要求

了解呼吸作用的重要意义,明确呼吸速率、呼吸底物和呼吸商的概念;掌握有氧呼吸的过程和呼吸作用的知识在农业上的应用。

二、课程内容

第一节　呼吸作用的概念及其指标

（一）呼吸作用的概念
（二）呼吸作用的生理意义
（三）呼吸作用的指标
（四）呼吸作用的主要场所——线粒体

第二节　有氧呼吸过程

（一）糖酵解——三羧酸循环途径（氧化磷酸化、呼吸链、末端氧化）
（二）有氧呼吸与无氧呼吸的关系
（三）呼吸作用与光合作用的关系

第三节　影响呼吸速率的内外因素

（一）内部因素对呼吸速率的影响
（二）外界条件对呼吸作用的影响

第四节　呼吸作用与农业生产实践

（一）呼吸作用与农作物种子贮藏
（二）呼吸作用与果实贮藏
（三）呼吸作用与作物栽培

三、考核知识点

（一）呼吸作用的概念、类型及生理意义
（二）呼吸作用的指标及进行呼吸作用的细胞器——线粒体
（三）有关呼吸作用的若干问题
1. 有氧呼吸的主要途径——糖酵解与三羧酸循环途径
2. 有氧呼吸与无氧呼吸的关系
3. 呼吸作用与光合作用的关系

（四）影响呼吸速率的内外因素
（五）呼吸作用与农业生产实践

四、考核要求

1. 识记：呼吸作用的定义；呼吸作用的类型；呼吸速率、呼吸底物和呼吸商的概念；进行呼吸的细胞器——线粒体；有氧呼吸的含义；氧化磷酸化、呼吸链、末端氧化的概念。
2. 领会：有氧呼吸的重要生理意义；有氧呼吸与无氧呼吸的区别与联系；进行有氧呼吸的重要步骤；呼吸作用与内外条件的关系；呼吸作用是各种有机物代谢的枢纽。
3. 综合应用：列举并分析农业生产中与作物呼吸作用有关的农业措施；安全贮藏粮油种子的注意事项。

第六章　植物体内同化物的代谢与运输

一、学习目的与要求

了解重要同化物在植物体内的转化情况以及各种有机物在植物体内的相互关系；了解同化物在植物体内的运输与分配情况。

二、课程内容

第一节　植物体内的有机催化剂——酶

（一）酶的概念
（二）酶的化学组成
（三）酶的作用特点
（四）影响酶促反应的因素
（五）酶分析在农业上的应用

第二节　植物体内同化物的代谢

（一）糖类的代谢

（二）蛋白质的代谢
（三）脂类的代谢
（四）各类同化物代谢的联系

第三节　植物体内同化物的运输与分配

（一）植物体内同化物的运输
（二）同化物的运输途径
（三）同化物的运输形式和运输方向
（四）同化物运输速度及运输率
（五）植物体内同化物的分配与作物产量的关系
（六）外界条件对同化物运输与分配的影响

三、考核知识点

（一）植物体内的有机催化剂——酶
1. 酶的组成
2. 酶的作用特点
（二）植物体内同化物的转化
糖类、蛋白质、脂类与核酸等重要同化物的转化过程及其间的相互关系。
（三）植物体内同化物的运输
1. 高等植物的同化物运输系统
2. 同化物的运输形式、运输方向与运输速率
3. 同化物在植物内的运输规律
4. 外界条件对同化物运输的影响
5. 同化物运输分配对作物产量的影响

四、考核要求

1. 识记：参与植物体内物质转化的酶类（概念，作用特点）；植物体内同化物转化的重要意义；同化物转化的相互关系；同化物运输的通道、形式和指标；同化物运输与外界条件的密切关系。

2. 领会：三大类重要同化物（糖类、脂肪、蛋白质）的转化特点和重要步骤及其间的相关性；同化物运输的形式、方向及速率。
3. 综合应用：试列举生产或生活中表现酶活性的实例；试从同化物在植物体内的运输原则，分析施氮肥过量会引起小麦、水稻和棉花的徒长的原因；分析小麦（或水稻）子粒空瘪的原因和防治措施。

第七章　植物激素和生长调节剂

一、学习目的和要求

了解植物激素的种类、合成部位、分布及其生理效应；掌握生长调节剂在农业实践中的应用。

二、课程内容

第一节　植物激素与生长调节剂

（一）植物激素的概念及种类
（二）生长调节剂的概念及其应用

第二节　植物激素的生理功能

（一）生长素类
（二）赤霉素类
（三）细胞分裂素类
（四）脱落酸
（五）乙烯
（六）植物激素之间的相互作用
（七）新发现的植物生长物质

第三节　植物生长调节剂的种类与应用

（一）生长素类

（二）赤霉素类
（三）细胞分裂素类
（四）乙烯释放剂
（五）生长延缓剂与生长抑制剂

三、考核知识点

（一）植物激素与植物生长调节剂的概念、种类
（二）植物激素的生理功能
1. 生长素类
2. 赤霉素类
3. 细胞分裂素类
4. 脱落酸
5. 乙烯
6. 新发现的植物生长物质
（三）植物生长调节剂
1. 常用的植物生长调节剂的种类及其应用

四、考核要求

1. 识记：植物激素的概念和种类；各种植物激素的作用和特点；植物生长调节剂的概念、类别和作用特点。
2. 领会：几种植物激素的作用特点以及在植物体内的合成与分布；各种植物激素的生理功能；植物体内激素的相互关系；重要植物生长调节剂的特点及作用。
3. 简单应用：列举植物生长调节剂(生长素类、赤霉素类和乙烯利等)在农业生产上的应用实例。

第八章　植物的生长与运动

一、学习目的和要求

明确生长、分化和发育的概念；掌握植物细胞和整体的生长和分

化的特点；了解细胞的全能性及组织培养；植物的运动。

二、课程内容

第一节　种子萌发

（一）外界条件对种子萌发的影响

（二）影响种子萌发的内在因素（种子的休眠、种子的寿命与贮藏）

第二节　植物的生长与环境

（一）细胞生长是植株生长的基础

（二）植物生长的周期性

（三）外界条件对植物生长的影响

第三节　植物各部位生长的相关性及其调节

（一）地上部与地下部的生长相关性

（二）主茎与侧枝的生长相关性

（三）营养器官与生殖器官的生长相关性

第四节　植物细胞的分化与组织培养

（一）极性与再生作用

（二）分化、脱分化与再分化

（三）植物细胞全能性与组织培养

第五节　植物的运动

（一）生长运动

（二）紧张性运动

三、考核知识点

（一）植物的生长与发育

（二）种子萌发

1. 种子休眠与解除休眠

2. 外界条件对种子萌发的影响

3. 内部因素对种子萌发的影响

（三）植物的生长

1. 细胞生长是植株生长的基础

2. 植物生长的周期性及其与外界条件的关系

（四）植物生长各部位间的相关性

1. 地上部与地下部的相关性

2. 主茎与侧枝的相关性

3. 营养器官与生殖器官的相关性

（五）植物细胞的分化与组织培养

1. 细胞全能性的概念，组织培养的原理及应用。

2. 分化、脱分化与再分化的区别和概念

（六）植物的运动

1. 生长运动的概念及其表现

2. 紧张性运动的概念及其表现

四、考核要求

1. 识记：种子休眠的概念，内、外条件对种子萌发的影响；植物生长的一般特征；植物生长周期性的概念；植物生长相关性的含义及其意义；细胞全能性的概念；分化、脱分化与再分化的概念；生长运动及紧张性运动的概念。
2. 领会：植物生长必需具备细胞生长的基础；植物生长具有周期性的表现；植物在生长过程中各部位间有相互协调的关系；植物细胞全能性的概念及其重要意义；掌握极性与再生、分化、脱分化及再分化的概念及其重要意义；组织培养的原理及应用。
3. 综合应用：根据植物生长的相关性分析，在农业生产中可采取哪些措施以达到增产的目的。试从种子萌发所需的内外条件，剖析当年当地某种作物出苗优劣的原因。

第九章　植物的成花生理

一、学习目的与要求

了解植物春化作用的特性;光周期现象的特点以及花芽分化和性别表现。

二、课程内容

第一节　外界条件对成花诱导的影响

一、低温与花的发端

(一) 春化作用与植物反应类型
(二) 春化进行的时期与感受低温的部位
(三) 进行春化所需要的条件
(四) 春化作用的生理生化变化
(五) 春化作用在农业生产上的应用

二、光周期与花的发端

(一) 光周期现象的发现
(二) 植物的光周期反应类型
(三) 光周期诱导的一些问题
(四) 光周期理论在农业生产上的应用

第二节　花器官形成与性别分化

一、花芽分化

(一) 生长锥分化时形态和生理变化
(二) 影响花芽分化的因素
(三) 性别分化

三、考核知识点

（一）外界条件对成花诱导的影响

1. 低温与春化作用
2. 光周期与光周期现象
3. 光敏素与成花诱导

（二）花器官形成与性别分化

1. 花芽分化及其与外界条件的关系
2. 花的性别分化

四、考核要求

1. 识记：春化作用的概念；光周期现象的特点，植物的光周期反应类型，临界日长与临界夜长的概念，长日植物与短日植物的确切含义；花器官形成的诱导条件；性别分化的含义。
2. 领会：春化作用的含义及其应用；根据植物长期适应特点进一步体会作物具有不同光周期特性的原因；光周期现象的特点与光敏素作用的关系；花发端的概念，花芽分化与内外条件的关系；性别分化的重要实践意义。
3. 综合应用：举出并分析在农业实践中应用花芽分化与发育的基本原则采取某些措施以利增产的实例。试分析将北方冬小麦品种引种到广东，或将南方水稻品种引种黑龙江，均只见营养生长，不见抽穗的原因。

第十章　生殖、衰老与脱落

一、学习目的与要求

了解花粉和柱头的生理特点与传粉受精过程中的变化；种子和果实的形成与成熟以及外界条件对这些过程的影响；植物的衰老过程；器官脱落的原因。

二、课程内容

第一节　花粉与柱头

（一）花粉的形态及其化学组成
（二）花粉的寿命与贮藏
（三）柱头的生理特点

第二节　传粉与受精

（一）花粉与柱头间的“识别”反应
（二）花粉萌发与花粉管伸长
（三）传粉与受精过程中的生理生化变化
（四）外界条件对传粉受精的影响

第三节　种子和果实的形成与成熟

（一）种子成熟时的生理生化变化
（二）外界条件对种子成熟和品质的影响
（三）果实生长发育与成熟时的生理生化变化

第四节　衰老

（一）衰老与老化
（二）衰老时的生理生化变化
（三）衰老的调节

第五节　器官的脱落

（一）脱落及其生物学意义
（二）影响脱落的内外因素
（三）器官脱落与激素调节
（四）脱落的化学控制

三、考核知识点

（一）花粉与柱头

1．花粉的形态、寿命及贮藏

2．花粉与柱头的生理特点

（二）传粉与受精

1．花粉与柱头间的“识别”

2．花粉萌发与花粉管伸长

3．传粉与受精过程中的生理生化变化

（三）种子与果实的形成与成熟

1．种子成熟时的生理生化变化

2．外界条件对种子成熟及品质的影响

3．果实生长发育与成熟时的生理生化变化

（四）衰老

1．衰老的意义与类型

2．内外因素对衰老的影响

3．衰老的生理生化变化

4．衰老的调节

（五）器官的脱落

1．脱落的含义及其生物学意义

2．脱落与外界条件的关系

3．脱落的激素调节与化学控制

四、考核要求

1．识记：花粉与柱头的生理特点；传粉与受精作用的含义；识别反应；种子和果实成熟时的重要生理生化变化；衰老与老化的含义，外界条件对植物衰老的影响；器官脱落的适应意义。

2．领会：从花粉与柱头的生理特点进一步体会传粉与受精的可能性；掌握外界条件对种子成熟与果实品质的影响；领会植物的器官或植株衰老与器官脱落是自然现象，可采取哪些措施来调控衰老与脱落。

3. 综合应用：设计延缓贮藏期间果实衰老的可能措施；在了解花粉和柱头特性的基础上，进一步体会人工授粉的意义；试举出几种克服自交不亲和的有效措施；调查当地作物（如棉花、果树）器官脱落（棉铃、花、果）的动态情况，分析其原因并提出可能的防治措施。

第十一章　逆境生理

一、学习目的与要求

了解逆境条件（寒冷、干旱、水涝、盐渍以及环境污染等）对植物伤害的生理原因；植物对逆境的适应以及提高植物抗逆性的途径。

二、课程内容

第一节　逆境的概念与植物的抗逆性

（一）逆境的概念
（二）植物的抗逆性

第二节　植物的抗寒性

（一）抗冷性
（二）抗冻性
（三）植物对寒冷的生理适应
（四）提高植物抗寒性的可能措施

第三节　植物的抗旱性

（一）干旱对植物的伤害
（二）干旱使植物致死的原因
（三）植物对干旱的抵抗
（四）提高植物抗旱性的可能途径

第四节　植物的抗涝性与抗盐性

（一）植物的抗涝性
（二）植物的抗盐性

第五节　环境污染对植物的危害

（一）大气污染对植物的危害
（二）水体污染与土壤污染对植物的危害
（三）植物在环境保护中的作用

三、考核知识点

（一）逆境的概念及植物的抗逆性
（二）植物的抗寒性
1. 抗冷性和抗冻性的概念和区别
2. 植物对寒冷的生理适应
3. 提高植物抗寒性的可能措施
（三）植物的抗旱性
1. 干旱对植物的伤害
2. 植物对干旱的抵抗性
3. 提高植物抗旱性的可能途径
（四）植物的抗涝性和抗盐性
1. 植物抗涝性的生理基础
2. 植物抗盐性的生理基础
（五）环境污染对植物的危害，植物在环境保护中的作用

四、考核要求

1. 识记：逆境的概念与种类；植物抗逆性的概念；植物的抗冷性与抗冻性的区别及其生理基础；干旱、盐、涝等对植物的危害；植物对环境保护的作用。
2. 领会：植物抗寒性的生理基础；植物抗旱性的生理基础；提高植物抗寒性与抗旱性的可能措施；抗涝性和抗盐性的生理基

础；污染物对植物的危害以及植物在环境保护中的可能作用。

3. 综合应用：列举提高植物抗寒性与抗旱性可行的农业措施。调查当地环境污染情况和对人、畜和作物的危害。

Ⅲ 有关说明和实施要求

为了使本大纲的规定在个人自学、社会助学和考试命题中得到贯彻和落实，兹对有关问题作如下说明，并进而提出具体实施要求。

一、关于"各章考试内容与考核目标"中有关提法的说明

为使考试内容具体化和考试要求标准化，本大纲在列出考试内容的基础上，对各章规定了考核目标，包括考核知识点和考核要求。明确考核目标，可使自学应考者能够进一步明确考试内容和要求，更有目的地系统学习教材；使考试命题能够更加明确命题范围，更准确地安排试题的知识能力层次和难易度。

本大纲在考核目标中，按照识记、领会和应用三个层次规定其应达到的能力层次要求。三个能力层次是递进等级关系。各能力层次的含义是：

识记：能知道有关的名词概念、知识的含义，并能正确认识和表达，是低层次的要求。

领会：在识记的基础上，能全面把握基本概念、基本原理、基本方法，能掌握有关概念、原理和方法的区别与联系，是较高层次的要求。

应用：在领会的基础上，能运用基本概念、基本原理、基本方法分析和解决有关的理论问题和实际问题。应用包括两个含义："简单应用"是指在领会的基础上，能用学过的一两个知识点分析和解决简单的问题；"综合应用"是指在简单应用的基础上，能用学过的多个知识点，综合分析和解决比较复杂的问题，是最高层次的要求。

二、关于自学教材与主要参考书

自学教材：《植物生理学》，全国高等教育自学考试指导委员会组

编，孟繁静主编，高等教育出版社出版。

三、自学方法指导

1. 本课程内容主要是讨论在植物生长发育过程中所进行的各种生理生化变化。自学者应首先全面学习各章的内容，记忆应当识记的基本要领和原理并理解其含义，对要求领会的内容，应结合个人的专业知识深入理解，把握原理的内在机制和应用范围；对要求应用的内容能在领会的基础上，结合农业生产实践中存在的具体问题，提出解决问题的途径和措施。本课程学分为5学分，其中实验1学分。
2. 本课程是农业基础理论课程，自学者在自学过程中，要理论联系实际，掌握课程内容在农业生产中的实践意义，以减少抽象理解的难度，增强感性认识，提高自己分析问题和解决问题的能力。
3. 在学习某一具体章节时，建议从以下四个方面入手：
   (1) 理解和掌握某一过程的具体内容。如，光合作用的具体内容是什么？这个问题应是很清晰地回答为：光合作用是指在植物的绿色部分（主要是叶片）内有叶绿体，叶绿体内含叶绿体色素，在光下将二氧化碳和水同化为糖类，并积累能量（即将光能转换为化学能）和释放出氧气。这个过程是地球上唯一制造有机物、将光能转换为化学能并释放氧气的过程。
   (2) 进行本过程要求的条件是什么？例如光合作用要求的条件是：① 生活绿色部分，② 光下，③ 有二氧化碳和水的供应。
   (3) 本过程与其他过程的联系。植物在生长发育的过程中，需要进行各种生理生化变化，如细胞及个体的长大、进行呼吸作用、对不良环境的抵抗性等，其中有些过程需要物质供应，有些过程需要消耗能量，而恰恰光合作用正是制造营养和累积能量的过程，没有光合作用，就无法保证生命。

(4) 本过程在作物生活中的地位。光合作用不仅为作物本身制造营养，积累能量和提供氧气，也是地球上唯一制造有机物、将光能转换为化学能、释放氧气以保证所有异养、需氧生物的生存，具有重要的宇宙意义。

四、对社会助学的要求

1. 社会助学者应根据本大纲规定的考试内容和考核目标，明确本课程的特点和学习要求，对自学应考者进行切实有效的辅导，引导他们防止自学中可能出现的各种偏向，把握社会助学的正确导向。自学教材应选用全国统编本《植物生理学》。
2. 要正确处理基础知识和应用能力的关系，努力引导自学应考者将识记、领会与应用联系起来，把基础知识和理论转化为应用能力，在全面辅导的基础上，着重培养和提高自学应考者的分析问题和解决问题的能力。
3. 要正确处理重点和一般的关系。课程内容有重点和一般之分，但考试内容是全面的，而且重点和一般是相互联系的，不能截然分开。社会助学者应指导自学者全面系统地学习教材，掌握全部考试内容和考试知识点，在此基础上，将每个章节的重点知识和一般知识结合起来，融会贯通。切记在考试上不存在重点与一般之分，不能孤立地抓重点，避免有猜题押题倾向。

五、关于命题考试的若干规定

1. 本大纲各章所规定的基本要求、知识点及知识点以下的知识细目都是考试内容。考试内容要覆盖到各章，不要任意扩大或缩小考试范围，提高或降低考核要求。考题可适当突出重点章节，以体现本课程的重点内容。本课程考试时间为 2.5 小时。
2. 本课程在试卷中对不同能力层次要求的分数比例，一般可为：识记占15%，领会占30%，简单应用占30%，综合应用占25%。

3. 要合理安排试题的难易程度。试题难度可分为易、较易、较难和难四个等级。每份考卷中，不同难易度试题的分数比例一般为：易占20%，较易占30%，较难占30%，难占20%。必须注意，试题的难易度与能力层次不是一个概念，在各能力层次中都会存在不同难度的问题，切勿混淆。

4. 本课程考试试卷可采用的主要题型有：单项选择题、多项选择题、填空题、名词解释、简答题、论述题等六种题型。各种题型的具体形式，可参见本大纲附录。

附录：

题型举例

一、单项选择题(在下列备选答案中有一个正确答案，将其选用并把它的字母填在题后的括号内)

1. 喜温植物处在零上低温时会引起生理障碍，使植物受伤或死亡，这种现象称为 (　)

   A. 冷害　B. 冻害　C. 致死温度　D. 死亡

2. 植物细胞与外界进行水分交换时，常以二者水势的大小做比较，当细胞的水势大于外界时，细胞就 (　)

   A. 吸水　B. 脱水　C. 不吸不脱　D. 水分子不动

二、多项选择题(在题干后有五个备选答案，该题至少有一个以上正确答案，请将所有正确答案的序号都写在题干后的括号内。)

1. 在下列五种植物中属于短日植物的是： (　　)

   A. 小麦　B. 玉米　C. 大豆　D. 水稻　E. 萝卜

2. 大量元素是指植物生活中需要量较大的矿质元素，包括 (　　)

   A. 氮素　B. 氯　C. 钠　D. 磷　E. 钾

三、填空题

1. 细胞内的生活原生质靠__________相互沟通，构成连续完整的____________。

2. 光合作用包括两大类反应：①________，②________。

四、名词解释

1. 顶端优势

2. 春化作用

五、简答题

1. 简述植物光周期现象的类型。

2. 植物各部位间在生长上有哪些相关性？

六、论述题

1. 试述呼吸作用是植物生活中的重要枢纽。

2. 试述施肥增产的生理原因。

后　　记

《植物生理学自学考试大纲》由中国农业大学孟繁静教授编写。参加审稿会并提出修改意见的有：华中农业大学刘道宏教授、中国农业大学杨世杰教授和华中农业大学邓仲篪教授，最后由孟繁静教授修改定稿。

在此一并表示衷心的感谢！

全国高等教育自学考试指导委员会
农科专业委员会
1999 年 6 月